in Action!
使用的書

紅隊
測試

RED
TEAM

HOW TO SUCCEED
BY THINKING LIKE
THE ENEMY

米卡‧岑科—著　許瑞宋—譯

戰略級團隊與低容錯組織如何
靠假想敵修正風險、改善假設？

MICAH ZENKO

紅隊
測試

—

**RED
TEAM**

目錄

白帽駭客, 情報局長 與魔鬼代言人

在羅馬天主教歷史上，這個職位的正式頭銜是「助信者」（拉丁文為 Promotor Fidei，英文為 Promoter of the Faith）。不過，教會和外人常用的說法是「魔鬼代言人」或「魔鬼辯護士」（拉丁文為 Advocatus Diaboli，英文為 Devil's Advocate）。如今魔鬼代言人泛指對某些事物持懷疑態度的人，或只是為促進辯論而故意唱反調的人。根據此詞比較靈活的用法，駁斥學生的假設、藉此引起討論的教授，試圖預測對方律師論點的出庭律師，又或者只是想法古怪的人，全都可以稱為魔鬼代言人。但是，在天主教會中，魔鬼代言人一職出現時，是有明確職責的，那便是質疑封聖候選人傳說中的美德和奇蹟。

天主教在它的頭一千年裡，封聖程序相對隨意，而且分權給地方教會。[1] 地方教會可以根據當地民意冊封聖人，而它們也熱心地冊封了許多聖人，包括殉教者、大力宣揚基督信仰的人，甚至是一些只是特別虔誠的教徒。結果是地方教會冊封的聖人暴增。

西元五世紀，為了令封聖程序變得比較嚴謹，主教開始要求封聖候選人必須有書面簡歷，記錄候選人的生平、美德和奇蹟。但是，這些簡歷主要是根據地方的傳聞寫成，沒有經過認真的考究和查證。直到西元九世紀，如一名學者描述，封聖程序「基本上仍是在地社群的自發行動，

一如二世紀時的情況。」[2] 梵蒂岡當局認為，允許一時的地方民意決定誰能獲封為聖人，正逐漸威脅到教會的中央權威。

到了十三世紀，教宗致力直接控制封聖程序，以求鞏固梵蒂岡的權力，並保護聖人地位的神聖性和正當性。西元一二三四年，教宗格里高利九世（最著名的事跡為建立宗教裁判所對付所謂的異端者）宣佈教宗對封聖程序的各方面掌有「絕對權力」。經過隨後的改革，教廷確立了封聖的正式框架、標準和程序，並把相關權力集中在禮儀聖會（Sacred Congregation of Rites）。禮儀聖會是樞機主教組成的教廷委員會，負責監督和審查所有封聖案件。在這過程中，「魔鬼代言人」誕生了。

教廷當局引進魔鬼代言人一職，是要這個人從事獨立調查工作，並專門提出異議。魔鬼代言人的職責，包括逐點駁斥支持候選人封聖的證據，並以書面報告概括所有的不利證據。在可能長達數十年的封聖審核過程中，正反面資料都提供給禮儀聖會，最終由教宗作最後決定。[3] 也就是說，教宗格里高利九世向所有人表明，必須引進魔鬼代言人一職，由某位有見識的內部人士出任，授權他站到教會之外，客觀地評估每一名封聖候選人。

隨後多個世紀，這些改革有效控制了封聖程序。一七八一年，蘇格蘭醫師暨作家摩爾（John Moore）記錄了他到梵蒂岡觀光時看到的簡短封聖辯論：

辯論像一場訴訟。他們假定魔鬼希望阻止人類獲封為聖人。為了彰顯正義、照顧撒旦的應有權利，教廷請一個人負責質疑封聖候選人的資格，這個人因此被稱為「魔鬼代言人」。他質疑封聖候選人及其屍骸據稱產生的奇跡，盡力對候選人言行聖潔的證據提出大量異議。駁斥這些苛責，則是候選人辯護士的責任。[4]

假以時日，魔鬼代言人不再只是一個正式的教會職位，人們用它泛指好辯的人。而不久之後，梵蒂岡最高領袖決定，魔鬼代言人一職已完成

它的使命。一九八三年，為了簡化封聖程序，教宗若望保祿二世發出「宗座憲令」（Apostolic Constitution），把封聖需要的奇蹟從四個降至兩個，並且撤掉魔鬼代言人這個職位。這些改革的目的，是藉由簡化封聖程序、加快其速度並大大降低過程中的對抗程度，培養一種較為合作的精神。此後約二十年間，若望保祿二世共做了一三三八次宣福（beatification）和四八二次封聖，次數超過之前近兩千年共二六三位教宗的總和。[5] 在降低封聖要求和撤銷獨立異議者一職之後，梵蒂岡變成了某些人所講的「聖人工廠」。[6] 因為數量大幅增加，聖人受到崇敬愈來愈少；一名批評者便說：「通膨導致貶值。」[7] 因為撤銷了魔鬼代言人這種有數百年歷史的制度上的制衡，封聖程序和結果的健全性均顯著受損。但是，儘管梵蒂岡取消了魔鬼代言人一職，我們不應忘記這項十三世紀發明的持久價值。

魔鬼代言人一職，是歷史上「紅隊作業」（red teaming）的首次正式和常規應用。但是，美國軍方要到冷戰時期才首度正式提到紅隊作業，而這種作業要到二〇〇〇年代才標準化。現在人們所理解的紅隊作業，是一種結構化的程序，以模擬、探查弱點和另類分析為手段，致力加強了解目標機構或潛在對手的意圖、能力和關注事項。雖然紅隊作業隨後在許多不同類型的領域獲採用，並因應各種需求調整應用，人們對它的探索遠遠不足，而許多組織的紅隊作業應用也嚴重不足，包括企業決策層、軍方指揮部、網路安全公司，以及面臨威脅、複雜決策和策略意外的許多其他組織。藉由利用紅隊作業，組織可以得到有關自身做事方式的另類新觀點，有助組織釐清和檢驗未言明的假設，辨明盲點，並且可能改善組織的表現。

艾其巴：「務必保密，務必確信正確」

紅隊作業並非只是利用魔鬼代言人來細察和質疑組織的日常運作。組織必須做某個重大決定時，紅隊作業可以是一次性的。我們可以藉由研

究以下這個近年的國家安全決策例子，了解管理得當的紅隊可以如何協助確保關鍵決定是正確的。

二〇〇七年四月，以色列國家安全官員通知他們的美國同儕，敘利亞艾其巴（Al Kibar）、該國東部沙漠的一處低地，有一座大型建築物興建中。消息令美國官員大感意外。在一對一的簡報中，以色列官員提供了數十張該建築物內部和外部的彩色照片，最早的照片是二〇〇三年之前拍的。證據強烈顯示該建築是一個核反應堆，非常像北韓寧邊的氣冷式石墨緩和反應堆。以色列總理歐麥特（Ehud Olmert）向美國總統喬治‧布希提出要求：「喬治，我請求你炸掉那棟建築。」[8]

布希政府高層官員深感不安。約半年前的十月，北韓利用寧邊反應堆生產的鈽，完成該國首次核武測試。美國情報系統之前便認為北韓與敘利亞有「持續的核子合作」，以色列的最新情報令此一評估變得更加可信。美國情報系統自二〇〇五年起便持續監視艾其巴設施的建造，認為此事「非常費解」。以色列提供的新照片迫使他們重新檢視此事。中央情報局（CIA）領導一個專責小組，馬上重新評估艾其巴設施和北韓敘利亞核子合作的所有既有情報。因為之前的情報評估出錯，導致美國二〇〇二年錯誤認定伊拉克擁有大規模毀滅性武器，沒有人想再次出錯。布希告訴他的情報官員：「務必保密，務必確信正確」。[9]

中情局專責小組的分析確認了以色列官員的說法，但布希政府官員採用了不尋常的措施，以求增強信心。為了確保對艾其巴的評估幾乎不可能出錯，他們應用了魔鬼代言人手法，與梵蒂岡多個世紀前發明的做法非常相似。國家安全顧問哈德利（Stephen Hadley）要求情報官員找來一些頂尖分析師檢視資料，看看艾其巴的設施是否有可能不是一座反應堆。[10]中情局局長海登（Michael Hayden）也很謹慎，因為「我們在評估幼發拉底河流域國家是否有大規模毀滅性武器這件事上，以往的成績相當差。」他注意到：「安排更多人分析情報，可以增強你對結論的信心，

但我們還是不能讓太多人參與分析，因為這件事必須保密。」情報當局為此召集了兩支紅隊，隊員與中情局專責小組完全無關，而且之前不曾接觸艾其巴相關情報。[11]

布希的情報官員非常支持紅隊作業方式：他們賦予兩支紅隊相反的目標，一隊負責證明艾其巴設施是反應堆，另一隊負責證明不是。結果提供正方證明的是一名來自民間部門的分析師，他有接觸頂級機密的許可，而且以精通核武計畫監視技術著稱。這名分析師未獲告知目標設施的位置，但獲提供以色列和美國得到的設施內部和鳥瞰圖像。該設施顯然希望把反應器壓力槽和用過燃料池隱藏在一棟建築物內，做法與北韓寧邊反應堆幾乎一模一樣，而且通向附近水源（幼發拉底河）的溝渠和管道也是明顯的破綻。這名分析師工作數天之後，告訴情報官員：「那是一座北韓反應堆。」[12]

海登的反方紅隊由來自中情局武器情報、不擴散與軍備控制中心（WINPAC）的資深分析師構成。一如正方紅隊，反方紅隊也獲得提供所有的資料和情報，但它得到的明確指示卻是：提出一項假說，解釋敘利亞那項設施為何不是核反應堆。「向我證明它是其他東西，」中情局局長對他們說。在接下來一週裡，反方紅隊考慮各種可能，包括艾其巴設施是化學武器的生產或儲存場所，又或者是與導彈或火箭計畫有關。一切皆有可能——他們甚至研究那設施是否可能是敘利亞總統阿塞德（Bashar al-Assad）一項與武器無關的秘密面子工程。他們也研究阿塞德是否可能指示建造一個反應堆模型，純粹是因為他基於某種原因，希望有人把它炸掉。另一名中情局資深官員回憶當時的情況，表示他們很難替艾其巴設施的內部照片找到其他解釋，因為照片顯示該設施與北韓寧邊反應堆非常相似，甚至有疑似北韓人在那裡工作。[13]「他們提出的另類假說是：那是一個假的核反應堆。多數證據無疑明顯支持這項假說。」海登回憶當時的情況。[14]

在哈德利辦公室週二下午的每週例會上，若干高官討論了如何處理敘利亞那座據信是反應堆的建築。紅隊作業的結果，使這些官員深信自己掌握了正確的事實。最初的情報估計獲得額外分析支持，令他們感到安心。「這使我們更相信情報系統對它是反應堆的直覺和結論。所有其他說法看來都不合理。」哈德利說。[15] 出席了所有會議的國防部長蓋茨（Robert Gates）回想當時情況時也說：「所有人都同意，我們無法找到那不是核反應堆的其他合理說法。」[16]

但是，儘管艾其巴設施幾乎肯定是一座核反應堆，這不代表美國應該答應以色列總理歐麥特的請求，將它摧毀。海登確實可以自信地宣稱：「那是一座反應堆。我很有信心。」但是，值得注意的是，兩支紅隊並未找到證據顯示敘利亞有設施可以把用過的反應堆燃料轉化為核武級別的鈽，又或者敘利亞確實在發展核武。海登因此只能接著說：「至於那是否為核武計畫的一部分，我則沒有把握。」[17] 布希隨後告訴歐麥特，美國不會參與針對艾其巴設施的軍事攻擊：「除非我的情報部門能確定那是核武計畫，我沒有正當的理由去攻擊一個主權國家。」[18]

兩支紅隊的獨立情報評估，大大增強了布希政府官員對敘利亞沙漠某處「正在興建什麼」的信心。這種分析為布希的決策提供了有用的資訊，儘管他主要仍是擔心如果他再次下令先發制人、攻擊又一個穆斯林國家，美國在中東的利益可能受到威脅。在放棄考慮轟炸的情況下，中情局研究如何在該反應堆產生危險之前，偷偷破壞它。但是，中情局副局長卡皮斯（Stephen Kappes）告訴白宮，搞破壞的成功機率相當低。[19] 布希因此選擇外交手段，把情報提供給聯合國安理會和國際原子能總署（IAEA），藉此對敘利亞施壓，要求該國拆掉反應堆。但以色列選擇先下手，二〇〇七年九月六日派出四架戰機摧毀了艾其巴疑似反應堆的設施。此次行動未遭遇敘利亞空軍任何抵抗，也未得到美國的公開支持。

在這個例子中，兩隊「魔鬼代言人」獨立分析既有情報的結果，大大

增強了情報評估（敘利亞正在建一個核反應堆）的可信度，使布希得以根據比較完整和經過檢驗的資料做出決定。總統最終決定不發動攻擊。這是典型的紅隊作業例子：組織安排外來者檢驗情報的可信度，並考慮其他假說成立的可能性。

組織失敗但不自知的原因

本書探討如何幫助組織以一種新的、不同的方式看世界，藉此改善組織的表現。無論是軍事單位、政府機構或小型企業，組織都是根據長期策略、近期計畫、日常作業和待辦事項的某種組合來運作。決策者和組織人員並不是每天上班時，當場重新決定要做什麼和怎麼做。組織既有的指南、常規和文化，是組織有效運作必需的。但是，組織如果在資訊不完整和快速變化的競爭環境中運作，則它面臨的一個難題，是必須設法確定其標準程序和策略何時開始導致不理想的結果，甚至可能釀成大災難。更糟的是，如果組織用來處理修正資訊（corrective information）的方法本身是有問題的，則這些方法最終可能導致組織失敗。

這種固有的問題關係到本書的核心主題：你不能替自己的表現評分。回想一下你高中時覺得很難的一科。想像一下：老師授權你替自己的作業評分。起初這似乎是一件大好事：你每次都可以給自己一百分！無論你實際上做得多差，你都可以決定每一份作業的分數。替自己的作業評分時，你會想出各種理由，說服自己值得最高的分數，儘管你其實做得不好。這些理由可能包括：「課堂上沒教這些」、「老師教得很差」、「我累壞了」，又或者「這是最後一次」。再想像一下你面臨以下情況時感受到的震撼：在自我評分一學期之後，老師發出期末考卷，並宣佈這一次她將親自評分。如此一來，你應學但沒學好、以為自己懂但其實不懂的東西，全都將暴露出來。替自己評分或許能使你短期內自我感覺良好，但也可能令你完全失去自知之明，最終導致你不及格。

「你不能替自己的表現評分」是一個重要警告，其意義遠非僅限於學校。我們來看看美國中情局的一個例子：該組織在九一一恐怖攻擊之後的拘留和訊問方案，錯誤採用了自我評估策略。對於中情局對付疑似恐怖份子的行動（包括使用「加強型訊問手段」，也就是動用酷刑）有多必要和有效，中情局的內部評估，是由負責策劃和管理行動的同一批人和外部承包商（延續和擴大行動規模顯然有助他們賺更多錢）做的。二〇一三年六月，中情局的內部檢查發現，中情局人員藉由「臨時起意的評估」、觀察遭拘留者舉止的變化，來確定「各種加強型訊問手段是否有效」。[20] 中情局人員和外部承包商都自信地宣稱他們負責的方案非常有效，而且很有必要；這結果毫不令人意外。

儘管國家安全顧問萊斯（Condoleezza Rice）和參議院情報特別委員會二〇〇五年左右曾提出要求，希望中情局針對那些行動做相當於紅隊另類分析的評估，但中情局高層從不曾下令做這種分析。中情局承認：「中情局訊問方案僅有的外部分析，仰賴兩名評審；其中一人承認欠缺評估該方案所需要的知識和技術，另一人則表示，他未能得到準確評估該方案所需要的資料。」[21] 中情局若能安排得到充分資訊和授權、由通過必要安全審查的專家組成的紅隊做分析，應該可以得到真實得多的評估結果，以及有關如何修改（或乾脆結束）拘留和訊問方案的建議。

數目多得驚人的高層領袖「系統性失能」，無法辨明所在組織最明顯和危險的缺點。這不是因為他們愚蠢，而是源自限制所有人的思想和行為的兩種慣常問題。第一種是個人的認知偏差，例如鏡像效應（mirror imaging）、定錨效應（anchoring）和驗證偏誤（confirmatory bias）。在不確定的情況下，我們的決定無意識地受這些認知偏差影響，我們因此很難評估自己的判斷和行為，而且這是一種本質上的困難。康乃爾大學心理學教授鄧寧（David Dunning）已在無數的實驗中證明，技能和知識很差的人，對自身表現的判斷也非常不準確。例如在突擊測驗中成

績最差的人，對自身分數的估計與實際分數的差距也是最大的。[22]

第二種問題源自組織偏差：員工成為組織文化的俘虜，接受了老闆的個人喜好和他們日常體驗到的組織文化。逾一個世紀前，傑出經濟學家和社會學家范伯倫（Thorstein Veblen）便說明了我們的日常事務如何塑造和窄化了我們的心智：

人可以輕鬆做的是他們慣常做的事，而這決定了他們可以輕鬆思考和知道些什麼。人因為日常活動而熟悉的各種概念，便是他們感到自在的概念。慣常的活動構成慣常的思路，產生用來理解事實和事件、進而歸納成一個知識體系的觀點。與慣常的行動方案相符，便是與慣常的思路相符；決定性的知識基礎，以及任何社群中自滿和認可的傳統標準由此產生。[23]

雖然我們會嘲笑這種失去批判反省能力的情況（例如持續研究某個題目多年的人，可能無法再以批判的態度去理解該題目），誠實的員工應該承認這種非常普遍的現象造成組織偏差。這種問題在某些工作中尤其顯著，例如必須長期埋首研究技術或機密知識的工作，以及採用嚴格層級制度的組織（軍方是一個明顯的例子）中的工作。這些常見的個人和組織問題結合起來，普遍導致組織難以聽到壞消息，因此也就不會採取行動去處理既有問題或新浮現的問題。

組織領袖談到自己的領導和管理風格時，通常會承認必須鼓勵和感謝員工提出反對意見，必須傾聽並認真考慮這些意見。受尊敬的領袖不會宣稱：「我特地打擊員工暢所欲言的意願，並且維持一種嚴防員工發表異議的組織文化。」多數領袖甚至會說，他們是支持員工發表異議的。這種觀點經常出現在《紐約時報》「角落辦公室」專欄（Corner Office）中。這個專欄每週在該報商業版刊出，訪問企業、大學和非營利組織的領袖。在這些訪問中，受訪的領袖被問到他們的管理技巧，而許多人會宣稱自己持續鼓勵下屬在組織內部提出抗議。媒體業者 Clear

Channel Communications 執行長皮特曼（Bob Pittman）受訪時便說：「我希望我們能聽這些異議者的說法，因為他們可能想告訴你為什麼我們做不到某件事。但如果你認真聽，他們真正想告訴你的，是你必須做些什麼才能做成某件事。」[24] 我們聽美國的領袖描述他們領導的組織，會以為這些組織的管理方式比較像無政府主義者的合作社，而非採用層級制度的組織。

皮特曼的想法是有問題的，因為他錯誤假定替領袖做事的人有辨明潛在問題的技能（可能性很低）、會向上司報告這些問題（這麼做可能損害自己的職涯），以及向上司提出這些問題不會有不良後果（通常會有，因為這會擾亂傳統觀念）。想想你覺得自己在工作上顯而易見的缺點。你會冒著損害自己名聲或職涯的風險，向上司報告這些缺點嗎（即使上司要求你這麼做）？又或者假設組織面臨一些即將發生、但未有人察覺的災難。在受到種種限制的情況下，你認為自己辨明潛在災難並向上司報告的可能性有多大？哈佛商學院教授艾蒙森（Amy Edmondson）研究為什麼員工在多種情況下會認為，承認和向上司報告他們工作中觀察到的嚴重問題是不安全的。「我們繼承了一種根深柢固的觀念，導致我們擔心自己在層級制度中留給別人什麼印象。」她並補充道：「從來沒有人因為不講話而被開除。」[25] 我們不能指望組織可以公正地替自身的表現評分；同樣道理，我們也不能指望組織可靠地自行產生異見，並提交給領導高層參考。

這現象最近的一個重要事例，發生在通用汽車公司。通用生產的雪佛蘭（Chevrolet）Cobalt 小型車的點火開關有瑕疵，但通用拖了十年才召回這款汽車。獨立調查暴露了該公司的問題。點火開關的瑕疵可能導致 Cobalt 行駛中引擎熄火（問題很可能因為鑰匙扣過重或重心移動而觸發），進而令動力轉向、煞車、安全氣囊和防鎖死煞車系統失去電力供應。這問題導致至少一一九人死亡和二四三人重傷，通用為此賠償受害

者六億美元，並開除了十五名資深管理人員。[26]

調查中受訪的通用員工「提供了一些例子，顯示組織的文化、氣氛和上司的反應，可能導致員工不想指出產品安全問題。」[27] 通用為員工提供正式訓練，告訴他們如何在書面文件中描述安全問題，避免安全警告顯得嚴重或危言聳聽。例如公司會告訴員工，不要直接寫「安全」，要寫「有潛在的安全涵義」；不要寫「缺陷」，要寫「表現與設計不符」。通用還告訴員工，不要用「凱沃基安式」（Kevorkianesque；譯註：凱沃基安是指有「死亡醫生」之稱、積極倡導安樂死的 Jack Kevorkian）、「像墓碑」（tomblike）和「滾動石棺」（rolling sarcophagus）之類的說法（這顯然是想展現幽默）。通用堅持在文字描述中淡化安全問題，是為了避免在公司因為安全問題而遭控告時，原告律師可以從這種文件中找到可用的彈藥。但是，這種做法也導致通用員工發現的安全問題，未能得到應有的重視。上述獨立調查的結論是：「事情是否可以歸咎於籠統的組織『文化』問題難以確定，但 Cobalt 事件的真相，是通用汽車人員未能向關鍵決策者提出重要問題。」[28] 沒有暢所欲言的通用員工，並非不知道點火開關問題的嚴重程度，而他們也不是邪惡的人。他們只是根據上司提供的正式指引，做了自己認為該做的事。通用不但沒有利用紅隊作業來辨明和糾正組織的重要問題，還試圖淡化問題的嚴重程度或乾脆忽略問題，結果造成更嚴重的後果：通用幾乎承受了一場大災難，而相關傷亡者和他們的家人則承受了真正的大災難。

紅隊的作業方式

近年來，紅隊作業已經成為預防通用汽車那種災難的重要手段，而且愈來愈受重視。愈來愈多機構使用紅隊作業的三種核心手段：模擬、探查弱點，以及另類分析。採用這些手段的紅隊在人員構成和活動上差異很大：紅隊可能是組織內部專唱反調的人（一如梵蒂岡以前的「魔鬼代

言人」），也可能是試圖闖進受保護大樓或電腦網絡的外聘「老虎團隊」，又或者是負責檢討公司策略的管理顧問。紅隊也可以是暫時的，例如企業可以利用某種「解放手段」（譬如用來打破傳統思考方式、產生創新想法的腦力激盪技巧），刺激員工提出一般情況下不會出現的另類想法。

　　總而言之，無論是由外部顧問還是正規員工組成，紅隊利用模擬、探查弱點和另類分析這三種手段，協助競爭環境下的組織設想自身在例行公事以外的狀況、評估計畫、辨明制度和策略上的弱點，致力改善組織績效。

模擬

　　組織可以針對預定事件或料將發生的情況，事先模擬演練，藉此擬定、檢驗和改善策略。模擬作業有助了解各方的動機和能力，以及他們之間可能出現的互動。從事模擬作業的紅隊，可以是推測訴訟結果、協助律師事務所決定怎麼做的顧問，也可以是推估下場比賽的對手在各種情況下傾向怎麼做的球探，又或者是獨立評估未來結果以供策略決策者參考的商戰模擬人員。美國軍方也經常針對國防新趨勢做模擬，以助研擬未來國防規劃的概念和兵力結構。例如北約組織便藉由「統一願景」（Unified Vision）軍演，檢驗各種戰鬥情況下的協作和資訊共享，而美國陸軍也有「聯合探索」（Unified Quest）方案，以助制定陸軍未來的作戰方式。美國軍方也會針對可能執行的大規模干預行動或特別任務，做必要的模擬。例如美國國防部長潘內達（Leon Panetta）便曾表示，海軍海豹部隊二〇一一年五月在巴基斯坦殺死賓拉登的突襲行動，事前曾「模擬到死」（red teamed to death）。[29] 海豹部隊藉由實戰模擬，檢視每一種可能發生的偶然情況。在那次行動中，海豹部隊兩架運輸直昇機有一架緊急降落在賓拉登所住的宅院。儘管如此，這次任務還是非常順利地完成了，因為海豹部隊完全預料到可能發生這種情況，並曾就此做過演練。

探查弱點

電腦網絡、各種設施和組織人員都必須得到保護，以免遭對手破壞或傷害。組織可以安排紅隊扮演「代理敵人」，測試組織防衛系統和程序的可靠程度，並辨明弱點。探查弱點作業應該獨立執行，不應事先公佈，而且必須基於對潛在對手能力和動機的最新評估，切實反映對手若試圖發起攻擊會採用的手段。負責探查弱點的人可以是外聘人員，例如企業雇用的「白帽」駭客——亦稱善良駭客，負責扮演「黑帽」駭客（惡意駭客），試圖侵入公司的電腦系統，最後向公司報告過程中的發現。他們也可能是「政府問責辦公室」負責檢查政府機構防禦系統的便衣調查員，例如二〇〇六年偷運放射性物料越過美國南方和北方邊境、二〇〇七年偷運炸彈元件進入十九個機場、二〇〇九年偷運炸彈元件進入十座聯邦政府大樓（十次行動全部成功）的調查員。也有反情報探員潛入企業或政府機構，賄賂或逼迫員工做一些違規的事，藉此評估他們是否誠實可靠，並協助這些組織辨明潛在的內部威脅。

另類分析

傳統分析作業辨明組織眼下所處環境的特徵、分析具體課題，並提出預測。這種分析的目的，是支援領導高層的關鍵決策，以及協助組織改善日常作業。但是，分析師可能因為常見的認知偏差，或組織內部普遍接受的思考方式而未能明察秋毫。這種偏差包括鏡像效應（分析師本能地假定對手面對類似情況時，想法會和自己一樣）、定錨效應（分析師過度仰賴最初的資料或印象，以致難以顯著改變判斷），以及驗證偏誤（分析師偏向重視支持自身想法的發現）。另類分析的目的，是利用「解放手段」或結構化分析法，防範這些自然的人性和組織限制，或是利用尚未埋首研究某問題的全新團隊，質疑固有的假設或提出不一樣的假說和結果。[30]

因為性質使然，另類分析涉及的人員、程序和結果必然不同於傳統分

析。久而久之，從事傳統分析工作的人可能受他們體驗到的組織文化和上司個人偏好強烈影響。因此，連資深分析師也容易不自覺地接受他們理應客觀分析的組織或對象的假設與偏見。另類分析的方法和框架若研擬和應用得當，可以限制認知偏差、鼓勵非傳統想法。

美國中情局小規模的「紅色小組」（Red Cell），是從事另類分析工作的一個重要例子。該小組獨立於中情局內部的主流權威分析單位，針對美國情報系統的工作成果做另類評估，提醒決策者注意意外或異常議題。[31] 這個紅色小組二〇一〇年撰寫的一份備忘錄，針對恐怖主義源頭提出了與傳統觀念截然相反的假說；該報告有個貼切的標題：「假如外國人認為美國是『恐怖主義輸出國』，那將如何？」這種反直覺的新奇設想，或許能迫使決策者質疑他們以前未意識到的假設，並從新角度思考問題。

紅隊成敗的原因

紅隊雖然很特別，但一如其他管理工具，它可以是無價之寶，也可以一文不值。紅隊能產生多大的價值，主要取決於組織領袖的意願和接受程度。紅隊作業如果忠實執行、正確解讀並明智跟進，將可揭露組織運作方式或策略上的重要缺點。但是，紅隊同樣有可能在設計或執行上出錯，或如某些從事紅隊工作的人所言，「遭到濫用」。

企業往往在推出新產品或進入新市場之前，要求公司經理人做所謂的紅隊分析。究其本質，這種分析有時只是為了經由內部作業，確認管理高層已做出的決定是英明的。監督商營核電廠的美國核管理委員會（NRC）負責做對抗式（force-on-force）效能測試：檢查人員扮演虛構但貌似真實的敵人，對核電廠發起突擊，藉此探查這些設施的防衛弱點。九一一恐怖攻擊之後，NRC被發現在恐怖攻擊演習上作弊，包括可能提早十二個月通知核電廠模擬攻擊的安排，以便廠方可以適時增加保全人員。愈來愈多美軍上將設立個人的「指揮官倡議小組」（Commander's

Initiatives Group），小組成員理論上應該不受指揮官幕僚的日常事務束縛，專心為上將提供戰略上的批判分析。但實際上很多指揮官倡議小組遭幕僚日常工作「俘虜」，忙於替老闆撰寫演講稿、準備國會聽證會證詞，以及撰寫迎合老闆心意的報告。

最後，紅隊也可能非常認真地執行其工作，但工作結果完全遭決策者忽略。二〇一〇年，美國衛生及公共服務部聘請顧問公司麥肯錫（McKinsey），以獨立團隊的角色，替「歐巴馬健保」（Obamacare）聯邦市場的發展情況做「壓力測試」。[32] 麥肯錫紅隊檢視了衛生部的策略，並在二〇一三年十月歐巴馬健保推出前六個月，針對聯邦政府健保網站 HealthCare.gov 可能發生的故障，以及系統準備推出的過程中，「端對端測試時間和範圍不足」的問題，私下警告白宮。麥肯錫也針對最終可能困擾健保網站的許多管理和技術問題，向該網站的開發團隊成員（但顯然不是關鍵成員）做過簡報。雖然麥肯錫團隊辛勤工作並發現了衛生部不自覺的許多問題，但這次紅隊作業的發現和警告遭決策當局忽視。結果歐巴馬健保推出後，不必要地造成白宮的一場政治災難，連帶損害歐巴馬總統的民意支持率。[33]

紅隊在作業上難免面對一種緊張狀態：一方面必須在目標組織之中有效完成工作（得到必要的資料，並且設法令工作結果獲得重視），另一方面必須維持必要的獨立性，誠實和嚴謹地質疑目標組織。為此，紅隊必須密切注意周遭的人和組織文化，但又能避免受主流觀念束縛。最優秀的紅隊處於某個不確定的最佳位置，介於遭組織俘虜和與組織無關之間。全球衛生專家皮里奧（Gregory Pirio）把最老練的紅隊成員比作日本封建時代的浪人武士：浪人因為沒有主人，「可以放肆地告訴將軍：你是個白癡。」皮里奧解釋，如果用二十一世紀的顧問話語，那種情況是：「因為浪人是去體制化的，他們不知道如何調整自己的訊息以配合模擬環境（mimetic environments）。」[34] 向統治者講真話的孤獨浪人與本書

分析的紅隊不同之處，在於後者有比較正式的慣常程序，與目標組織及其決策者也有一種比較正式的關係。但是，兩者都體現了高效能紅隊一個非常重要的特徵：在組織的邊緣或外面發揮作用。

探索紅隊世界

紅隊作業本質上是一種社會現象，要了解它就必須與從事這種作業的人交談，並觀察他們如何在現實中應用其技術。本書講述紅隊人員的工作故事，而且往往由他們親自講述，希望藉此說明紅隊作業的典範做法和本質。這些故事源自訪問多個領域逾兩百名傑出紅隊人員和他們的同事，包括二十幾歲的白帽駭客、企業資深副總裁、美國前中情局局長，以至已退休的四星上將。若干受訪者不能具名，因為他們未獲雇主授權談論工作內容，又或者他們的工作根本就必須保密。不過，他們全都樂意分享他們的想法和經驗，因為他們認為紅隊作業有必要發揚光大。除了交談，我們也必須看看紅隊作業的實況，例如顧問迫使企業員工扮演公司競爭對手、因此產生的「啊哈時刻」（獲得重大意外發現的時刻），又或者駭客像殭屍一樣專注地檢視原始碼、尋找系統弱點的入迷狀態。最後，為求本書內容完整，我必須介紹教授商戰模擬的傅德吉拉德賀齡競爭情報學院（Fuld Gilad Herring Academy of Competitive Intelligence），以及教授紅隊作業技術的對外軍事和文化研究大學（University of Foreign Military and Cultural Studies, UFMCS）；後者又稱「紅隊大學」，在堪薩斯州萊文沃思堡一個經過改裝的軍事監獄，向軍官和少數平民（包括本書作者）傳授紅隊作業技術。如本書第二章詳述，經過二〇〇四年的改造之後，紅隊大學已成為最重要的紅隊作業研究和教學中心。

本書集中檢視相對競爭環境下的紅隊作業。這種環境包括敵對的兩方或更多方之間潛在的軍事衝突；企業與直接的對手爭奪市占率或投資報酬的市場環境；企業「博弈」以求減輕成本和負擔的法律與監理體制；

個人、設施和關鍵基礎設施很可能遭潛在敵人攻擊的環境；以及個人、企業或情報機關必須藉由另類分析控制策略意外後果的情況。簡而言之，本書關注的是那種成敗涉及重大利益的競爭環境。

本書敘述和分析了十七個案例。我選擇這些案例，是希望盡可能呈現最多類型的紅隊作業。因為政府有保密要求、涉及專屬資料或希望保護組織聲譽等原因，許多組織致力隱瞞它們所做的紅隊作業，有時甚至會就紅隊的結構和作業的影響刻意誤導外人。本書第二至第六章闡述的案例，是基於數年的研究、資料篩選和訪問工作，是同類案例中資訊和細節最豐富的，因為這些案例納入了內部人士的敘述，而這是了解紅隊實際上如何形成和運作的必要資料。這些案例的團隊構成、作業方法和結果也各有不同：有些作業成功了，有些失敗了，還有一些是結果不明或尚未確定。有些紅隊作業是為了診斷問題，還有一些是希望引出非傳統的新觀念。最後，它們既有歷史較久的案例，也有當代例子，可以說明改善組織表現的一些常見障礙，以及第一章細述的六種紅隊典範做法是如何形成的。

雖然紅隊存在於多種棘手環境中，至今未有單一著作評估紅隊作業在不同領域的應用，也未有著作辨明各領域通用的典範做法。紅隊作業欠缺比較分析研究的原因之一，是美國政府和軍方極少為聯邦政府資助的研究機構（例如蘭德公司〔RAND〕）提供經費從事非軍事領域的研究。另一方面，私營部門組織並不公開它們的紅隊作業程序或結果，因為這些是受嚴格保護的專屬資料，往往受客戶保密協議保護。在此同時，有關「紅隊」的新聞報導（紅隊一詞往往會加引號），往往未能提供必要的脈絡和觀點，以致讀者未能明白報導中的紅隊作業可以如何用來處理其他問題。本書填補了一些知識缺口，包括分析了紅隊作業技術的類型，藉由訪問實踐者了解紅隊作業的用途，以及提供了所有組織的領袖都必

須知道的、有關如何運用紅隊的實用指南。多數例子來自軍方和國防界（這個領域中的社群對同領域其他社群的紅隊作業缺乏深入認識），但相關作業方式在私營部門也可以大派用場。

對紅隊作業的探索，始於第一章說明的六項紅隊作業典範做法，組織領袖可以用它們來減輕認知和組織偏差對效能的損害。這六項典範做法是藉由訪問逾兩百名紅隊人員和他們的同事歸納出來的，它們是：（1）老闆必須支持。如果沒有組織最高層對異見的支持和認可，紅隊將無法得到足夠的資源，而且將遭邊緣化或徹底忽視。（2）若即若離，客觀又明事理。紅隊要有效運作，必須在目標機構的組織架構中獲安排適當的位置，活動範圍必須合適，而且紅隊作業（包括如何報告作業發現和建議）要保持適當的敏感度。（3）無畏且有技巧的懷疑者。紅隊成員是古怪的——別介意。他們通常特立獨行、不守規矩、相當自負（這正是他們的思想和行為與眾不同的原因），而這些正是紅隊成員最重要的特質。（4）足智多謀。紅隊作業方式不能變得可預測。如果紅隊成員一再使用同樣的方法，他們將遭組織「俘虜」：他們的發現將變成意料中事，遭人忽視。有效的紅隊作業可以改變所有人，連那些只是接觸到作業結果的人也會重新思考相關問題，而且可能在日常例行工作中產生不同想法。（5）願意聽壞消息並據此採取行動。如果組織不願學習，紅隊作業結果將毫無作用。不願意吸收利用紅隊發現的組織，根本不應該投入紅隊作業。（6）適可而止，不多不少。紅隊作業太頻繁，可能造成壓力並打擊士氣，結果無可挽回地損害組織的策略和計畫。但是，紅隊作業若做得太少，組織很快便會變得僵化和自滿。

第二章講述美國軍方近年建立的最重要的紅隊作業單位和一些相關事例，最後檢視紅隊作業在美國以外的應用情況。我們將談到萊文沃思堡的紅隊大學：自二〇〇五年以來，已經有超過兩千七百名軍官和公務員

在這裡接受過紅隊作業方法和技術的正式訓練。我們也將講述二〇一二年的一次紅隊作業：紅隊大學兩名導師獲邀主持一次討論和分析作業，針對一份重要的軍事概念文件，辨明當中的假設、潛在的失敗和替代方案。我們還將檢視美國海軍陸戰隊的紅隊作業實踐：自陸戰隊前司令艾摩斯上將（James Amos）大力倡導以來，陸戰隊的指揮參謀部便嘗試建立正式的紅隊，並將紅隊作業融入日常運作；但這工作遇到很多困難，至今仍未完成。另一個例子是惡名昭彰的二〇〇二年「千禧挑戰概念發展作業」：國防部高層希望藉此快速改革美軍的作戰方式，但一名機智的陸戰隊退役三星中將粉碎了當局的美夢。這是第一次有人根據軍方解密的事後報告和所有重要官員接受的訪談，提出對這項作業的評估。本章也會談到美國以外相對有限的紅隊作業應用，包括以色列國防軍、英國國防部和北約盟軍轉型司令部。

第三章檢視美國情報系統當中的間諜和分析師近年如何應用紅隊作業手段。本章闡述的事例，首先是當局一九七六年針對中情局有關蘇聯戰略核武能力和意圖的國家情報評估，安排非情報系統的專家做 B 隊競爭式情報分析。然後我們將談到一九九八年八月中情局的分析認為蘇丹喀土穆的西法製藥廠在製造 VX 神經毒氣，而且與賓拉登有關；當局理應安排獨立的另類分析但沒有這麼做，結果造成一場外交災難。接著是針對中情局紅色小組的歷來首次深入檢視：該小組成立於二〇〇一年九一一恐怖攻擊翌日，負責做另類分析，半獨立於所有標準的情報分析單位之外。最後我們將看二〇一一年的一次紅隊作業如何提出三個機率估計值，協助當局評估賓拉登是否住在巴基斯坦阿伯塔巴德市的一座宅院裡。

第四章檢視一些美國國土安全機構的紅隊作業，這些紅隊針對保安系統和關鍵基礎設施探查弱點和模擬防衛作業，藉此檢驗和（顯著）改善保安系統。本章的四個案例包括九一一之前美國聯邦航空局（FAA）的紅隊作業悲劇：FAA紅隊發現商營民航業者的保安有系統性漏洞，但

FAA官員無所作為，未能監督航空業者改善問題。第二個例子，是針對紐約市的機場可能遭受恐怖份子以肩射飛彈攻擊的威脅所做的紅隊評估。第三個例子是不曾有人細述的紐約市警察局桌上演練，由紐約市警察局長推動，檢視和評估紐約警方應付重大恐怖攻擊的能力。最後一個例子是關於新墨西哥州阿布奎基市桑迪亞國家實驗室的資訊設計保證紅隊，這個小單位自一九九六年以來便是美國政府的精英駭客團隊，常常侵入軟體系統、電腦網絡和受保護的設施，以助改善相關保安工作。

第五章闡述民間部門（競爭最激烈的環境）的紅隊作業應用。本章的案例包括商戰模擬：外部顧問藉由這種作業，模擬和評估企業的策略決定；滲透測試：在這個快速擴張的領域，「白帽」駭客應客戶的委託，合法地侵入客戶的電腦網絡和軟體程式；行動通訊駭侵：一個白帽駭客小團隊侵入Verizon公司的微型基地台，可以竊取所有連上該基地台的手機之語音和數據通訊資料，情況令人震驚；實體滲透測試：以第一手的資料說明一些理應安全的大樓其實不難闖入，包括實體滲透測試者的經驗（他們常用一些好笑的手段，輕易進入理應受到嚴密保護的建築物）。

第六章講述紅隊作業的一些實際結果、人們對這種作業的錯誤印象，以及決策者考慮應用紅隊作業時應知道的誤用情況。本章利用之前講過和額外的新案例，說明紅隊作業為何往往遭輕視、誤用或未能充分發揮作用。紅隊作業五種相關的常見錯誤包括：一、錯誤的臨時做法：領導層指定某個人負責提出異議，以為這樣就能防止團體盲思；二、誤以為紅隊的發現代表組織的政策立場，把它們置於錯誤的脈絡中，或過度重視這種發現；三、授權紅隊主導決策過程；四、未考慮目標組織的結構、程序和文化，便輕率地安排紅隊作業；五、目標組織的領袖和管理層不信任紅隊人員，不能或不願聽取他們的發現。本章也檢視政府或企業的主管誤用紅隊作業發現的傾向，最後提出對政府紅隊的一些建議，並簡略展望紅隊作業的前景。

雖然「紅隊作業」還不是個常用詞，我們只要提出現實中的例子，人們便能直覺地迅速掌握這概念。看完這本書後，你將能了解這個許多人不清楚的新領域，並認識靠紅隊作業謀生的許多有趣角色。此外，領袖和經理人應將不愉快地發現，他們對自身組織的弱點和安全漏洞相當無知。他們也應將明白紅隊作業為何重要，以及最好如何應用這種作業改善自己的組織。

　　一如梵蒂岡廢除了封聖過程中的「魔鬼代言人」角色，各種組織的領袖可以選擇壓制異議。本書應將令你相信壓制異議長期而言不可能成功。工作場所一片和諧雖然是誘人的情況，領袖如果抑制異見和自由思考，他們將創造出醞釀災難的環境。紅隊作業正是有助組織預見這種災難，進而防止災難發生的方法。

BEST PRACTICE
IN RED TEAMING

紅隊作業典範做法

聽到「典範做法」時，請趕快逃命。鐵達尼號郵輪便是根據典範做
法製造的，而且還忠實地按照典範做法操作。
──美國陸軍退役上校梵特諾（Gregory Fontenot），對外軍事
和文化研究大學（紅隊大學）總監，二〇一一年[1]

前頁引述自梵特諾的觀察清楚顯示，真正的紅隊人員可能會發現，「典範做法」（best practices）這概念與紅隊作業根本不相容。

紅隊作業本質上便是存在於組織策略、標準作業程序和結構之外。紅隊人員本質上是反向思考者；如果外人強行替他們所做的事嚴格分類，紅隊人員會深感懷疑。我為了寫這本書，做了逾兩百次訪問，受訪者有些靠紅隊作業謀生，有些只是兼職，還有一些是自己的工作有部分內容為紅隊作業。在訪問過程中，有些受訪者一聽到「典範做法」一詞，臉部肌肉會明顯地抽搐；他們不認為他們的技藝可以概括成一本作業指南。事實上，確實沒有適用於所有情況的單一方案。我們或許可以說，典範做法的最高原則是靈活應變，視情況採用合適的手段。如本書隨後幾章將說明，競爭環境下的組織如果不奉行任何典範做法、漠視紅隊的發現和建議，往往必須為此付出慘重代價，而認真處理紅隊作業結果的組織則可以得到很大的好處。

紅隊典範做法從來不是一套適用於所有情況的指示，而是一套務實的原則，可以引導紅隊和紅隊的目標組織，幫助他們了解一些重要原則。紅隊人員如果奉行這些典範做法，將大有機會顯著減輕認知和組織偏差對組織表現的損害。如果不奉行典範做法，則通常是根據直覺和偶然發現的資料，隨意地從事紅隊作業。這種隨興的紅隊作業有明顯的危險。美國海軍陸戰隊退役上校、現職紅隊導師門羅（Mark Monroe）便曾說：「如果有個人沒有受過醫學訓練，又或者沒有相關經驗，你會讓他替你做手術嗎？」

以下六項原則，是根據紅隊人員的親身經驗（細節如隨後各章所述）概括出來的。研究顯示，它們是真正的典範做法，因為實踐一再證明它們有效。讀者深入了解隨後各章闡述的四個領域時，應記住下述六個原則。

一、老闆必須支持

　　儘管層級扁平化有助改善組織表現的觀念廣為流傳，幾乎所有機構在組織架構的頂層，仍有一個掌權的小團隊或一名老闆。要解決集體行動問題、建立決策的責任歸屬和問責制度，層級結構和清晰的指揮鏈（chain of command）可能是必要的。高效能的老闆會向整個組織的員工灌輸組織的道德標準、價值觀和行為模範，並致力鞏固這套觀念。老闆的支持，對員工完成任務絕對是至關緊要。

　　紅隊人員和接觸紅隊作業結果的人最常提到的典範做法，是老闆必須樂於認同和支持紅隊及其作業結果；這並不令人意外。無論老闆是軍方指揮官、政府官員、資訊長或企業的資深副總裁，掌權的人必須重視紅隊作業；同樣重要的是，老闆必須向所有相關員工示意他對紅隊作業的支持。軍事圈把老闆的支持稱為「最高層的掩護」（top cover），而這確實極其重要。老闆的支持有多種形式，強度也各有不同，但頂層是否支持，則是所有人都心知肚明。美國海軍陸戰隊退役中將、公認的紅隊作業大師梵瑞柏（Paul Van Riper）便說：「指揮官本身必須想要紅隊作業、支持它、為它提供資源、把它制度化，並認真對待作業結果，否則紅隊作業是沒有意義的。」[2]

　　這種支持必須以幾種方式表現出來。

　　首先，老闆必須認識到，組織當中有紅隊作業可以協助辨明和處理的弱點。組織通常無法準確評斷自身的表現，也往往無法看清自身弱點和潛在的陷阱。事實上，在許多情況下，組織必須已經出現明顯的失敗或災難，造成可觀的人命、財務或名譽損失，老闆才會願意聽從呼籲組織做紅隊作業的意見。例如美國聯邦航空局（FAA）是在一九九八年泛美航空 103 號班機在蘇格蘭洛克比上空爆炸、造成兩百七十人死亡之後，才在 FAA 體制中建立一支小規模的紅隊，負責做現實的威脅與弱點評估。（儘管如此，FAA 還是顯然漠視這種評估的發現。如第四章所述，甚至

在九一一恐怖攻擊之前，這支紅隊一再報告的、令人不安的安全漏洞，仍然遭當局忽視。）

另一種情況，是管理高層在做他們必須直接承擔責任的某個重大決定之前，希望做模擬或另類分析，以便失敗時多少可以替自己辯解。吉拉德（Ben Gilad）逾三十年來替《財星》雜誌五百強公司（Fortune 500）做商戰模擬，他發現公司總裁或副總裁在推出新產品或進入新市場之前，會積極尋求他的協助。他注意到，這些老闆「知道自己做的是重大決定，可能因此升職或被炒」，而委託他做商戰模擬，既是這種決定的「壓力測試」評估，也是潛在的自保手段。3

紅隊作業需要的支持，並非僅限於組織結構中的最高層。老闆必須知道，如果紅隊作業的要求只是由上級馬虎地強加在某個經理人身上，後者很可能不會重視它、樂於利用它或採納其發現。就如本書第二章將詳述，自二〇一〇年起，美國海軍陸戰隊司令艾摩斯（James Amos）下令，所有海軍陸戰隊遠征軍（MEF）和遠征旅（MEB）都必須在其指揮參謀部中納入某種紅隊作業。曾參與 MEF 和 MEB 紅隊作業的軍人和平民表示，指揮官在頭幾年往往未能充分利用他們的能力，甚至可能完全忽視他們，而更常忽視他們的是指揮官的高層幕僚。海軍陸戰隊並未適當訓練指揮官善用紅隊，也並未協助他們充分認識紅隊的潛在價值。在民間部門，企業董事會也可能下達類似命令，要求執行長或資深副總裁安排外部顧問針對公司的業務策略做模擬。某跨國能源公司一名資深副總裁便接到做這種模擬的命令，他說他的部門決定「在夢遊中完成這件事」，事後寫一份形式上的報告向董事會交差。4 這些例子清楚顯示，紅隊作業要產生最大的價值，不但必須得到最高領袖支持，整個組織各層級的領袖也都必須伸出援手。

第二，老闆必須願意安排組織投入必要的資源、人員和時間，支持負責檢視組織的內部或外來紅隊。紅隊作業極少是組織達成核心使命必不

可缺的活動。因此，紅隊可能必須克服不少障礙，才能獲得必要的資源，而且當組織不是那麼明確需要這種作業時，它便可能遭捨棄。例如一家中等規模的公司要做電腦網絡的滲透測試，通常每天需要一千五百至一萬美元，而一場精心設計的商戰模擬則往往需要至少五十萬美元。參與或協助紅隊作業的員工，則可能損失大量的工作時間。管理高層可能因此把紅隊當作「垃圾場」，用來安置不中用或不知可以做什麼的員工；許多美國陸軍和海軍陸戰隊的紅隊人員便表示，曾經見過這種情況。即使老闆認識到紅隊作業有其必要，有些人表示，紅隊作業「能做很好，但不是非做不可。」如果老闆抱持這種想法並公開說出來，紅隊有效發揮其作用的機率可能因此大幅降低。

第三，老闆必須容許紅隊人員百分百誠實報告他們的發現。他們如果指出，老闆親自研擬、核准的策略或程序有嚴重缺陷，又或者組織員工的傳統觀念是誤導的（又或者充斥著內在矛盾），老闆不可以懲罰他們。如果有人因為暢所欲言而遭老闆懲罰或公然漠視，以後都不會再有人暢所欲言。

在許多現實案例中，組織領袖用了一些手段公開支持他們的紅隊，替他們充權，確保相關人士能聽到紅隊提出的異見。他們可能出席紅隊的活動以示支持，例如紐約市警察局長凱利（Ray Kelly）和他的繼任者布拉頓（William Bratton）便特意參加凱利任內與高級指揮官所做的每一次「桌上演練」（詳情見第四章）。組織也可以獎勵表現出色的紅隊，例如美國中情局紅色小組便多次榮獲「全國傑出情報單位獎」；組織也可以拔擢表現出色的紅隊人員，並公告週知。曾在伊拉克和阿富汗任美軍司令的裴卓斯上將（David Petraeus）發現，為鼓勵司令部中的人表達異見，「你必須創造一種留住和保護強烈異議者的文化。」[5]

第四，紅隊的發現要認真處理還是不予理會，當然是由老闆決定。這決定取決於老闆是否認為組織可以承受紅隊指出的風險或問題，還是組

織必須投入資源（資金、人員和機會成本）執行必要的變革。理想的情況是決定做紅隊作業的老闆有權決定採納紅隊的建議，又或者向上級強烈建議採納這些建議。如果未能先獲得老闆的支持，並讓所有相關員工看到這種支持，接下來的五項典範做法很可能遭漠視，或根本失去意義。

二、若即若離，客觀又明事理

紅隊如果在目標機構的組織架構中獲安排適當的位置，對其運作效能大有幫助。紅隊必須平衡幾個互有矛盾的原則：既需要保持半獨立地位和客觀的精神，也必須敏感地察覺組織的運作環境和可用的資源。此外，紅隊必須避免遭組織「俘虜」，同時對組織的核心使命作出持久的貢獻。美國中情局二〇〇一年九月設立其紅色小組後不久，米希克（Jami Miscik）獲任命為中情局情報副局長；她表示，理想的紅隊「不能是研究自己肚臍的獨立後勤單位，與大樓裡其他部門沒有往來。」6

紅隊的位置和身分，必須考慮三個因素：紅隊在目標機構的組織架構中的位置、紅隊的活動範圍，以及紅隊作業（包括如何報告作業發現和建議）的敏感度。妥善安排這三個因素相當困難，但非常重要。紅隊作業失敗最常見的原因之一，是組織的領袖和員工對紅隊確切要做什麼有誤解。事實上，本書隨後幾章詳述的案例一再出現的一個問題，是組織未能辨明最初建立紅隊的原因、領導高層對紅隊的最初指示、紅隊人員的選拔標準，以及組織估計將如何利用紅隊的發現。

紅隊必須在目標機構的組織架構中獲安排一個適當的位置。理想的情況是紅隊在組織的層級結構中處於半獨立地位，以虛線與負責紅隊作業的最高領袖直接相連。紅隊與組織的關係，有時必須公告週告，例如大藥廠聘請紅隊做商戰模擬，推測某藥物專利過期後競爭對手的反應，便屬於這種情況。但紅隊有時只應向老闆或直接受影響的人報告。例如裴卓斯在伊拉克和阿富汗指揮美國和盟國部隊時，便大力主張利用臨時紅

隊替進行中的軍事行動做另類分析。他會找休假的將官、智庫分析師或在他指揮架構以外的人，就某個重要議題或快將必須決定的事，做所謂的「定向望遠鏡」（directed telescope）分析。「沒有其他人知道他們在做這些事，而他們是直接向我報告。」[7] 二○○八年，當時的美國陸軍上校麥馬斯特（H. R. McMaster）替裴卓斯主持了幾次有關伊拉克的分析，包括「上校委員會」（council of colonels）為期三個月、針對戰役計畫的獨立評估（結論是伊拉克各派之間的暴力衝突正在惡化，而美國的行動直接加劇衝突）。[8]

處理好組織架構問題，才能確保紅隊得以接觸必要的人員和資料，順利完成任務。如果紅隊被置於後勤部門（無論是否真的在後勤辦公室工作），目標組織的員工比較可能拒絕與紅隊合作。曾在阿富汗坎大哈省指揮一支作戰旅的一名美國陸軍上校，特地把他的小規模紅隊安置在司令部中心位置，藉此示意「他們是我的人」，確保他們可以順利接觸所有必須訪談的人。[9] 至於外來的紅隊，能接觸什麼人和資料則取決於一開始與目標組織約定的工作範圍有多廣。

正確擬定紅隊的活動範圍也一樣重要，雖然它的重要性常遭低估。紅隊開始工作之前，必須與目標組織就紅隊作業的確切目標（針對什麼人或什麼事）、工作期限、作業彈性和最終目的達成明確的共識。外來紅隊必須避免「範疇潛變」（scope creep），辦法是藉由問卷和討論，與目標組織的相關員工溝通，釐清紅隊作業的開始和結束日期、可接受的作業方式，以及紅隊必須提供的服務或產品。商戰模擬業者傅德公司（Fuld & Company）的索卡（Ken Sawka）表示：「釐清工作範圍是必要的，因為這有助我們選擇正確的結構化分析方法，以及了解客戶對我們的工作結果可以有怎樣的合理期望。」[10] 內部紅隊，尤其是在軍方的內部紅隊，往往被迫浪費時間反覆試誤，才能釐清組織對紅隊作業的期望。

如果紅隊不正確界定作業範圍，紅隊作業實際上便是盲目的。作業範圍必須切合目標組織的使命，同時也要質疑束縛組織員工的傳統程序和原則。作業範圍指引最好是寫下來，然後發給組織相關人員，並在作業產生爭議時拿出來參考。如果紅隊與目標組織無法事先就作業內容達成基本共識，紅隊作業根本不應開始。

作業範圍也應確保紅隊以適當的仔細程度和工作強度完成任務。艾爾森（Steve Elson）在美國海軍海豹部隊工作期間，曾協助設計和執行一些探查弱點作業，目標為高度敏感、據稱安全的政府場所，包括海軍的核設施和總統休假地大衛營。海軍新設施的週邊保安，也經常成為探查弱點作業的目標。艾爾森回想當時的情況：「起初我們都很厲害，那些設施的保安人員完全應付不來。」侵入那些設施雖然令海豹戰士一時間得意洋洋，但因為太容易，這件事最終毫無意義。艾爾森認識到：「如果你一下子壓垮他們，他們不會學到任何東西；他們會把自己捲成一個小球，然後等死。」[11] 海豹紅隊因此不會第一天便壓倒保安人員，而是逐漸提高測試的強度和精細度，以便保安人員可以較好地吸取上一次測試的教訓。

作業敏感度則要求紅隊做好功課，充分了解目標組織。這包括了解目標組織因為什麼問題或弱點而決定做紅隊作業、組織在怎樣的法律和監理環境下運作、組織可以投入多少資源來執行紅隊的建議，以及組織的時間表。如果某個策略或產品的研發已經開始了很多個月，時間問題對紅隊作業尤其重要。如果紅隊在研發過程已近尾聲時才現身，紅隊作業的發現可能會遭忽視，理由是為時已晚；二〇一二年的參謀長聯席會議主席「聯合作戰最高指導構想」紅隊作業便是這樣（詳情見第二章）。總而言之，如果能對目標組織的領袖和受影響的員工有同理心，並且調整作業時間以配合他們的需求，紅隊的意見得到重視的可能性將大大增強。

紅隊如何做模擬、弱點探查或另類分析，以及如何向目標組織報告發現，同樣非常重要。紅隊當然不能作弊。例如美國政府問責辦公室特別調查組便奉聯邦政府審計長的指示，針對政府程序、設施或邊境（幾乎就是接受聯邦經費的一切東西）做「黑盒」弱點探查。這種探查僅仰賴公開的資料，以便貼近沒有內應但相對積極和有能力的敵人所能掌握的資料。特別調查組主任麥艾爾萊（Wayne McElrath）表示：「使用內部資料是作弊，會令調查完全失去意義。」12 民間部門實體侵入測試的一名頂尖業者警告，聘請測試者時，應避免請那種「做測試時不像某些公司實際擔心的壞人，反而像《瞞天過海》（Ocean's Eleven）中的竊賊的那種人。」13

在組織架構和作業範圍這些基本問題之外，紅隊還有很多事情必須拿捏好分寸。紅隊不應抱著希望羞辱調查目標或令其出糗的心態做事，不應追求「這下抓到你了」。紅隊也不應不必要地對目標組織隱瞞資訊。例如美國中情局的紅色小組為了避免這種情況，通常會提早告知相關單位他們的另類分析結論，以及分析結果何時將公告週知。紅色小組這麼做，並不是尋求相關單位的許可，而是出於職業上的禮貌，也希望有助雙方未來必要時順利合作。美國海軍陸戰隊建立司令紅隊後，中校馬偉寧（Brendan Mulvaney）主持頭三年的紅隊工作，他談到獨立的紅隊與策劃部門的互動時說：「你不希望自己像一隻海鷗，進來在人家的計畫上拉屎，然後飛走。」14

此外，紅隊作業不應導致無意的破壞或損害。探查弱點不應無意中導致目標組織「自殘」（fratricide），以致紅隊測試的安全系統顯著受損。現實中有很多紅隊作業做過頭或造成太大干擾的例子，例如一家《財星》十強公司（Fortune 10）便曾因為做電腦網絡的滲透測試，導致整家公司離線二十分鐘。審慎界定紅隊滲透測試的範圍和權限，對評估關鍵基礎設施的監控及資料擷取系統尤其重要，因為這種測試一旦出錯，可

能嚴重擾亂經濟運作，甚至造成人命損失。這種「友軍砲火」可能破壞紅隊與目標組織的關係，並導致紅隊的發現不受重視。

紅隊作業的目的，不是要令人難堪或令情況暫時惡化，而是協助教育和改善整個目標組織。紅隊若了解目標組織的價值觀和溝通方式，紅隊的效能將可提升，而作業結果的適用性也能增強。但最重要的是，紅隊提出的建議必須明確、合理又可行。資訊安全業者 Trustwave Holdings 的保安專家亨德森（Charles Henderson）負責監督網路和實體安全系統的弱點探查作業，客戶包括企業和政府機構。他表示，所有紅隊人員都必須記住，「我們的任務不是侵入某個電腦網絡或某棟大樓，而是增強客戶的保安系統。……如果我們未能做到這件事，我們便是失敗了。」[15] 事實上，所有紅隊都應該一直以改善目標組織為最終目標。

三、無畏且有技巧的懷疑者

替紅隊在目標組織中安排適當的位置非常重要，替紅隊配備合適的人員同樣重要。如果紅隊隨隨便便地組成，誰有空就找誰，不管他們的技能或個性是否適合，則紅隊作業幾乎必將失敗。紅隊要想和做的事，不同於目標組織中所有其他人。因此，紅隊成員多少應該是不同尋常的。

最優秀的紅隊人員傾向自稱是「怪人」或「怪咖」，他們也傾向認為自己是天生懷疑權威和傳統觀念、重視批判思考的異議者。美國海軍陸戰隊大學的紅隊導師、蓋森霍夫中校（Daniel Geisenhof）這麼描述他的團隊：「我們在許多方面是一群與周遭環境格格不入的人。」[16] 紅隊導師因為經驗豐富，最明白這種與眾不同的特質在組織紅隊時何其必要。

多數人喜歡把自己想成是擅長創意思考、能提出異見的非同流者（nonconformist）。許多調查也顯示，絕大多數人宣稱自己非常重視創造力。多數人雖然承認傳統觀念非常普遍，但也傾向認為自己能跳出固有的框框思考。但事實上，如果未經訓練和反覆練習，很少人有這

種能力。我們是怎樣的人，很大程度上取決於我們的個人偏見、經歷和日常環境，而這些因素也在很大程度上限制了我們。無論我們以為自己思想多麼開明，研究顯示，多數人有強烈的「存在偏見」（existence bias），也就是自然地傾向認為存在的事物在道德上是好的。也就是說，多數人只能假定事物的現狀必定是自然正確的；這導致他們高估了既有先例和現狀的價值，並根據事物是否存在而非理性或原則來作判斷。[17] 紅隊人員則可以擺脫這種偏見和環境限制，而這可能是因為他們天生有獨特的性格、受過適當的訓練，或是得到指示並獲得充權，得以維持半獨立於目標組織的地位。

一個人能否成為出色的紅隊人員，有三個最直接相關的因素。首先是必須有合適的性格特徵組合。成功的紅隊人員往往才思敏捷、適應能力相當強、能自我激勵、勇敢地追求自己認為正確的東西，但同時天生好奇，並且願意聽別人的意見和向別人學習。法拉翁（Rodney Faraon）曾以美國中情局分析師和民間部門顧問的身分參與紅隊作業，他注意到「最好的紅隊人員就像方法派演員」：他們辨明敵人的動機和價值觀，把它們內化，以便自己可以成為那個敵人。[18] 因為紅隊人員通常不會自我審查，他們如果不顧及周遭人員的感受，很可能會被貶斥為「悲觀主義者」，或被貼上「暴躁怪胎」（crotchety）的標籤。曾在美國國家反恐中心的小規模紅隊單位「分析方法應用處」（Analytic Methods Application Branch）擔任分析師的米歇爾（Marissa Michel）說：「開放式思考者與暴躁怪胎是有差別的。如果你是暴躁怪胎，即使你有很好的見解，也不會有人聽你的。」[19]

紅隊作業成功的另一個條件，是紅隊人員往往不是拼命向上爬的人。紅隊人員通常不是那種為了追求事業成功，什麼都願意說、什麼都願意做的人。他們往往重視暢所欲言甚於團隊精神，又或者他們已經接受自己不再有升遷機會。例如在軍隊中，最勇於提出異見、最坦率的人，往

往是已經不再尋求晉升將官的「終點上校」（terminal colonel）。在白帽駭客圈，仍然希望炫耀技術的年輕人，很可能會嘗試做一些年長同儕不考慮做的事。簡而言之，紅隊高手有多種類型，動機不一，但幾乎總是有與眾不同的地方。

與成為出色紅隊人員有關的第二個因素是經驗。有一些明確的教育和職業經驗證實對紅隊作業大有幫助，包括知識廣博（尤其是歷史知識）、在某一行曾做過多個職位，以及有傑出的簡報和書寫能力。多個領域的紅隊人員都提到一點：為了充分傳達和強調自己的觀點，**高效能的紅隊人員必須有講故事的能力**。人類喜歡聽故事的傾向根深柢固；因此，故事如果講得好，總是比備忘錄、Excel 試算表或 PowerPoint 幻燈片來得有效。紅隊人員通常也有某個知識領域的專長，但仍然能夠看清大局和提出難答的問題。他們以前很可能見識過大規模的系統性失靈，這有助他們設想未來的失靈狀況。美國軍方支持紅隊作業的決定，是一些前軍官倡導的，而這絕非巧合：這些軍官在阿富汗和伊拉克親身看到，因為美軍的戰略並不考慮敵人的看法和關注點，結果浪費了很多資源、損失了不少人命。

最後一個因素，是紅隊人員必須具有心照不宣的人際溝通技巧，以便能與紅隊同事有效合作。幾位紅隊主管這麼說：「你必須能夠在沙池中和其他人玩得愉快。」美國空軍退役上校貝克（James Baker）二〇〇七至二〇一一年主持參謀長聯席會議主席的「主席行動組」，該部門的職責包括為軍方最高層做另類分析。貝克指出尋找優秀紅隊人員所涉及的矛盾：「你找來一些人，他們在以前的單位是最聰明的人，但現在不是了。他們現在必須願意聽別人的意見，並向別人學習。」他也表示：「你希望請一些想法不同、但對目標組織尚未絕望的外人。」[20]

除了必須與隊友有效合作外，紅隊成員還必須能夠以符合目標組織員工的標準和價值觀的方式，與這些員工互動。如果紅隊是由目標組織的人

員組成，一如美國陸軍和海軍陸戰隊在其指揮參謀部內部設立的紅隊（目的是防止團體盲思，提供另類分析，支援重要決策）和中情局的紅色小組，這件事相對簡單。一名紅色小組資深分析師便這麼描述典型的優秀紅隊成員：「他們相當機敏，很了解科層體制的運作。他們知道必須避免踩到別人的腳趾，也知道何時必須踩別人的腳趾，以及哪些人的腳趾可以踩。」21 至於外來的紅隊，尤其是負責探查弱點的紅隊，你會希望紅隊成員可以暫時內化目標組織的目標和價值觀，了解目標組織的學習方式，並且以切合實際的方式提出可行的建議。尼可森（Chris Nickerson）是滲透測試圈傳奇人物、資訊安全產業的良心和意見領袖，他把自己的角色比作治療師，必須向目標組織的潛在客戶解釋：「你們必須坦誠告訴我：你們是想做短期的安全評估，還是需要時間、耐性和謙卑的全面檢視？」尼可森告訴客戶：「你們可以找一名給你們一些藥丸、讓你們可以醉醺醺地走來走去的治療師，也可以找一名跟你們討論、教你們如何自己做個決定的治療師。」22 紅隊成員如果欠缺這種誠實和敏感度，應該把他們與目標組織的員工隔開——數名白帽駭客團隊的首領便注意到，許多駭客面對非虛擬世界的人時，根本無法好好應對。

　　雖然某些背景、閱歷和性格有助當事人成為出色的紅隊人員，紅隊作業的方法和技巧是可以教的。本書作者有幸在堪薩斯州萊文沃思堡的對外軍事和文化研究大學（紅隊大學）上過一個為期兩週的課程，學到一些紅隊作業基本原理（詳情見第二章）。這次經驗的最大收穫，是我一再接觸和察覺到後設認知（metacognition），因此對如何去想思考這件事有所了解。你必須被迫經由閱讀和上課，認識到人的頭腦如果利用各種鏡片和偏見來處理資訊，你才能意識到妨礙一般的問題解決過程的各種認知障礙。在紅隊課程中，學員會一再練習如何利用「解放手段」來評論某些計畫，為戰略決策提供參考意見。例如紅隊大學採用「一二四到整組」（1-2-4-Whole Group）這種方法：學員起初各自思考某個

問題，然後寫下自己的想法或立場，接著兩人一組分享想法，然後是四人一組，最後是全部人一起討論。[23] 這種活動起初顯得過度簡化，甚至對現實中的決策沒有幫助。但是，一再參與這種活動並改善運作方式之後，學員很快認識到，集體決策常常因為若干因素而出錯，包括大家總是因為某些障礙而無法坦誠溝通，大家不願意認真辨明並嚴格評估各選項背後的假設，也經常不願意考慮競爭對手的價值觀和關注點。

但是，有些人無論上多少課或多麼努力，就是沒辦法成為稱職的紅隊人員。有些軍方策劃者不願意參與「**死前分析**」（premortem analysis），這種分析評估他們提出的行動方案可能失敗的每一種情況；這通常是因為他們認為參與這種分析可能產生不必要的疑慮，進而影響方案之執行。網路安全的「藍隊」成員（通常負責替組織抵禦駭客的攻擊）有時會因為必須扮演駭客，無法充分參與滲透測試。他們只會試一些幾乎人人想得到的攻擊手段，而不是像積極和富創意的駭客那樣嘗試攻擊。帕克斯（Raymond Parks）是第四章所講的桑迪亞國家實驗室（Sandia National Laboratories）資訊設計保證紅隊的創始成員，他記得至少有一次，一名紅隊成員必須退出評估殺死美國士兵的工作，因為「他就是沒辦法參與這種工作。」[24] 退役的美國陸軍中校格林伯（Bill Greenberg）在紅隊大學監督課程發展，他捲起舌頭指出紅隊人員需要某程度的天賦：「有些人做得到，有些人根本不行，無論他們多麼努力嘗試。」[25]

不過，即使是表現出色的紅隊人員，很可能也無法一直做下去，而且大概也不應該一直做下去。即使是最優秀的紅隊人員，最終也將無可避免地成為組織偏差的俘虜。情報分析師平均在中情局紅色小組工作兩年，然後回去原本的單位。在美國陸軍和海軍陸戰隊，紅隊成員一般只服務某位指揮官一至兩年，然後軍方會根據他們的專長安排其他工作。在網路安全界，白帽駭客往往比較年輕，年長之後通常會成為組織內部的藍

隊成員。因為白帽駭客的工作不穩定，很少人可以整個職業生涯都做這種工作。

紅隊作業附帶產生的一種結果，是令所有人見識到紅隊作業的方法和技巧。這實際上意味著改變他們思考所在組織的方式，學會考慮潛在對手的價值觀和關注點，並妥善因應意外的挑戰。最終的目標，是令相關人員在離開紅隊或見過紅隊的作用之後，成為「迷你」紅隊人員。奧登（Ellyn Ogden）在美國國際開發署（USAID）負責協調全球根除小兒麻痺症的工作，本書第六章記錄了和這項工作的策略有關的紅隊作業。深入體驗紅隊作業的奧登表示：「這經驗無疑改變了我。它幫助我設想失敗的情況，使我能更自信和勇敢地向上司提出問題。……在沒有人願意講話的時候，我會感受到說出自己想法的內在壓力。」[26] 參與過紅隊作業或觀察過有效的紅隊作業之後，**你會開始以不同的眼光去看自身工作的程序和挑戰，**理想的情況是能以更開放的態度去看潛在的改良構想和解決方案。因此，紅隊作業不但能改變目標組織，還可以改變在那裡工作的人的思想和行為。

四、足智多謀

紅隊人員本質上必須不拘一格、思想開明。紅隊採用的方法和技巧不能變得例行和可預期，否則紅隊作業將變成組織正常計畫和程序的一部分，失去其獨特作用。為免變得可預測和成為組織的「俘虜」，優秀的紅隊人員必須足智多謀，熟悉大量的有效手段。

紅隊的方法和技巧在作業目標眼中必須是新穎的，因為如果一再使用，它們將在作業目標的預期之中，因此變得可以輕易應付。在實體滲透測試中，紅隊人員如果一再試圖經由員工吸煙區的門侵入，目標組織將可輕易防範。情報分析師如果一再使用同樣的結構分析法，他們的分析報告很快將不再是決策者的必讀資料。此外，優秀的紅隊人員與新的

目標組織首次交手,絕不可以秀出全部的手法和招數。美國海軍陸戰隊退役上校門羅常說,領導紅隊作業時,「永遠不要秀出你手上所有的牌,總是令他們想見識更多。」[27]

此外,如果原本的行動方案不奏效,或未能產生紅隊想要的情況,優秀的紅隊人員必須有靈活應變的能力,適時改用其他手段。在這種情況下,紅隊人員必須當機立斷,隨即改變作業方式。紐約市警察局反恐處長華特斯(James Waters)協助研擬和執行局長的桌上演練,他注意到,在寫好劇本的情境中,如果演練的情況偏離劇本的預測,劇本設想的挑戰將不會出現。華特斯表示,他的箴言之一是:「別與事態對抗。」[28] 二〇一四年十月,我是少數有幸觀察紐約市警察局演練作業的外人之一(詳情見第四章)。我看到參與演練的警方指揮官和紐約市官員預見發展中的恐怖事件後果,並提出正確的反應方案。華特斯並不是嚴格按照劇本做事(這次的劇本是有關紐約馬拉松舉行期間可能發生的大災難),而是會跳到下一個意外的挑戰。最後,紅隊作業如果失敗了,頂尖的紅隊人員能夠辨明和承認作業何時失敗、失敗的原因,以及下次可以如何避免失敗。這需要紅隊人員具有自知和謙卑這種罕見的特質組合。

紅隊人員工具箱當中,有一部分不斷擴大,那便是應用科技來做模擬、弱點探查和另類分析的部分。在阿富汗,美國陸軍作戰旅的「效應小組」(effects cell)會做類似審計的另類分析,名為「誠實度分析」(honesty analysis),藉此評估阿富汗陸軍的安全巡邏。這種分析的做法,是詢問阿富汗指揮官在哪裡巡邏和巡了多久,然後拿答案與相關巡邏車上的全球衛星定位(GPS)追蹤裝置提供的數據比較。楚思爾(Mark Chussil)替面臨重大決策的公司做量化策略模擬(需要多個月時間設計和準備),藉此推測競爭對手對不同策略選項的反應。律師事務所有時會委託矽谷法律顧問公司 Lex Machina 做電腦模擬,替面臨專利挑戰的尖端科技業客戶推測潛在的訴訟結果。種種科技應用有助紅隊作業取得

有用的資訊和從事量化分析，但如果沒有靈活的人把它們納入紅隊人員的工具箱中，並且設計出對目標組織有用的結果報告，這些技術是毫無意義的。

五、願意聽壞消息並據此採取行動

　　紅隊的發現和建議，不能只是放在一邊。組織必須傾聽紅隊的意見，據此採取行動，在老闆認為可行的範圍內盡量執行相關建議。有些紅隊作業並不產生具體的建議，而是為了辨明和評估未言明的假設，為組織提供決策參考資料。例如許多美國政府高官非常喜歡看中情局紅色小組的另類分析報告，儘管這些報告極少影響他們的重要決策。被問到為什麼他們時間有限還願意看這些報告時，這些官員會說「我希望刺激一下自己的頭腦」，或「它們很特別，跟我可以看到的所有其他報告不同。」在這些例子中，官員願意了解紅隊的看法並不令人意外，因為他們不會因此必須做艱難的決定，或做任何不一樣的事。紅隊的意見對他們來說並不是「壞消息」，而是新穎的資訊。

　　但是，絕大多數紅隊作業會就目標組織的策略、計畫或程序，提出令人不安的發現。有些組織為了避免聽到這種壞消息，會設法操縱紅隊作業。例如組織可能拒絕提供某些資料給紅隊人員，美國陸軍和海軍陸戰隊的決策支援紅隊，有時便會遇到這種情況。組織的安全長（chief security officer）有時會在弱點探查作業進行期間，增加目標設施的保安人員，以確保他的團隊能「成功」。莫斯（Jeff Moss）在駭客圈綽號「黑暗切線」（Dark Tangent），曾經擔任網際網路指定名稱與位址管理機構（ICANN）的安全長。他表示，因為許多網路滲透測試是在夜間進行，某些機構的資訊主管有時會在晚間切斷電腦的網路連線，避免受這些測試考驗。[29] 組織高層也可能以某些手段限制模擬作業，或引入一些人為狀況，藉此確保他們喜歡的策略或構想在模擬中勝出；二〇〇二

年梵瑞柏的紅隊參與的「千禧挑戰概念發展作業」（詳見第二章），便是個非常明顯的例子。在這種情況下，紅隊作業遭有心人操縱，紅隊根本無法忠實地評估目標組織的表現。

如果你願意聽潛在的壞消息，你必須聽桌上演練作業的概括簡報，或是閱讀實體滲透測試令人尷尬的事後報告。每一名紅隊人員都可以告訴你這種故事：即使紅隊作業已經明確發現某個弱點，資深副總裁、三星上將或安全長還是可能頑固地否認問題。一名白帽駭客表示，他的團隊在某家名列財星雜誌一百強（Fortune 100）的科技公司，十多年來一再發現同樣的網絡控制弱點。每一次滲透測試之後，他的團隊都向負責該公司網路安全的業者報告同一弱點，並提出成本有限的糾正或改善方案。但儘管他們一再提出警告，這家公司就是一直不處理該問題。在這例子中，目標組織容許紅隊作業順利完成，但不願意吸取教訓，解決紅隊指出的問題；三種類型的紅隊作業，都可能發生這種問題。

目標組織必須有能力吸收紅隊的意見，並採取必要的行動。老闆和相關員工都必須傾聽紅隊的發現，釐清自己與這些發現的關係，而且組織必須確保跟進工作有效完成。組織可能必須為此投入額外的資金或人員，而且往往必須改變標準作業程序，而這種改變可能相當麻煩。事實上，組織必須擬出可以執行的優先工作方案，並建立監督和評估程序，確保相關工作按時完成。紅隊作業如果執行之後遭漠視，或跟進工作問題百出，可能遠不如根本不做這項作業，因為目標組織的高層很可能會誤以為組織的策略或安全系統已通過外部團隊的檢驗，證實沒有問題。

六、適可而止，不多不少

從紅隊的發現中吸取教訓非常重要，但同樣重要的是避免過度頻繁地做紅隊作業。組織針對預定的事件或重大決定做紅隊作業，可以是一次便完成的行動，也應該是這樣。單一紅隊作業的一個例子，是第三章闡述

的一項另類分析作業，其目的是計算賓拉登二〇一一年春天住在巴基斯坦阿伯塔巴德市一個宅院的機率。有時紅隊作業對目標組織來說並沒有明確的終點，但在這種情況下，有益的紅隊作業仍是有限度的，必須根據組織的需求調整作業的頻率。如果紅隊作業太頻繁，組織將永遠不會有足夠的時間執行紅隊最新的建議。米勒（James N. Miller）在美國國防部和民間部門均曾接觸和領導紅隊作業，他說：「你不能每件事都拚命做紅隊作業，否則你將無法完成任何事。但針對大型的重要計畫，找人做獨立評估可能有極大的價值。」[30] 軍方紅隊人員有個術語，用來表達工作該告一段落的意思，那便是 GICOT，代表 Good Idea Cut Off Time，意思為「好主意截止時間」。

此外，組織的日常程序和計畫經常接受外來或半獨立的紅隊評估或檢驗，可能很快損害員工的士氣。對組織當中受影響的員工來說，紅隊作業可能造成巨大的壓力。自己的工作遭人檢驗、自己的判斷在同儕或老闆面前遭人質疑，很容易引發當事人的負面反應。此外，反覆的紅隊作業，尤其是在策略或計畫研擬過程很後期的階段，可能導致目標組織員工與紅隊人員之間出現一幅不信任的高牆。最後，紅隊可能提出警告，要求高層決策者立即注意某些盲點或意料之外的挑戰。但是，如果紅隊的警告太常出錯（或是某些判斷講得太確定，但結果並非如此），決策者未來可能不予理會。美國前國防部長蓋茨在中情局當蘇聯分析師時，曾倡導另類分析，他後來當過中情局局長；他發現：「你只需要連錯三次，別人就不會再理你了，他們會認為你只是在喊『狼來了』。」[31]

另一方面，如果紅隊作業太久才做一次，組織很可能會變得僵化和自滿。組織應該多常做紅隊作業，很大程度上取決於組織的經營環境有多靜態或動態。如果組織面臨的新威脅和挑戰不多，也未考慮大膽的新方向，則組織不需要經常做紅隊作業。組織如果面對高度競爭的環境、不確定性和可能造成大災難的威脅，則應該較常做紅隊作業。吉拉德（Ben

Gilad）建議跨國企業至少每五年一次委託外部團隊做另類分析，或針對公司的策略做商戰模擬。美國核管理委員會要求每一家美國民營核電廠至少每三年接受一次對抗式檢查，也就是根據核電廠最可能遭受的威脅，接受模擬的「綜合敵對力量」探查核電廠的安全弱點。[32] 史崔特（Jayson E. Street）替銀行、醫院和其他理應安全的設施做實體滲透測試，他認為這種測試大致應該每年做一次。[33] 白帽駭客皮雅思（Catherine Pearce）則指出，企業如果持續面臨駭客高手侵入電腦網絡的威脅，可能必須每季做手工滲透測試（manual penetration test），甚至是更頻密地測試。[34]

　　組織必須審慎設定紅隊作業的頻率，主要是因為紅隊作業兩方面的關鍵作用。首先是紅隊作業的發現可能促使組織具體修改策略、計畫或程序。其次是組織人員接觸紅隊作業過程和結果，多少會受影響。目睹紅隊作業的人絕大多數會表示，他們因此更加注意自己的思考過程（另類分析的作用），又或者因此增強了安全意識（弱點探查作業的作用）。此外，紅隊作業會提升目標議題在組織中的受重視程度。紅隊作業完成後，組織人員會繼續在走道或茶水間談論相關問題，老闆和員工往往也會對某些議題保持警惕。但是，紅隊作業畢竟只是一時的，而組織則多少是動態的；紅隊作業對組織運作和人員認知的影響，最終還是會減弱。在所有真正競爭的環境中，即使是設計最妥善的計畫和安全程序，最終也將產生非常麻煩的弱點，而因為必將再度出現的正常體制壓力和偏見，組織人員很可能無法發現這些弱點，又或者決定視而不見。

典範做法的最高原則

　　如本章開頭所言，典範做法的最高原則是靈活應變，視情況採用合適的手段。紅隊人員抗拒典範做法這概念，是大有道理的：堅持奉行某些教條，與真正有效的紅隊作業是對立的。

組織應記住這一點，接受並適當採用源自以下六項典範做法的原則：一、老闆必須支持；二、若即若離，客觀又明事理；三、無畏且有技巧的懷疑者；四、足智多謀；五、願意聽壞消息並據此採取行動；六、適可而止，不多不少。這當中最重要的是老闆的支持：如果沒有老闆的支持，其他五項的價值將大減。這些原則大致上是互補的，因為它們一起應用時，通常能產生最佳效果。

紅隊人員常說，他們的工作偏向藝術多過科學。雖然這是事實，但它既非完全抽象的表現主義創作，也不是刻板的「對號彩繪」（paint-by-numbers）作業。紅隊作業技藝介於兩者之間，而紅隊人員因為背景、氣質和熟練程度各有不同，各人的具體做法是獨特的。此外，各類型的組織在多大程度上認識到紅隊之必要、支持其作業和接受作業結果，也有很大的差異。因此，紅隊和目標組織都必須各盡本分，適當實踐這六項互有關係的典範做法。接下來各章提供案例和軼事，包括大致奉行這些典範做法的案例，以及並未採用或根本漠視這些做法的例子。

ORIGINS: MODERN MILITARY RED TEAMING

02

起源──現代軍隊中的紅隊作業

二〇〇八年十二月我成為四星上將時，一名四星上將越過人群來祝賀我。他傾身向前，低聲對我說：「你知道，從現在開始，再也不會有人跟你講真話了。」

──鄧普西上將（Martin Dempsey），參謀長聯席會議主席，二〇一一年[1]

我們所認識的紅隊作業，是美國軍方研擬、改良並整理成系統的，而這絕非偶然：如果說有個組織可以受惠於紅隊作業能提供的反省和反直覺思考，那一定是軍方。以人命、金錢和政治資本的潛在損失衡量，軍事決策總是攸關巨大的代價。美國的軍事決策包括決定如何分配巨額的年度國防預算（二〇一六財政年度國防經費約為五三四〇億美元，而現役部隊有一三〇萬人，國民警衛隊和後備軍人超過八二・六萬人）；規劃和執行軍事行動（可能危及現役軍人的性命）；以及辨明未能達到原定目標的軍事計畫，作出必要的修正。[2] 因為美國軍方的許多策略、計畫和日常作業有非常重大的影響，軍方有巨大的壓力去想清楚、質疑和檢驗每一個重要決定。但弔詭的是，儘管美國軍方對紅隊作業有最廣泛的需求，它在忠實支持和執行紅隊作業、認真跟進作業結果上也面對最大的困難。目前美國軍方所有的武裝和戰鬥部門都做某種形式的紅隊作業，而且軍官也普遍了解紅隊作業的概念，並承認有此必要。由此看來，軍方應該是紅隊作業蓬勃發展的完美環境。但是，紅隊要在這種環境中建立地位，紅隊作業結果要受到重視，仍然必須克服巨大的困難。

　　如本書稍早所述，「魔鬼代言人」的概念可追溯至十三世紀的梵蒂岡。不過，據我們所能確定的資料，「紅隊」一詞源自冷戰時期的美國軍方。此詞可追溯至一九六〇年代，源自賽局理論在作戰模擬中的應用，以及蘭德公司研發、美國國防部的「神童」（嘲笑那些超聰明政策分析師的貶義詞）用來評估戰略決定的模擬技術。[3] 紅隊的「紅」是蘇聯的代表色，也泛指對手或敵人。

　　當然，遠在「紅隊」這名稱確立之前，美國軍方已經在使用紅隊作業。不過，紅隊作業這概念顯然是在冷戰時期發展成熟、卓然自立的。專欄作家狄克森（George Dixon）一九六三年五月寫了一篇文章，闡述美國國防部長麥納馬拉（Robert McNamara）如果利用一支藍隊和一支紅隊，協助評估價值六十五億美元的實驗型戰術戰鬥機（TFX aircraft）

合約該給哪一家公司。狄克森生動地描述道：「國防部正在上演一場古怪的競賽，它是從結局倒過來玩的。」藍隊扮演獲得合約的通用動力公司（General Dynamics），紅隊則負責提出波音公司才應該獲得合約的理由。狄克森寫道：「麥納馬拉想必熟悉古典文學：他把紅隊人員稱為『魔鬼代言人』。」4

一九六三年九月，《衝突解決期刊》（Journal of Conflict Resolution）一篇文章描述了兩年前的一次類似模擬。這是有關軍備控制的一場結構化博弈模擬，藍隊代表美國，「紅隊」則是以蘇聯為原型。這場模擬的目的，是研究領袖的決定，辨明它們如何影響軍備控制條約的條款。紅隊遵守裁減軍備條約的條款，但因為兩隊之間並無聯繫，藍隊並不知道紅隊的策略。結果文官領袖認為軍方領袖渲染軍事威脅，軍方領袖則認為文官領袖在國防上過度軟弱。5 雖然這場研究並不是要提供決策或流程方面的參考資料，研究發現確實揭示了紅隊作業的效用，以及未來類似模擬的潛在用途。

冷戰期間和冷戰結束後，美國軍方繼續自然而然地使用紅隊作業。不過，紅隊作業方面的種種創新和術語，要到二〇〇〇年之後才得以廣泛記錄下來並整理成系統。米勒（James Miller）對推廣紅隊作業有功勞，他一九九七至二〇〇〇年間是美國國防部官員，負責檢視行動方案，包括有關潛在敵人反應的不同推測。一九九九年，北約空襲塞爾維亞之前，他負責評估南斯拉夫總統米洛塞維奇在科索沃的行動的動機，希望藉此了解有什麼事情可能改變米洛塞維奇的決策。美國情報系統中的兩個機構對米洛塞維奇的行動提出截然不同的推測，米勒為此大感驚訝。他說：「我實際上必須針對情報系統中的兩個不同分析單位，做紅隊作業。」6

此事激起米勒對紅隊作業的興趣。離開國防部之後，他在國防顧問公司 Hicks & Associates 主持名為「國防適應式紅隊作業」（Defense Adaptive Red Teaming, DART）的試驗計畫。DART 請來一些退役

將官，包括津尼上將（Anthony Zinni）和梵瑞柏中將（稍後將談到他），安排他們在作戰模擬的桌上演練中扮演敵人，並針對研擬中的作戰概念做另類分析。該計畫產生了一些工作文件，檢視紅隊作業的各方面，包括歷史案例和典範做法，提交給美國國防部小規模的「先進系統和概念辦公室」（Advanced Systems and Concepts Office）。這些文件和「國防分析所」（Institute for Defense Analyses）撰寫的幾份類似文件，是了解美國軍官對紅隊作業的想法和描述方式的基本資料。

下一個里程碑出現在二〇〇三年九月，當時美國國防科學委員會發表了有關「國防部紅隊作業活動的角色和情況」的報告。這份報告是應國防部採購、技術與後勤次長艾德里奇（Edward C. Aldridge Jr.）的要求，由共有十名成員的專責小組撰寫。艾德里奇考慮到九一一恐怖攻擊，認為美國愈來愈需要紅隊作業，尤其是藉此增進對新敵人及其不對稱戰術的認識。這個專責小組由高德（Theodore Gold）和赫曼（Robert Hermann）擔任共同主席，職責為檢視國防部的紅隊應用情況，辨明紅隊作業有效應用需要的條件和遇到的障礙。該小組發現，國防部未充分利用紅隊作業；小組認為擴大應用紅隊作業有助美國在反恐戰中加深對敵人的了解，並提防驕傲自滿。專責小組在報告中表示，高層官員的關注是必要的，並具體建議當時的國防部長倫斯斐發出指示備忘錄，要求後勤次長辦公室整理出紅隊作業程序和典範做法，並把紅隊作業納入教育機構和相關活動中，藉此推廣紅隊作業。小組並建議國防部長針對關鍵議題（例如維持核武儲備和尋找行蹤難測的恐怖組織首領）建立紅隊。

美國軍方展現了它的典型做法：審慎地替紅隊作業的每一個重要名詞和概念擬出權威定義，藉此促進整個軍方對這些概念的「共同」理解。因此，軍方對「紅隊」有自己的標準定義：「組織要素，由受過相關訓練和教育、並有經驗的專家構成，使聯合作戰指揮官得以獨立完成以下工作：針對特定議題做批判審查和分析，探索各種計畫和行動，以及從

另類角度分析敵方的能力。」[7] 在美國軍方的說法中，這種紅隊有別於紅色小組（Red Cell），後者通常被視為專門負責扮演不合作的對手，設想某個受保護的系統可能遇到的威脅。[8] 紅隊雖然也是源自相同的原理，但支援範圍較廣的活動，最值得注意的是嚴謹評估目標組織這一項。

美國軍方的紅隊作業，目前有探查弱點、模擬和另類分析三大類型。探查弱點尤其有持續的必要性，因為軍方在美國和海外有非常多設施和通訊網絡，它們可能成為積極的對手或內部人士攻擊、破壞或滲透的目標。美國國防部在世界各地估計擁有或控制逾四千八百項物業，並仰賴約一萬五千個不同的電腦網絡。[9] 美國國家安全局（NSA）的「特定入侵行動」（Tailored Access Operations, TAO）雇用分散在各地的精英駭客，致力從外國電腦網絡「取得理應無法取得的資料」。[10] 不過，TAO的成員也扮演美國的網路假想敵（性質為負責探查弱點的紅隊），負責測試區域作戰司令部（例如負責墨西哥以南地區的南方司令部，以及設在夏威夷、負責亞太地區的太平洋司令部）的網絡安全。康倫（Brendan Conlon）是前 TAO 成員，曾參與幾次滲透測試。在這些測試中，假想敵使用的手段和技術必須貼近潛在敵人的能力，而這是根據潛在敵人可掌握的公開資訊和情報來推測。康倫表示，為了忠實扮演潛在敵人，他和 NSA 的同事「必須徹底捨棄某些技能，只做敵人實際能做到的事。」[11] 有些作戰司令部重視這些滲透測試發現的網絡弱點，但較常見的情況是作戰司令部貶低這種測試的價值，因為他們深信 TAO 紅隊無法真實模擬敵人的能力。

紅隊模擬可以是桌上演練或實彈演習，可追溯至普魯士陸軍的瑞斯維茲（Baron von Reiswitz）發明的「作戰模擬」（Kriegsspiel）。美國陸軍在十九世紀末採用了作戰模擬：陸軍工兵團少校李佛摩（William R. Livermore）和第四砲兵團中尉托頓（Charles A. L. Totten）根據瑞斯維茲的做法，各自研擬出一種作戰模擬方式。一八八四年，美國海

軍戰爭學院整理出「美式作戰模擬」規則，三年後把作戰模擬納入其課程。目前美國三軍部隊、聯合參謀部和作戰司令部全都設有強健的作戰模擬單位。作戰模擬已遠非只是研究地形圖（雖然這仍是其中一項活動），還會動用先進的電腦模型，例如陸軍的「戰士模擬」（Warfighters' Simulation），模擬潛在敵人對美軍未來的戰役計畫和行動的反應。軍方也經常藉由需要頗長時間執行的演習，例如「統一願景」（Unified Vision）、「遠征勇士」（Expeditionary Warrior）和本章稍後將闡述的二〇〇二年「千禧挑戰」（Millennium Challenge），模擬未來的聯合作戰概念和原則、必要的設備和訓練，以及盟友和敵人的可能反應。

每一個軍種也都採用高度逼真的模擬或實彈演習，幫助士兵為執行海外任務做好準備。例如在美國陸軍位於南加州莫哈維沙漠的歐文堡國家訓練中心（Fort Irwin National Training Center），便有十三個精心重建的部落「村莊」（其中一個住有伊拉克裔和阿富汗裔美國人），用來在美軍部隊派駐海外之前，測試和提升他們的反暴動能力。高級軍官觀察低階軍官的部隊因應意料之外的暴動手段和文化難題，一再糾正他們難免出現的錯誤。[12] 機師最重要的高級訓練方案，則是美國空軍的「紅旗計畫」（Red Flag），一年會在內華達州內利斯空軍基地舉行多次演習。第五十七假想敵戰術大隊負責協調「紅色空軍」，管理七支「侵略者中隊」；這些中隊使用的戰機，會漆成假想敵戰機的模樣，例如中國機師駕駛的米格二十九戰鬥機，或俄羅斯機師駕駛的蘇愷二十七戰鬥機。只有非常優秀的空機機師能成為認證的「侵略者」，他們必須通過幾次考試和受嚴密監測的考驗飛行。為了確保他們能逼真地模擬美軍在戰鬥中面臨的空對空威脅，紅旗侵略者只准使用已知的敵方戰術和技術，而這是根據最新情報決定的；這種情報包括中國或俄羅斯戰機的性能特徵、可承受的 G 力、飛彈載量，以及雷達能力。[13]

軍事上的另類分析，有助高層官員和指揮官質疑各種假設，並徹底想清楚戰略決定和行動方案的後果。軍事行動如果沒有經過獲得充權的半獨立紅隊嚴謹的評估，代價可能極其慘重。一九八〇年四月，美國軍方有一次著名的營救行動：一百一十八名美國士兵試圖救出在伊朗革命後、被挾持在德黑蘭當人質的五十二名美國人。這次任務代號「鷹爪行動」。因為美國海軍三架直昇機因各種原因發生故障，導致軍方欠一架直昇機（共需要六架）載士兵到德黑蘭，任務宣佈取消。士兵在伊朗沙漠裡的集結待命區等待飛機接他們回波斯灣的軍艦時，一架 C 一三〇運輸機和一架 RH 五三 D 直昇機意外相撞，產生一個巨大的火球。[14] 八名士兵當場死亡，美國人質繼續遭挾持，卡特總統的聲望因此受挫。五個月，雷根在總統選舉中大勝卡特。

鷹爪行動是美國總統歷來批准過的最危險的行動之一：美國國防部估計，即使行動成功，也可能有十五名人質和三十名士兵死亡或受傷。[15] 但無論如何，因為這項行動從未做過紅隊作業，它的成功機率不必要地降低了。美國人質遭挾持後不久，數十名策劃人員便在五角大廈一套無窗、隱蔽的辦公室開會，並連續六個月定期在那裡開會。因為顧慮行動安全問題，他們並未尋求紅隊另類分析可以提供的那種批判評估。他們的計畫只有數名高官知道，包括國防部長、國務卿、參謀長聯席會議成員和卡特總統的幕僚長。[16] 退役海軍上將霍洛韋三世（James L. Holloway III）主持鷹爪行動的事後檢討，發現「行動方案的可行性和妥當程度，實際上是由方案設計者在策劃過程中自己檢視和批評。」此外，「除參謀長聯席會議成員之外，人質營救方案從不曾接受合格、獨立的觀察者和監督者嚴謹的檢驗和評估。」霍洛韋認為，紅隊作業有助提升此次行動的成功機率：「紅隊作業的潛在價值是沒有疑問的：全面、持續的評估能力，對幾乎所有其他議題也有直接幫助。在動態的策劃過程中，這種方案評估要素可能產生重要的平衡作用，大有希望對方案的最終結果做

出關鍵貢獻。」[17]

　　這種計畫之所以必然需要「獨立觀察者」紅隊，根源在於指揮人員當中的層級結構和狹隘內向的文化。在這種組織中，權力掌握在一名指揮官手上，而指揮官非常仰賴其個人幕僚的支援。指揮官不但有發號施令的巨大權力，還有確立「指揮風氣」、藉此決定組織運作方式和任務輕重緩急的巨大力量。指揮部人員因此容易陷入團體盲思。這種現象往往盛行於具有以下特徵的組織：有嚴格的層級結構、顯著的共同價值觀，由在危險和高壓環境中工作的人組成。這種組織的人員會設想自己是為了達成共同目標、以統一的方式工作的團隊成員。在這種環境下，批評可能危及團隊的努力和任務。最後，因為他們的身分認同和文化與民間世界顯著不同，而且他們有共同的學習經歷，多數軍官會以類似的內向方式處理難題和設想解決方案。事實上，美國陸軍戰爭學院多年調查中校和上校的結果顯示，在對新構想的開放程度上，成功的軍官多數遠低於美國一般民眾。[18] 雖然軍官經常強調指揮部人員當中個別異議者的例子，他們多數也承認，這種人非常罕見。簡而言之，軍方統一的指揮鏈清楚界定了職權、責任和紀律，但也抑制了異議和另類觀點。

　　一直有人努力，希望改善這種情況。低階軍官在他們的職業軍事教育的各個階段，都會被教導「向上級講真話」。但是，這原則實踐起來非常困難。因為軍隊是有嚴格層級制度的組織，容忍和獎勵異見必然是不容易的。低階軍官並非只是奉命行事，還會服從高級軍官及其幕僚確立的指揮風氣和傳統觀念。一名海軍陸戰隊軍官便說：「對上級來說，你善解人意的本事比你批判思考的能力更值得稱讚。」[19] 高級軍官對下屬的日常生活和事業發展有巨大的影響力：低階軍官倡導的計畫能否得到撥款、個人的休假安排能否獲准，以至能否升官（上層職缺可能愈來愈罕見，上司是否願意在晉升委員會參考的報告中美言幾句，往往攸關結果），全都掌握在高級軍官手上。高級軍官是否使用某些形容詞描述低階軍官，

是否替低階軍官打幾通電話，對低階軍官的事業發展往往有重大影響。此外，所有人都對這種權力運作方式心知肚明。在這種環境下，低階軍官接受上級的偏好和規範，而且接受上級指揮時避免表達異議，是很正常的。

近十年來，美軍的指揮部門出現愈來愈多常設的內部團隊，負責做有限的紅隊作業（有時是這些團隊以為自己在做紅隊作業）。作戰司令部的「指揮官倡議組」、參謀總長的「戰略研究組」和參謀長聯席會議主席的「主席行動組」，原則上全都是希望減輕團體盲思問題，而提供獨立分析正是他們多項日常工作的其中一項。不過，這些團隊的工作範圍和實際紅隊作業的效力，很大程度上取決於指揮官展現出來的態度。有些指揮官公開歡迎異議，而且經常安排時間接收這種觀點。其他指揮官則漠視紅隊作業人員，或把紅隊作業完全交給他們的副手或幕僚長，也可能把紅隊作業交給一組人，而這組人在組織架構上地位低於他們要質疑的團體。如果組織中的人認為紅隊作業主管影響力不足，紅隊人員可能被指揮官幕僚指派的日常工作綁住，又或者在索取紅隊作業所需的資料時遭其他團隊的主管拒絕，而後者的地位往往高於紅隊作業主管。美軍所有四星級司令部現在都有類似上述例子的專門「工作組」。但是，它們的表現顯然是參差的：不是每一個工作組都能獲得充權，持續針對所在司令部的方案、程序或產品做有效的紅隊作業。

為了更好地說明紅隊作業的起源和當前的情況，本章將闡述四個美國軍方的案例。為了說明紅隊作業的基本原理，我們必須了解對外軍事和文化研究大學（UFMCS）。該學院比較廣為人知的名稱是「紅隊大學」，成立於二〇〇四年，是因應舒梅克上將（Peter Schoomaker）改造軍方教育的目標，希望長期而言成為美國軍方和非軍事機構的一項重要資源。我們接著講述二〇一二年參謀長聯席會議主席的聯合作戰最高指導構想採用的一項紅隊作業，由此可以看到紅隊大學教授的方法的實踐情

況。檢視美國海軍陸戰隊的紅隊作業情況，則讓我們看到了紅隊作業二〇一〇年正式制度化以來，在實踐中遇到的種種困難。二〇〇二年的「千禧挑戰」作戰模擬則使我們看到，作戰模擬可以如何變得敗壞，而且如果領導層不願傾聽紅隊作業的發現，這種作業將如何失去作用。最後我們將檢視美國以外的三支重要的軍事紅隊（在以色列國防軍、英國國防部和北約總部），藉此了解紅隊作業方法和技術在美國以外的應用情況。

紅隊大學

二〇〇三年夏天，美國陸軍退役四星上將舒梅克正過著快樂的退休生活。有天他接到一通電話，來電者聲稱自己是國防部長倫斯斐。倫斯斐之前雖然只見過舒梅克幾次，但很了解他的名聲，認為他是改革美國陸軍的最佳人選；倫斯斐希望陸軍能變得比較精悍、靈活，並且具有更強的遠征作戰能力。但是，倫斯斐在電話中還沒有機會開口要求舒梅克結束退休生活、出任陸軍第三十五任參謀總長，舒梅克便罵了一句並掛掉電話，因為他認為這是老朋友在作弄他。好在他後來還是接了國防部長的電話，並接受了邀請。[20]

舒梅克深知陸軍體制迫切需要改革。他一九六九年入伍，受訓成為裝甲部隊軍官時，便已體驗到美國陸軍在越戰陰影下，已經變得如何衰弱和不足。舒梅克認為陸軍士氣低落的根源，在於「平庸組織化和制度化」。軍中人員把時間浪費在等待命令和遵循無意義的指引上。西點軍校學生上的課、看的書與多個世代前的前輩一樣。不切實際、固定的坦克操作招數過時多年之後，歐文堡國家訓練中心還在教。舒梅克發現，美國陸軍正變得愈來愈脫離現實，難以應付它面臨的各種威脅，而且因為固有的程序、教條和傳統而變得視野狹隘。「傳統裡面雖然有好東西，但傳統也可能令你看不到自己的問題。」他回憶越戰之後的美國陸軍，顯得非常不屑：「我們在許多方面已經變成蘇聯的紅軍。」[21]

舒梅克改革陸軍的靈感，源自他在特種部隊世界的傑出職涯。他在裝甲部隊時時準備坦克戰八年之後，本來正要退役加入聯邦調查局，但忽然獲得機會加入一個無法打聽到任何消息的新單位：「一群不適應者和怪胎組成的團隊。」原來這便是美國陸軍超機密的反恐部隊：第一特種部隊D分遣隊，俗稱「三角洲部隊」（Delta Force），而舒梅克是最初二十二名隊員之一。他後來曾指揮他符合資格指揮的所有特種部隊，包括三角洲部隊、聯合特種作戰司令部（包括海軍海豹部隊）、陸軍特種作戰司令部，以及在第一次退休前掌管美國特種作戰司令部（SOCOM），監督美軍所有特種部隊。[22]

對舒梅克的職涯影響最深遠的其中一次任務，是一九八〇年失敗的「鷹爪行動」。這次不幸的行動未能營救出遭伊朗挾持的美國人質，而舒梅克領導三支三角洲團隊的其中一支。此後他無論派駐何處，都帶著一個相框，裡面是一張墜毀在伊朗沙漠的美軍飛機殘骸，上面寫了一句警告：「永遠不要混淆熱忱與能力。」[23] 鷹爪行動的教訓促成了美軍特種部隊的一種獨特心態，衍生諸如以下原則：**永遠不要停止了解敵人；設想一項行動可能出現的每一種情況；徹底質疑一切。**舒梅克希望藉由改善軍人的批判思考能力、語言能力和文化見識，盡可能把這種心態移植到傳統的陸軍，並設法制度化。

舒梅克的陸軍參謀總長任命二〇〇三年七月獲得參議院確認。隨後他遇到每一位高級軍官都重複同一戰略指示：「徹底改革陸軍。」正是在他指示下，美國陸軍牢牢確立了紅隊作業這種做法，而其他軍種也仿效陸軍。為了引導改革工作，舒梅克批准建立幾個焦點議題工作組，其中一個為「第十六焦點工作組」，負責評估陸軍情報副參謀長亞歷山大中將（Keith B. Alexander）職權下可採取行動的情報事務。第十六焦點工作組的成員包括最近退役的陸軍上校洛科夫（Steve Rotkoff），他是美國入侵伊拉克地面戰部分的策劃人員之一。在整個戰役策劃過程中，

洛科夫和上級軍官曾諮詢流亡的伊拉克人和伊拉克專家的意見，而他們一再警告：一旦薩達姆‧侯賽因遭推翻，伊拉克各派勢力幾乎必將叛變。二〇〇二年秋天，著名的什葉派伊瑪目阿勒胡維（Sayyid Abdul Majid al-Khoei）被問到美軍應計劃留在伊拉克多久，他對洛科夫、馬克斯少將（James "Spider" Marks）和瑟曼少將（James D. Thurman）說：「兩個世代，就像你們留在德國那麼久。」洛科夫記得當時美軍指揮官和策劃人員根本漠視這些令人不安的預測：「我們全都一心想要完成任務：我們要打倒薩達姆和他的共和國衛隊。無論多少人告訴我們事情可能出錯，我們就是無法聽進去。我們只聽上級指示。」[24] 如果當時有紅隊獲得充權，能分析和報告阿勒胡維提出的那種警告，這些重要資訊很可能會在美軍的策劃過程中得到考慮。

一年之後，專家預期之中的伊拉克遜尼派叛亂加劇，第十六焦點工作組的洛科夫提議，在策劃人員當中設一個相當於申訴專員（ombudsman）的職位。這個人最好能獨立作業，並獲得充分授權去鼓勵異議者表達意見，確保另類觀點有人傾聽並得到考慮。美軍入侵伊拉克之前，當局斷斷續續地聽到這種支援決策的紅隊觀點，但徹底忽視它們。陸軍副參謀長亞歷山大認同洛科夫的構想，把它（連同若干其他建議）提交給舒梅克，得到他的大力支持。美國陸軍因此正式奉命培訓一小隊紅隊核心人員，未來派駐旅級策劃部。亞歷山大二〇〇四年四月出席參議院聽證會時表示：「未來我們還將擴展這方面的工作，包括建立一間紅隊大學，在陸軍教育系統中負責相關培訓工作。」[25]

這間紅隊大學也就是對外軍事和文化研究大學，座落於堪薩斯州萊文沃思堡，由一間軍事監獄改造而成，俯瞰密蘇里河。二〇〇四年，美國陸軍退休上校梵特諾（Gregory Fontenot）獲任命為紅隊大學總監。一九九〇年代中，梵特諾在波士尼亞與赫塞哥維納指揮一支裝甲旅，經

歷了他自稱的「信仰改變時刻」：他認識到，他的士兵因為嚴重缺乏必要的訓練和支援，對自己執行任務的環境相當無知。「我們上戰場之前的訓練，幾乎完全是教我們到那裡之後，如何在火力上壓倒敵人。」梵特諾和他的小團隊希望把握舒梅克的戰略指示，建立一間將永久改變美國陸軍思考方式的機構。他記得他最初為紅隊大學設定的戰略目標，遠遠超過洛科夫的申訴專員構想：他希望「永久地改變陸軍未來領袖的頭腦。」[26] 但是，他們必須先從零開始擬定一套課程和教學大綱，才能開始教授紅隊作業的技藝。

雖然二○○四和○五年擬訂的教學法之後已有更新和改良，紅隊大學教授紅隊作業的基本方式始終如一，而導師也獲賦予一定的自由去強調他們認為特別重要的東西。紅隊大學的課程主要有六週、九週和十八週三類，但也有為期兩週的短課程。無論學員的背景、教育和職業經歷如何，學校對所有學員的基本假設是：他們不懂如何思考。學校會借助行為心理學家如康納曼（Daniel Kahneman）和特沃斯基（Amos Tversky）的理論，先花一些時間幫助學員認識和理解自己的思考過程。學校接著會教學員文化同理心（cultural empathy）和符號學（有關符號和標誌的哲學研究）的基本原理，因為如果紅隊人員欠缺這種知識，將無法辨明和理解目標組織人員的價值觀和關注點。這部分課程的活動之一，是前往堪薩斯城的納爾遜阿特金斯藝術博物館；軍官必須在那裡做「十五分鐘觀看作業」，觀察和記錄一件當代或現代藝術作品，描述自己的印象。這項作業會使部分學員覺得非常不自在。

紅隊大學課程的另一個核心部分，是教學員**減輕團體盲思**問題。這是必要的，因為多數學員最終將回到某種層級指揮架構中。導師會教學員如何辨識社會從眾（social conformity）的常見徵兆，認識在這過程中發揮重要作用的「思想警衛」（mind guards）和「阻擋者」（blockers），並學習克服這種問題的策略。這包括強迫團隊成員在聽任何人發表意見之

前選定自己的立場（必須寫下來），利用匿名提出構想和意見的方法，以及嚴格奉行「在每個人都講過話之前，沒有人可以第二次發言」的原則。最後，學校會利用桌上演練和談判練習，幫助這些未來的紅隊人員建立必要的肌肉記憶（muscle memory）和彈性，以便他們回到自己的日常崗位後，必要時能提供獨立的批判分析。這包括教授一些「解放手段」，也就是一些半結構化的腦力激盪技巧，可以用來突破傳統思考方式，產生創新的構想。截至二〇一五年，紅隊大學參考若干資料來源和學科知識，整理出五十三種此類方法和手段。[27] 紅隊大學課程的四大支柱是批判思考、團體盲思減輕法、文化同理心和自我覺察（self-awareness）。

在此同時，自二〇〇三年以來，美國陸軍對紅隊作業的要求已經改變了。陸軍不再尋求於旅級策劃部設立獨立的申訴專員職位，因為長期而言，這做法成本太高。陸軍也不建立常設的紅隊，而是授予受過正式紅隊作業訓練的人紅隊額外技能識別徽章（ASI），然後在指揮官或參謀長需要獨立的另類觀點時，找具有紅隊 ASI 的人組成特定議題紅隊。層級結構在這例子中是有益的：陸軍高層認為取得紅隊 ASI 對陸軍人員的職涯是好事，紅隊技能認證的價值因此也能獲得中低階軍官認同；這有助確保紅隊作業技術在陸軍廣為人知，而且原則上可以獲得獎勵。

紅隊大學的目標也改變了。二〇一二年接替梵特諾出任總監的洛科夫表示，新目標不再那麼執著於改變陸軍，而是要調整課程以配合學員的需求。因此，特別為美國特種作戰司令部、網戰司令部、國防情報局、國際開發署或海關及邊境保衛局人員設計的課程，內容已經有所調整。紅隊大學也整理出兩百四十頁的《批判思考應用手冊》（Applied Critical Thinking Handbook，前稱《紅隊手冊》），最新第七版公開在網路上供免費索取。本書訪問的軍方和企業界紅隊人員，幾乎都仰賴某套紅隊作業理論，而內容與此最接近的應該就是《批判思考應用手冊》。[28]

紅隊大學管理層和員工對於他們的工作是否成功，以及如何衡量他們

對陸軍以至整個軍方的作用，頗有一些爭論。這在頗大程度上和他們的職業性質有關：他們是教紅隊作業的人，因此即使是看自己的工作，也帶著強烈的批判、懷疑態度。但確實有證據顯示，紅隊大學正在產生作用。首先，學員人數顯著成長。二〇〇六年一至五月的第一班有十八名學員：兩名來自海軍陸戰隊和海軍，其餘來自陸軍（包括國民警衛隊）。二〇〇七至二〇一三年，每年平均有三百名學員入讀紅隊大學，二〇一四年更是達到八百人。[29] 第二，調查顯示，完成課程的學員認為這是正面的教育體驗，八九％表示會向同事推薦紅隊大學的課程。[30]（我上過兩週的短課程，非常同意。）最後，愈來愈多陸軍將官（包括駐韓美軍、駐夏威夷的陸軍第二十五步兵師、陸軍醫務司令部的一些前指揮官）已親身體驗到策劃過程接受紅隊作業檢驗的好處。[31]

但是，即使在舒梅克批准成立紅隊大學整整十年之後，我們仍難以斷言它是否已經產生重大作用。二〇一四年初，一名參謀人員向陸軍參謀總長奧迪耶諾少將（Ray Odierno）提到紅隊大學的課程，但少將竟然未聽過這東西。[32] 不過，奧迪耶諾了解紅隊大學的情況之後，核准該校成為致力提升陸軍未來領袖戰略思考能力的四所「拓寬」（broadening）機構之一。此外，軍方連續數輪裁減預算和人員之後，紅隊大學仍得以生存下來，可見陸軍和其他機構的顧客承認它的價值。紅隊大學還有一個額外優勢：它每年都有盈餘，因為陸軍以外的美軍單位、美國政府機構和外國軍方派人前來進修時，紅隊大學可以收取學費。

二〇一四年十二月時，洛科夫發現他已不再需要向人推銷紅隊作業，但必須設法確保紅隊大學獲得繼續運作所需的資金。像紅隊大學這樣的軍事教育項目，在運作一段時間之後遭取消，是常有的事。但紅隊大學已經運作了十年、規模顯著擴大，而且持續調整以滿足目標機構（陸軍和其他軍種的指揮參謀部）不斷改變的需求，可見它有強健的生命力——畢竟如下述案例顯示，紅隊大學希望改善的軍方問題顯然還相當普

遍。

紙牌把戲：減輕層級和團體盲思問題

如稍早所述，經常限制資訊自由流通、阻礙自由辯論的兩大因素，是層級結構和團體盲思。紅隊大學教授一些有助減輕這種問題的技巧，包括藉由有人主持的討論和匿名發表意見的方式，鼓勵人們表達異議。但是，如稍後所述的案例顯示，策劃或決策過程有時太晚才採用這些技巧，以致有意義的異議未能獲採納。

二〇一二年春天，美軍聯合參謀部負責思考和撰寫軍事準則的「J 七部」在更新參謀長聯席會議主席的「聯合作戰最高指導構想」（CCJO）。在美國國防部的許多指導文件中，CCJO 這份框架文件特別重要，因為它是參謀長聯席會議主席（美國最高軍官）有關美軍的訓練、裝備和未來作戰方式的凌駕性指引。此外，它也指導所有隨後的美軍聯合準則公告；這些公告指導美軍所做的一切，從反叛亂行動到喪葬事務都包括在內。為了檢視和批評 CCJO 草稿，J 七部組織了一支八人的紅隊，成員包括一名少校、一名中校和兩名上校（四個軍種各有一名代表），以及四名全都有哲學博士學位的平民：一名退役的空軍中將、一名國家安全事務教授、一名人類學家，以及一名網戰專家。

J 七部主任弗林中將（George Flynn）請求紅隊大學提供兩名專家，參與檢視 CCJO 的一天紅隊作業。紅隊大學派出洛科夫和門羅（Mark Monroe），他們事先收到 CCJO 草稿，以便為紅隊作業擬定計畫。紅隊作業當天，紅隊成員（他們多數從未見過面）聚集在維吉尼亞州亞歷山卓市一間辦公室，參與連串有人主持的討論。紅隊人員坐在房間的中心位置，J 七部高層和 CCJO 寫作團隊的二十七名成員則在旁觀察。洛科夫和門羅先做「死前分析」，說明 CCJO 可能導致美軍與各種假想敵或實際敵人對抗失敗的所有情況。紅隊大學的促進者（facilitators）接著

引導紅隊成員做假設分析：辨明文件中未得到證實的明確假設，以及必須轉化為明確假設的隱含假設。最後，紅隊成員參與一個「四角度觀察」作業，強迫自己從美國國會、盟國、潛在敵人和其他人的角度看 CCJO 這份文件。

紅隊成員在這一天中，提出了修改 CCJO 的數十項建議，記錄在白板和大紙上。為了過濾和評價這些建議，洛科夫和門羅採用了一種「紙牌把戲」，名為「加權匿名回饋」（Weighted Anonymous Feedback）。八名紅隊成員每人獲派三張五吋乘八吋的紙卡，然後被要求寫上自己的三個意義最重大、最可行的建議。每個人都匿名寫下自己三個最佳構想。洛科夫和門羅收齊全部卡片，把它們當撲克牌那樣洗過，然後派給紅隊成員，要求他們替每一個建議評分：最高給五分，最低給一分。每個人都替所有卡片打分；也就是說，這二十四個建議每個最高可得四十分，最低則是八分。

洛科夫和門羅接著選出至少得三十二分的建議（共有七個），然後把它們寫在會議室前方的白板上。在討論過這七個建議為何重要，以及對修改 CCJO 有何啟示之後，洛科夫要求它們的作者現身。很快大家便發現，四名博士（包括那名退役三星中將）都沒有任何一個建議上榜。事實上，紅隊成員中地位最低的那名空軍少校，則三個建議都上榜了。此外，最資深的成員（以軍階、教育程度和工作經驗衡量）所提的建議，遭紅隊成員集體評為最差建議。J 七部如果找會議室裡八個聰明人來檢視 CCJO，而且沒有受過訓練的紅隊人員設法引出各人的意見，並應用減輕團體盲思的技巧，是不可能得出這種結果的。[33] 如果沒有紅隊作業技術的輔助，領導高層的想法雖然可能是會議室裡最差的，但往往會被捧為最好的。

不幸的是，這次一次性的紅隊作業，對這份如此重要的文件的作用微不足道。這主要是因為紅隊作業安排得太晚了，而當局對於 CCJO 應該

如何撰寫已經有非常清楚的指引。J 七部寫作團隊數名成員事後表示，在洛科夫和門羅領導紅隊作業之前，寫作團隊已經埋頭努力了六個月，撰寫出接近定稿狀態的 CCJO 草稿。各軍種的領導高層和各外部評論者的想法和建議，當時都已經納入 CCJO 草稿中。參與撰稿的一名非軍職高官表示，當時的草稿基本上已經是定稿，「除非紅隊能提出一些令人高呼『天啊』的意見，報告的文字在那時候應該是不會改了。」[34] 儘管如此，這名官員認為這次作業多少仍是有用的，因為它可以使寫作團隊對產生報告的整個過程更有信心。此外，有幾名作者後來承認，他們出席當天的活動，主要是為了觀察紅隊大學的人展現他們的技藝，而他們對此留下深刻印象，也因此更了解紅隊作業的潛在價值。

一名之前曾參與參謀部紅隊作業的 J 七部紅隊成員，則認為這次作業是「順理成章的事」，但整體而言「太正式和形式化，以致實用價值不大。」[35] 不過，洛科夫和門羅面臨的難題則是：雖然他們已經努力引出質疑 CCJO 核心假設的積極想法，這些意見不大可能獲納入 CCJO 的下一稿中。當局已經為完成這個寫作過程投入了太多時間和資源，而且領導高層和外部人士也已經提供了太多提引。講真的，這件事到了這麼後期的階段，根本就很難採納真正不一樣的觀點。

此次經驗的教訓，是紅隊作業必須及早安排，才能真正影響結果。洛科夫便喜歡舉守衛軍事基地的例子：「如果敵人已經進入基地裡面，你是不能針對迫擊炮小隊做紅隊作業的。」[36]

海軍陸戰隊的紅隊作業：挑戰指揮風氣

二〇一〇年十月，艾摩斯上將（James Amos）成為美國海軍陸戰隊第三十五任司令，他希望在陸戰隊把紅隊作業制度化。在發給陸戰隊所有軍職和非軍職成員的規劃指引中，艾摩斯希望向所有人強調，他非常重視紅隊作業的價值；他的做法是把以下事項列為當務之急：「擬定

一個計畫，在每一個 MEF（海軍陸戰隊遠征軍）和每一個已部署的 MEB（海軍陸戰隊遠征旅）設立一個紅色小組。……這個小組的目的，是質疑當前流行的觀念、嚴格檢驗現行戰術、手段和程序，抵抗團體盲思。」[37] 除了下令海軍陸戰隊兩支主要的多兵種聯合特遣部隊成立紅隊外，艾摩斯也成立了他自己的司令紅隊，由之前兩年在陸軍指揮研究室（Army Directed Studies Office，二〇〇六至二〇一〇年設在陸軍參謀總長辦公室的一支紅隊）工作的五名陸戰隊成員組成。艾摩斯司令的倡議在陸戰隊遇到了官僚的抵制，也與陸戰隊層級結構的運作產生許多衝突，而這些問題恰恰證明陸戰隊非常需要紅隊作業。

艾摩斯因為自身的經歷，非常清楚紅隊作業的效用。他二〇〇二年八月至二〇〇四年五月指揮海軍陸戰隊第三飛行聯隊期間，親身體驗到紅隊作業的價值。第三飛行聯隊為美軍入侵伊拉克的地面部隊提供空中支援，並在薩達姆・侯賽因遭推翻之後，在伊拉克安巴爾省對付遜尼派叛亂。當時艾摩斯的紅隊名為第三飛行聯隊融合小組（Fusion Cell），十五名成員背景和專長不一，以校級軍官為主。他們得到的指示，是「當指揮官的『拿破崙下士』，持續評估我們的作業方式，指出不合理的地方，並為指揮官建議替代方案。」[38] 該融合小組獲准接觸所有必要的報告和情報，幾乎每天都向艾摩斯做簡報。[39] 融合小組一名領袖記得艾摩斯當時希望小組提供「直率的評估，並能開放地討論問題，藉此挑戰傳統思維。」[40] 該小組最重要的貢獻，在於分析叛亂勢力的動機、戰術，以及對美軍反叛亂行動的可能反應。例如在第三飛行聯隊有六架直昇機遭擊落之後，他們針對利用眼鏡蛇攻擊直昇機支援地面部隊的方法和戰術，做了一次另類分析。[41] 此次分析產生的建議，包括改變飛行形態，由一架飛機負責攻擊、另一架掩護，藉此擾亂伊拉克人的耳目，以及主要仰賴定翼機飛越巴格達。這些建議顯著減少了致命的叛亂勢力攻擊，美軍直昇機遭擊落的次數也大大減少。

現職和前海軍陸戰隊人員均承認，指揮參謀部確實需要紅隊作業，戰爭時期尤其如此。一名海軍陸戰隊退役上校在伊拉克戰爭之前，於陸戰隊第一遠征軍（I MEF）策劃部工作。他回想當時的情況，認為對作業計畫做批判評估的最大困難，是「時間極度緊迫」。他這麼描述二〇〇二至二〇〇三年初的策劃過程：「每天正常工作時間是早上五點半到晚上十點。晚上十點之後，你必須處理一些白天沒有時間處理的行政或個人事務。這是正常的一天，每週七天，連續十三個月。你根本沒有時間退後一步來看事情。並不是你愛上了作戰計畫，而是你就是那個計畫。」這名上校現在指導獲選做紅隊作業的海軍陸戰隊低階軍官，教他們如何在策略和計畫獲得核准和執行之前，提出有效的質疑。他說，當你在策劃部工作時，「你可以在事後說**『啊，我們應該事先想到這個、那個』，但你靠自己，實際上根本沒辦法事先想到這些東西。」**[42]

新的紅隊被迫直接對抗海軍陸戰隊的惰性。儘管艾摩斯下令 MEF 和 MEB 均在指揮作業中納入紅隊要素，而且顯然也有此必要，最初幾年的實踐成效顯然非常參差。許多知情的陸戰隊成員得到的印象是：幾名指揮官或他們最得力的副官認為陸戰隊司令的指示是多餘的外加要求，他們因此盡可能拖延相關安排。馬偉寧中校（Brendan Mulvaney）主持司令紅隊頭三年的工作，他記得他的紅隊向各 MEF 介紹紅隊作業時，那些領導特定事項（例如人事、情報和作業）參謀部的上校顯得相當抗拒。「他們全都是 A 型性格的人，會說這樣的話：『如果我靠一貫的做法也能走到今天的位置，我為什麼會需要向紅隊學任何東西呢？』」[43]

有些指揮官和他們的高級參謀則認為，海軍陸戰隊成員本質上就是有獨立和批判思考能力；額外設立一個團隊、致力加強獨立和批判思考不但毫無必要，還可能損害部隊的團結和運作效能。他們尤其認為他們已經能有效地自我評估各種計畫和政策，也就是已經在做「自我紅隊作業」──這是許多組織常見的一種謬論。還有一些陸戰隊軍官表示，雖然紅

隊可以發揮一些作用，某些紅隊人員的性情和作風令參謀人員感到受辱。曼迪上校（Timothy Mundy）曾在阿富汗領導海軍陸戰隊第二遠征軍（II MEF）的紅隊（稍後將談到），他警告，紅隊可能因為選錯成員而失敗。他認為應警惕這種心態：「我們是真正聰明的人，懂得批判和獨立地思考，而你們則只是一群蠢人。」[44] 當然，所有紅隊都必須有人能夠充分傳達紅隊作業發現。

海軍陸戰隊官僚兩次試圖藉由部隊結構審核小組（Force Structure Review Group）的作業，取消預留給紅隊人員的五十個人事名額。艾摩斯兩次都必須親自下令保留那些名額。第二年，司令自己的紅隊要求艾摩斯向陸戰隊高層明確傳達以下訊息：紅隊作業是值得執行的要務，而且獲得多數人支持。艾摩斯最後必須兩次在將官討論會上，向陸戰隊高層表明這意思。當時在場的杜蘭中將（John Toolan）這麼說：「司令當時覺得很受挫，而我是首當其衝的人之一。他對我們發了好一陣子的脾氣，我們才明白紅隊是什麼。」[45] 此外，司令的紅隊本來要發表一份白皮書，澄清各 MEF 和 MEB 如何運用它們的紅隊，但為了考慮陸戰隊各部門所關注的事，這份白皮書反複寫了兩年，最後從未發表。

海軍陸戰隊是個受限於傳統的組織，強調個人必須主動和果斷；它懷疑紅隊作業的效用並不奇怪，尤其是在國防預算停滯、人員名額減少的年代。儘管如此，陸戰隊軍職和非軍職人員公開質疑司令的指示，仍是相當罕見的事。陸戰隊官員強烈懷疑和抗拒紅隊作業，最常見的原因是他們不了解紅隊作業，而且認為這是多餘的。一名上校這麼轉述這種想法：「我們在〔伊拉克〕安巴爾和〔阿富汗〕海曼德這種地方執行任務都很成功，為什麼還需要紅隊呢？」[46]

在這種不確定環境下，低階軍官開始填補 MEF 和 MEB 的紅隊人員名額；他們人數不多，但逐漸增加。在加入派駐的指揮參謀部之前，他們藉由紅隊大學或海軍陸戰隊大學為期六週的課程，接受基本的紅隊作

業方法和技巧訓練。幾名擔當這種紅隊人員的少校和中校表示，有些指揮參謀部開明地接受他們的角色，有些則可能會說這種話：「謝謝，但我們將安排你當特別專案主任。」海軍陸戰隊大學紅隊教官蓋森霍夫中校（Daniel Geisenhof）指出，各指揮官本來就有自己的作業規劃團隊（Operational Planning Team），由一組核心策劃人員負責研擬和評估潛在的行動方案。「我們常聽到的反應是：『現在來了一個外人，我該確切安排他在我的規劃團隊裡做什麼呢？』」[47] 雖然才剛投入工作，這些陸戰隊紅隊人員很快便認識到，要提升自己獲指揮參謀部接納的機率，唯一的辦法是清楚說明一件事：「我們是來幫助大家成功完成任務的。」但問題是，要在指揮參謀部有所貢獻，最有效的做法是巧妙行事，千萬不要張揚。如果試圖公開證明紅隊作業有顯著的貢獻，只會令各單位未來更難接受紅隊作業的發現。

海軍陸戰隊紅隊作業早期面臨種種困難，當中一個頗能說明問題的例子發生在二〇一一年：一個六人的紅隊被安排去支援第二遠征軍（II MEF），該部隊主要在阿富汗西南部的海曼德省和尼姆魯茲省執行任務。[48] 一名紅隊成員表示，該紅隊從一開始便「幾乎完全被邊緣化」。這些紅隊人員後來稱自己為「聖誕節時牌桌上的小孩」。這個紅隊由一名愛與人對抗的英國皇家空軍武器工程師領導，駐遠征軍指揮部的未來計畫組（第五組），名義上受該組組長管轄；這位組長剛好又是英國人，而他的助手表示，組長從未獲得有關如何利用紅隊的清楚指引。在第二遠征軍指揮部，影響力最大的參謀是運作組（第三組）組長，他是美國海軍陸戰隊上校，而他根本漠視紅隊提供獨立分析的努力。事後回想，由英國軍官領導紅隊，並且由另一名英國軍官管轄紅隊，是不智的安排，因為這導致陸戰隊參謀人員視紅隊成員為多餘的外人。這種影響可見於有關阿富汗農民不種罌粟花（塔利班的重要收入來源）、應該改種什麼作物的爭論上。陸戰隊上校（第三組組長）堅持應該種小麥，紅隊則認

為藜麥更適合當地的土壤和氣候。上校最後一次聽過建議種藜麥的報告之後，向參謀人員表示：「只要所有人都同意村民接下來將種小麥，紅隊高興分析什麼都沒問題。」紅隊成員不知道的是：當局已經制定了大規模的小麥種植計畫，而且相關合約都已經快確定了；也就是說，除了種小麥，基本上已經沒有其他的可行選擇。無論如何，上校斷然否定紅隊的發現，展現出強烈排斥另類觀點的態度，而這與紅隊作業的根本精神是不相容的。

這支紅隊的人員組合也有問題。除了由一名英國軍官領導外，第二遠征軍紅隊由一些看來不會升官接掌重要任務的軍職和非軍職人員組成。這等同告訴指揮部參謀人員：紅隊的意見可以不予理會。一名紅隊成員也注意到：「起初我們不是很清楚參謀部的實際運作方式。」掌管第二遠征軍增強評估組（Enhancement Assessments Group）的曼迪出任紅隊主管之後，經過反覆的摸索，才找到辦法藉由提供獨立的另類分析，為指揮部參謀人員提供某種價值。（曼迪是一九九一至一九九五年海軍陸戰隊司令卡爾・曼迪上將〔Carl Mundy〕的兒子，這很可能對他的紅隊工作有幫助。）

曼迪接管紅隊後賦予自己的第一要務，是了解運作組上校需要協助處理的問題。在經由交流和觀察了解彼此的日常作業之後，參謀部各組人員會接觸個別紅隊成員（往往是在傍晚時段非正式接觸），尋求他們對將呈交第二遠征軍指揮官的文件之看法，包括編輯上的意見。（阿爾馬桑少校〔Jose Almazan〕把這種隱秘的非正式貢獻稱為紅隊成員的「隨行神職人員作用」。49）雖然這不是這支紅隊原本的目的，但因為紅隊成員能靈活應變，滿足第二遠征軍指揮部預料之外的分析需求，他們得以從工作上獲得一些成就感（若非如此，這基本上是低影響力、低士氣的工作）。

這支紅隊的運作雖然問題多多，但海軍陸戰隊對紅隊作業的反應並非

普遍負面。事實上，後來陸戰隊另一次紅隊作業的情況便好得多。[50] 二〇一四年一月，海軍陸戰隊第一遠征軍開始部署接管阿富汗西南地區，這是陸戰隊在阿富汗的最後一次重要部署。第一遠征軍紅隊也是派駐負責策劃的指揮部第五組，但由一名陸戰隊中校領導。最重要的是，紅隊成員直接聽命於第一遠征軍指揮官，並向他報告工作，而這名指揮官熱烈支持紅隊作業是眾所週知的。紅隊得到的指示，是在策劃人員研擬計畫支援阿富汗保安部隊的過程中，質疑策劃人員的假設（而非等到事後才提出質疑）。此外，紅隊也為部隊的內部程序（尤其是保安程序和抗壓管理計畫）提供另類評估。二〇一四年六月，第一遠征軍紅隊增加人手，加入三名受過紅隊作業訓練的陸戰隊成員，為撤離阿富汗的方案提供獨立評估。

海軍陸戰隊未來的紅隊作業將會如何？是類似二〇一一年的第二遠征軍紅隊還是二〇一四年的第一遠征軍紅隊？還是將無以為繼？這問題未有答案。根據美國國會的指令，二〇一〇至二〇一五年間，陸戰隊現役人員將從二〇·二萬縮減至一八·二萬；幾名高層官員因此已經表示，艾摩斯發起的紅隊作業計畫將夭折。一般來說，陸戰隊會選擇優先保留需要最長時間培養的專門人才（例如機師、後勤和通訊作業人員），而必要時可以快速補充人手的職位則會成為裁減目標（例如步兵）。杜蘭中將便認為紅隊作業對陸戰隊「至關緊要」，陸戰隊應把培養「一流紅隊人員」列為優先要務，而且要獎勵這些紅隊人員的努力。[51] 接替艾摩斯的鄧福德上將（Joseph Dunford）看來比較不願意持續費力維持和推動紅隊作業。

事實上，鄧福德在他二〇一五年一月發出的司令規劃指引中，完全沒有提到紅隊作業，儘管這是艾摩斯上任時指示的第二優先要務。不過，鄧福德也沒有提到類似的其他作業，因為變幻莫測的預算環境使這種具體的指引變得不切實際。[52] 鄧福德獲提名於二〇一五年五月出任參謀長聯席

會議主席,而料將接替他掌管陸戰隊的奈勒上將(Robert B. Neller)能否保住紅隊人員名額,抑或陸戰隊將無法再得到紅隊作業提供的獨特另類觀點,目前尚不清楚。接替馬偉寧掌管陸戰隊司令紅隊的艾利斯中校(Brian Ellis)發現,隨著陸戰隊已經建立比較可靠的紅隊基礎設施,中高層官員已經比較廣泛地接受紅隊作業。他認為只要既有的紅隊計畫和人員名額得到保護,「我們將繼續運作下去,做好所有工作,直到有人叫停我們。」53

　　儘管陸戰隊的官僚體制阻礙了紅隊作業,陸戰隊官員持續傳播紅隊作業的技術和意識。二〇一三年,拉斯哥謝中校(William "Razz" Rasgorshek)接受了紅隊大學的一個教職,成為該校的第一位陸戰隊教官。陸戰隊展現了對紅隊作業的排斥:萊文沃思堡的陸戰隊人員知道拉斯哥謝將轉職到陸軍的學校後,試圖安排他替陸戰隊工作,但陸戰隊總部的高官否決了他們的設想。拉斯哥謝當過四分之一個世紀的現役機師,多次參與作戰,是另一位自認是批判思考者的陸戰隊軍官。但他說,上過兩個為期六週的紅隊作業課程之後,「我的頭腦完全改變了;這經驗使我質疑自己過去二十七年在海軍陸戰隊是在做什麼。」他教過幾班陸戰隊人員之後,發現他教的紅隊作業觀念有很大的需求,但這些學員被安排到各指揮部後,在紅隊作業上總是難以發揮所長,而且指揮參謀部也覺得難以把這些紅隊人員融入日常作業中。在海軍陸戰隊,老闆(司令)是支持紅隊作業的,但指揮參謀部對紅隊作業的安排不一致,而且有顯著的不足。54

　　為了說明紅隊作業的功能,拉斯哥謝利用他當戰鬥機機師的經驗打一個比喻。戰鬥機機師經常必須在夜間執行任務,需要使用夜視鏡。因為視神經附近的區域沒有桿細胞和錐細胞(眼睛裡的兩種感光細胞),我們每一隻眼都有一個天然的盲點。人的雙眼視野達垂直一百二十度和水

平兩百度，可以防止物體同時處於兩眼的盲點。[55] 但是，機師戴上僅提供四十度視野的夜視鏡後，在環境光微弱的情況下可能出現「夜間盲點」，導致機師看不見偏離視野中心五至十度的物體。機師眼睛疲累時，注意力會開始減弱，而盲點便會在機師不自覺的情況下出現。因此，在培訓和安全進修課程中，教官會教機師不時左右瀏覽，以免陷入難以避免的盲點問題中。「同樣道理，我們的頭腦裡肯定也有盲點。我們必須經由教育，使人認識到盲點如何出現，向他們證明盲點確實存在，並教會他們一些控制盲點問題的方法。這是紅隊作業可以做到的事。」[56]

千禧挑戰：被踢屁股的一次演習

「千禧挑戰二〇〇二」（MC02）原本是想成為美國軍事史上最大規模、成本最高、最精心設計的一次「概念發展作業」。美國國會授權這次作業，是要它「探索美軍聯合部隊二〇一〇年之後在戰爭操作層面將面臨的關鍵作戰挑戰。」[57]MC02 花了二‧五億美元，耗費兩年時間研擬，動員一萬三千五百名現役軍人在十七個模擬地點和九個實彈訓練場參與演習。演習結合實況和模擬活動，百分之八十的演習由四十個先進的電腦模型模擬，餘下部分涉及真實的部隊和裝配操作。MC02 的計畫是在駐維吉尼亞州諾福克市的美軍聯合部隊司令部指導下研擬的，當時該司令部是協助國防部推動軍事「轉型」（國防部長倫斯斐的第一要務）的首要機構。國防部高層設想和承諾的軍事轉型，是希望利用「破壞式創新」和「躍進式技術」，賦予指揮官「優勢戰鬥空間知識」去對未來的敵人執行「快速決定性行動」。[58]

但是，這些未經檢驗的作戰理論，僅存在於國防學者和國防部高層的簡報檔案和頭腦中。MC02 將在二〇〇二年夏天的三個星期中，檢驗這些理論，並試驗「軍事事務革命」的許多方面。這項作業極受重視，倫斯斐甚至親赴聯合部隊司令部總部，熱情地表示他的支持：「MC02

這名稱聽起來像是以前的氣泡飲料，它將幫助我們創造一支可互操作（interoperable）、機敏和威力強大的部隊，而且它將能利用資訊革命和最先進技術提供的機會。」[59] 聯合部隊司令部指揮官克南上將（Buck Kernan）這麼概括當局期望的 MC02 結果：「MC02 是軍事轉型的關鍵。」[60]

MC02 的關鍵活動是一場紅隊作戰模擬。設想中的聯合實驗是二〇〇七年的一個反介入（anti-access）和區域拒止（area-denial）情境，對壘的雙方是陸軍中將貝爾（B. B. Bell）領導的三百五十人的美國藍隊，以及九十人的紅隊假想敵，起初由海軍陸戰隊退役中將梵瑞柏（Paul Van Riper）領導。克南親自挑選梵瑞柏領導假想敵，因為他覺得梵瑞柏是「刁鑽、務實、出色的職業軍人」，是領導紅隊的最佳人選。[61] 假想敵顯然是代表伊拉克或伊朗軍方，他們有一個審慎研擬出來的戰役計畫，最終目標是維持紅隊的政權，以及削弱藍方在區域內的勢力。藍隊也有一個戰役計畫，目標包括保障海上航道安全、摧毀假想敵的大規模毀滅性武器，以及迫使紅隊政權放棄區域稱霸的目標。多數參與者認為 MC02 演習很像美國中央司令部二〇〇二年夏天在研擬的伊拉克作戰計畫，該計畫的目標是摧毀薩達姆・侯賽因疑似擁有的大規模毀滅性武器，並推翻他的政權。[62]

梵瑞柏曾參與聯合部隊司令部的作戰模擬，包括一年前的「統一願景」二〇〇一年演習；他在這場演習中扮演某個區域內陸強國的領袖。那場演習是希望評估「效能作戰」（effects-based operations）理論。所謂效能作戰，是指利用全方面的能力而非短期軍事目標來達成戰略結果。其倡導者表示，效能作戰要求「另類思考，設想利用國家權力工具的理想方式，考慮兩軍交戰以外的手段。」[63] 但是，梵瑞柏因為這次經驗，意識到這種備受矚目的軍事演習潛在的不切實際之處。在統一願景二〇〇一的一場關鍵戰鬥中，監督演習的白色小組通知梵瑞柏，美軍已摧毀紅

隊掩藏得很好的全部二十一枚彈道飛彈，儘管藍隊指揮官實際上從不知道這些飛彈的位置。當局只是假設美國未來將有即時雷達和感測能力去摧毀這些飛彈。統一願景二〇〇一演習結束後，聯合部隊司令部向美國國會提交報告，宣稱此次演習證實效能作戰概念是可行的。梵瑞柏向他的聯合部隊司令部聯繫人投訴，表示事實並非如此，而對方向梵瑞柏承諾，「明年的 MC02 將是可以自由發揮（free play）和誠實的演習。」[64]MC02演習前夕，克南甚至宣稱：「無論是在實況演習還是模擬作業中，我們的假想敵都非常、非常堅定。這是可以自由發揮的演習，假想敵有能力勝出。」[65]

這不代表 MC02 的演習設計沒有內在的限制——事實上，利用軍事演習測試某些概念，為未來的人事、訓練和採購決策提供參考資訊，是常有的事。例如演習當中的實彈強行進入（forced-entry）環節，必須在三十六小時內完成。參與演習的部隊（包括美軍第八十二空降師和海軍陸戰隊第一陸戰團）已取消正常的訓練安排，在那三十六小時中僅將配合電腦模擬參與演習。此外，對壘雙方可以在夜間變換陣地，期間雙方都不能發動攻擊。不過，最值得注意的是，假想敵只能運用他們二〇〇七年時料將掌握的軍事能力，但藍隊則可以運用美國國防部計劃在二〇〇七年之後多年才投入使用的指揮和控制關係、通訊網絡和軍事能力，包括到今天都從未投入使用的先進武器系統，例如機載雷射武器，以及二〇一四年才投入使用的武器，例如標準三型 Block IB 飛彈。白色小組是演習的設計者和管理者，負責監控事件、評估各項行動的影響，以及為藍隊和紅隊提供意見回饋。白色小組由退役陸軍上將路克（Gary Luck）領導，也有權力介入演習以確保公平，並確認所有概念在既有的資源和時間限制內得到檢視。

MC02 開始時，為了滿足演習的強行進入要求，藍隊向紅隊發出有八點內容的最後通牒，最後一點是要求紅隊投降。紅隊領袖梵瑞柏知道，

他的國家的政治領導層不會接受藍隊的要求，而他相信這會導致藍隊的直接軍事介入。因為在此之前一個月，小布希政府宣佈了國家安全戰略上的「先發制人原則」，梵瑞柏決定，一旦美國海軍的航艦戰鬥群進入波斯灣，他的紅隊將搶先攻擊「先發制人者」。美軍一進入射程，梵瑞柏的假想敵部隊立即密集發射飛彈，包括利用陸上發射器、商船，以及低飛的飛機（不用無線電通訊以減少雷達特徵）。在此同時，紅隊也出動大量裝滿炸藥的快艇，對美國艦隊執行自殺式攻擊。美軍航艦戰鬥群的神盾雷達系統（功能為追蹤敵人射來的飛彈並試圖攔截）很快便應接不暇，結果十九艘美國軍艦遭擊沈，包括航空母艦、幾艘巡洋艦和五艘兩棲艦。梵瑞柏說：「整件事五到十分鐘便結束了。」[66]

　　紅隊狠狠地重創了藍隊。假想敵證實有能力摧毀一支美國海軍艦隊，MC02 多數參與者為此震驚不已。梵瑞柏形容當時的氣氛「靜得可怕，就像人們不知道接下來該怎麼做似的。」[67]藍隊領袖貝爾承認，假想敵「擊沈了我該死的海軍」，而且造成了「極高的損耗率和一場災難，我們從中學到了非常重要的一課。」[68]在此同時，陸克緊急致電克南，告訴他：「長官，梵瑞柏擊沈了所有船。」[69]克南馬上意識到，這對 MC02 是壞消息，因為它可能導致聯合部隊司令部難以執行接下來的的實彈強行進入演習。在北卡州布拉格堡、加州聖迭哥沿岸和歐文堡國家訓練中心的美軍部隊正在等待參與演習的命令，而且他們只有三十六小時可以參與演習。克南回想當時的情況：「我沒有很多選擇。我必須安排強行進入演習。」[70]因此，為了繼續演習下去，他指示白色小組恢復那些遭擊沈的虛擬軍艦的作戰能力。貝爾和他的藍隊（現在包括聽他命令的實彈部隊）應用從紅隊首波攻擊中吸取的教訓，成功抵擋了紅隊隨後的攻擊。

　　第四天，梵瑞柏的紅隊準備應付海軍陸戰隊的兩棲攻擊。他研究公開的美國國防規劃文件，知道美軍首波攻擊將出動 V22 魚鷹式傾斜旋翼

機（海軍陸戰隊要到二〇〇七年才實際應用這款可執行多種任務的運輸機）。V22 因為使用兩個直徑達三十八呎的螺旋槳，可輕易利用相對簡陋的雷達和地對空飛彈辨識和追蹤。紅隊正準備開始擊落 V22 時，梵瑞柏的參謀長接到白色小組的指示：不准向藍隊的 V22 和 C130 運兵機開火。白色小組還下令：紅隊必須秀出所以空防設備，以及藍隊可以輕易摧毀它們。儘管有些設備未遭摧毀，紅隊還是被禁止對執行空降任務的藍隊開火。梵瑞柏問白色小組是否可以動用他擁有的化學武器，但同樣遭拒絕。

梵瑞柏氣炸了。白色小組的指令不但無可挽回地損害了整場演習的健全性，還導致他的參謀長（一名退役陸軍上校）直接接受命令部署假想敵部隊。梵瑞柏向克南投訴，但克南對他說：「你的表現根本是離譜的。假想敵絕不會做你所做的事。」[71] 梵瑞柏隨後召集紅隊人員，告訴他們從此之後聽命於參謀長。他認為紅隊執行任務必須具備的獨立性遭破壞了。演習開始後第六天，梵瑞柏不再擔任指揮官，在餘下十七天改當假想敵的顧問。在這段期間，藍隊達成其戰役計畫的多數目標，摧毀了假想敵的空軍和海軍，保障了航道安全，並且掌控或摧毀了紅隊的大規模毀滅性武器。假想敵得以保住政權，但實力嚴重受損，區域影響力也大大減弱。

梵瑞柏雖然不再領導紅隊，但他不願意放過這件事。他寫了一份報告，詳述這場演習的缺點，說明它如何遭操控，以及潛在的危險後果：美國國防部可能誤以為一些其實仍未經檢驗的作戰概念是可行的。他把印出來的全部六份報告交給聯合部隊司令部領導高層，但從未有人回應他。這些報告至今仍是機密文件。梵瑞柏曾參與許多類似的紅隊作業，包括聯合部隊司令部領導的作業，而他大致認為這種作業是有用的學習手段。但是，他認為 MC02 與其他概念發展作業迥然不同，不但過度「照劇本演出」，執行方式也有嚴重瑕疵。梵瑞柏回想這件事時說：「作戰模擬

通常是不作弊的，但 MC02 整個過程是亂來的：它是一場騙局，被用來證明他們想證明的東西。」[72]

MC02 還未結束，梵瑞柏便發電子郵件給幾名同事，表達他對這次演習的設計和執行方式的憂慮。他認為會有人向媒體爆料，因為他的許多假想敵同事都非常憤怒。「我不想看到聯合部隊司令部再次發出新聞稿，像統一願景二〇〇一年演習之後那樣，用我的名字去替實際上證實失敗的概念背書。」[73]梵瑞柏的電子郵件並不意外地被洩露給《陸軍時報》（Army Times），該報發表了相當全面的報導：「演習作弊？將官說 MC02 是『照劇本演出』。」[74]

當局的反應相當迅速。梵瑞柏針對 MC02 爆料，令聯合部隊司令部和國防部高層非常生氣。他們在記者會上強調，每一個重要概念（共有十一個）都已在 MC02 中獲得確認；他們並貶低假想敵在演習中的表現。克南（他說梵瑞柏是個「相當狡猾的傢伙」）宣稱，此次演習不在乎輸贏，雖然他幾個星期前講過相反的話。克南也承認：「你必須小心理解『自由發揮』這說法。我有點後悔自己這麼說。」[75]克南的副手、海軍中將梅爾（Martin Mayer）表示：「如果有人認為演習結果是捏造的，我希望糾正他們的錯誤想法。」[76]國防部長倫斯斐被問到他是否相信有人操縱 MC02 的結果時，把問題交給參謀長聯席會議副主席佩斯（Peter Pace）回答，而佩斯宣稱：「我絕對相信這次演習沒有被操縱。」[77]

但是，聯合部隊司令部自己後來得出相反的結論。該司令部的 MC02 最終報告厚達七百五十二頁，幾乎十年後才應《資訊自由法》授權的要求而公開。[78]該報告詳細記錄假想敵起初的攻擊如何令藍隊措手不及，而這主要是因為藍隊緊跟美軍熟練且眾所周知的戰術。報告指出，藍隊被視為贏家，主要是因為其軍事能力無論質與量都比較優勝。報告也承認，此次演習有顯著的局限和虛假之處，包括演習開始後不久忽然改變交戰規則。「這些改變造成一些混淆，也可能賦予藍隊行動上的優勢。」

聯合部隊司令部的報告最後明確承認：「在演習的過程中，假想敵的自由發揮最終嚴重受限，以致演習結果『劇本已定』。這確保了藍隊的行動勝利，奠定了過渡行動的條件。」[79] 也就是說，白色小組決定，藍隊將獲准在演習結束時勝出。

獨立的國防科學委員會也接獲指示，針對聯合部隊司令部負責的演習（尤其是 MC02），做了徹底的審查。該委員會的結論是，「結果（演習中實際發生的事）未與詮釋、判斷和意見區分開」，而且「結果完全稱不上具決定性，必須結合詮釋和判斷，才能為未來的軍事決策提供有用的參考資訊。不過，司令部若能比較有效地講述 MC02 的經驗，將可釐清這些問題。」[80] 但聯合部隊司令部從未做到這件事。

MC02 這項紅隊作業一開始便注定會有一些缺點。紅隊和目標組織在作業之前已各有先入之見。梵瑞柏認為軍方追逐未經檢驗的概念和尚未面世的技術，是危險而且不必要的。他除了是當時進行中的軍事事務革命的重要懷疑者外，還認為某些未經檢驗的概念將很快被用在入侵伊拉克的行動上。他的紅隊希望能在演習中明確勝出，藉此揭露這些概念的缺點。此外，他懷疑聯合部隊司令部承諾的自由發揮原則，是否真能在紅隊作業中得以貫徹。這個司令部當時雖然才成立了三年，但已經有不好的名聲，被視為常做脫離現實、預定結果的概念發展演習。

梵瑞柏過去五年在海軍陸戰隊大學教紅隊作業選修課程（他是該大學的創校校長）。他告訴陸戰隊軍官學員，MC02 最重要的教訓，是軍官必須抱持戰爭的系統觀，假定情況將混亂且複雜，而且要有多個行動方案，而不是抱持比較線性和機械式的觀念；他認為聯合部隊司令部軍官二〇〇二年時是內化了後一種觀念。

至於此次紅隊作業的目標組織（聯合部隊司令部和國防部長辦公室），則決心要證明一些原則和概念是有效、可行的，以便利用它們來支持倫斯斐和他的高級副手堅持推動的高科技軍事變革。就此而言，紅隊並未獲

得正確、清晰的指令去忠實模擬敵人可能實際採取的行動。MC02 的某些發現，確實促成了一些具體的變革，反映在美國各軍種隨後更強調協作的備戰和作戰方式上，包括途中任務聯合規劃和排練系統（Joint En-Route Mission Planning and Rehearsal System）——一個基於網路的通訊系統，供指揮官在飛行途中用來接收和使用即時情報，並藉由視訊、音訊、通話和檔案共享功能，與參謀人員和其他指揮官協調合作。[81]

此外，演習期間未充分利用的行動方案再度獲得重視，尤其是指揮官運用資訊作戰的方式（在 MC02 期間，這種作戰方式因為用得慢，效率不彰）。這次演習對許多關鍵參與者也有顯著的作用。貝爾便指 MC02 是「紅隊作業應用上的重大發現時刻」。他認為梵瑞柏以聯合部隊司令部完全沒有料到的方式攻擊藍隊，恰恰是做了他應該做的事，而所有人都從結果中學到了教訓。MC02 結束後不久，貝爾獲擢升為四星上將：「軍方和非軍方高層想必認為，我這樣被重重踢過屁股之後，一定吸取了教訓。」[82] 貝爾成為最坦率支持紅隊作業的人之一：他二〇〇八年八月退休前在歐洲和韓國擔任指揮官，期間曾指示成立至少二十支不同的紅隊，尤其是負責模擬敵人動機和行為的紅隊。

但是，在 MC02 之後數年當中，從美國被派去阿富汗或伊拉克，或是被安排支援相關作業的高級軍官，則受到另一種持久的影響。MC02 演習本來是想證明某些概念大有可為，但實際作戰難免的混亂情況嚴重損害這些概念的說服力。即使在 MC02 期間，克南記得許多參與者更重視備戰而非眼下的演習（而這是可以理解的），演習很可能因此遭受某程度的破壞。克南說：「我事後告訴倫斯斐：『如果要再做這種事，你必須為它提供適當的資源，而如果國家的優先要務改變了，你必須願意取消它。』」[83] 但是，倫斯斐和其他國防部高官缺乏能力或意願去接受來自諾福克的壞消息。

諷刺的是，MC02 已經成為一個簡略説法，被用來貶低堪稱倫斯斐年代特色的尖端和不切實際的軍事變革概念。這項紅隊模擬作業本來的打算，是令軍方人員認同躍進式、未來主義式的變革無可避免，但結果卻適得其反。當局耗費二‧五億美元，動用一名合理火爆的前海軍陸戰隊中將，才做到這件事；由此看來，這次實驗也可以説是非常有用的。可惜在 MC02 演習中，領導層不願意接受壞消息，也並未正確設定紅隊的活動範圍。無論是在軍方還是民間部門，可能利用紅隊作業手段的人都應該注意 MC02 的教訓。

美國以外的軍事紅隊作業

本章集中講美軍的紅隊作業，既是出於務實考量（包括資訊是否可以取得），也是因為當代的紅隊作業方法和技術主要是在美國產生和傳播出去的。不過，紅隊作業的好處使得其他國家樂於採用和加以制度化，尤其是仿效美軍的外國軍方組織。這些海外紅隊全都是軍方總部或指揮參謀部設立的。本節介紹的三個國家或機構有許多官員曾在美國的紅隊大學接受培訓。

在美國，軍方是最廣泛和頻繁應用紅隊作業的組織，而外國也是這樣。可以找到公開資訊的三支非美國軍方紅隊，是以色列國防軍負責做情報另類分析的紅隊，英國國防部的開發、概念與原則中心（Development, Concepts and Doctrine Centre, DCDC）服務民間和軍方機構的紅隊，以及北約盟軍轉型司令部（Allied Command Transformation）負責協助總部和各指揮部批判思考的另類分析小組。檢視這些紅隊的運作，有助我們了解在全球日益普及的軍事紅隊作業。

一九七三年的「贖罪日戰爭」爆發前不久，埃及軍隊沿著蘇伊士運河大舉集結（埃軍多達十萬人，而以色列軍隊則只有一千人），敘利亞部隊

則在戈蘭高地集結。但是，這些兵力調動並未引起以色列軍方情報部門的警覺，因為它們很像定期的演習。當時的以色列軍事情報局局長齊拉少將（Eli Zeira）後來說：「一九七三年十月時，一名分析事態的軍官第四次檢視相關資料，認為埃及和敘利亞部隊是在演習而非準備開戰。」[84] 十月一日，以色列的埃及消息來源馬旺（Ashraf Marwan）表示埃及有意開戰，但齊拉漠視此一警告，認為這消息不可靠。他隨後選擇不授權做額外的情報分析，也不動員以色列後備軍。以色列情報特務局局長扎米爾（Zvi Zamir）說：「齊拉負責替全國評估軍事情報，但其評估實際上是一個人的觀點。」[85] 國防部長戴揚（Moshe Dayan）後來反省道：「我從不曾聽過質疑軍情局局長的情報評估。……他們的觀點非常一致，都認為不大可能爆發戰爭。」[86]

十月六日戰爭爆發前十小時，以色列意識到戰爭威脅迫在眉睫，下令全面動員後備軍，但全面部署需要二至三天才能完成。[87] 馬旺發出警告之後五天，埃及和敘利亞忽然發起攻擊，開啟了贖罪日戰爭；準備不足的以色列在這次戰爭中死了超過兩千五百人。這是以色列史上最嚴重的其中一次情報失靈。

七個星期之後，以國政府設立來調查以色列國防軍弱點的阿格拉納特委員會（Agranat Commission）「達成一致結論，認為參謀長對戰爭前夕的失誤負有個人責任，包括局勢評估錯誤，以及未能安排部隊充分備戰。」該委員會斷定軍事情報局的分析框架是情報失靈的根本原因，建議把以軍參謀長撤職，原因包括他沒有做情報的獨立分析。委員會也建議建立新機制，避免再發生類似戰略災難。[88] 一名不具名的以色列高級情報官員表示，這促使當局「在軍方情報架構中建立一個新的內部職能單位，負責獨立檢視和評論軍事情報研究組發表的情報評估報告。」[89]

贖罪日戰爭爆發前的情報失靈，結果促使以色列國防軍成立自身的紅隊。該紅隊名為「控管部」，[90] 希伯來文為 Mahleket Bakara，非正式

名稱為 Ipcha Mistabra，也就是阿拉姆語中「事實證明相反才對」的意思。該紅隊是軍事情報局研究部一個獨立、自主的群體，其主管表示：「我們負責防止人們受困於傳統觀念。」[91] 這個團隊由一名上校或准將領導，由為數不多的受敬重的資深軍官組成，每人通常服務二至三年。它除了針對其他情報單位撰寫的報告做另類分析外，也會自己尋找題目。此外，軍情局局長也會提出具體的分析要求。該團隊運用**「或許相反才對」**的分析方法，有意識地提出與其他情報單位相反的結論。他們的另類分析報告（一年可能有數十份）直呈軍情局，但也經常被交給高層官員和相關的國會委員會成員參考。[92] 一名知情的消息人士表示，這個團隊的簡報「令人精疲力盡」，因為「做報告的人必須經常與權力更大的人激烈爭論。」[93] 一段時間之後，這個單位建立了相當好聲譽，獲安排向軍情局局長哈列維少將（Herzl Halevi）報告工作，而非只是向軍情局研究部主管報告。以色列軍方和情報官員承認，一如許多其他紅隊，「控管部」撰寫的另類分析報告有多大的作用很難證明。不過，軍事情報官員仍然非常看重在這個單位工作的機會，而且該團隊的分析也廣受軍職和非軍職官員賞識。

英國是軍方最近奉行了紅隊原則的另一個國家。一如美國陸軍和海軍陸戰隊，英國的紅隊被安排在軍方總部和參謀部，在正規的行動規劃團隊之外平行運作，質疑參謀人員的規範和假設，以求最終改善行動計畫的素質。[94] 但是，英國的尖端紅隊設在國防部半獨立的智庫「發展、概念與準則中心」（DCDC），在史文漢（Shrivenham，接近斯溫頓市）英國國防學院校園裡的一座小建築物辦公。DCDC 共有約九十名人員，其發展、分析和研究團隊設有一支紅隊，自二〇〇九年以來替軍方和非軍方政府機構（包括北約）做一次性的分析工作，尤其是針對概念發展文件和戰略遠見分析框架。一如美國陸軍，伊拉克和阿富汗作戰任務意

料之外的挑戰和複雜性，促使英國國防部高層設立這支紅隊。當局認為研擬軍事概念和計畫的傳統規則已經過時，需要新做法來刺激創意思考，同時防止官僚體制志滿意得。[95]

DCDC 的紅隊由退役陸軍准將龍蘭（Tom Longland）領導，由十至二十名軍官和非軍職分析師組成，而他們會因應個案需要尋求外部專家的協助。[96] 這支紅隊不宣傳他們的服務，視人力狀況接受工作委託，同時考慮紅隊作業是否能改善目標組織的某份文件、某個政策決定或行動方案。紅隊人員與前來尋求協助的人初步交談，通常便知道紅隊作業是否能派上用場。如果尋求協助的人無法清楚說明他們希望紅隊評估什麼概念或程序，又或者不清楚自己想達成什麼目標，則他們還未做好準備。龍蘭表示：「如果我們沒有時間，又或者只是簡單的檢查作業，我們會拒絕委託。如果對方不清楚自己要做什麼，我們也會拒絕。」紅隊接受委託之後，便會成立一個專責小組；有時兩個人工作一天便能完成任務，有時則可能需要二十人花三個星期檢視文件和概念。紅隊會視需要應用某些分析技術，包括資料品質檢查、文件分量分析（document-weighting analysis）和邏輯映像（logic mapping）。DCDC 紅隊奉行三項基本原則：一、紅隊必須能向足夠高階的人報告，以免白費力氣；二、工作最終結果的品質是最重要的；三、太遲便沒用：如果向高層報告工作結果時，目標組織已經無法採用相關建議，則紅隊作業是沒意義的。[97]

一如美國軍方紅隊人員，龍蘭發現，某些性格和背景的人比較可能成為優秀的紅隊人員，而「有些人則是一輩子都不可能做好紅隊作業。」軍事組織面臨的一個難題，是最出色的紅隊人員極少是最優秀的軍官，因為「每一個軍事系統都想要安全可靠的人，結果獲得獎勵和拔擢的便是這種人」（和平時期尤其如此）。龍蘭也注意到，最能幹的紅隊人員可能沒有人會注意到，因為他們不容易與人合作，結果往往被安排做一

些不需要很多人際互動的工作。「紅隊作業需要輕微自閉症的一點作用。紅隊人員沒意識到自己所講的話，與周遭的世界格格不入；這些話符合邏輯，也是正確的，只是他們不會看到當中的社會涵義。」DCDC 紅隊應用一些方法來促進創意思考和意念的自由流動（與一些成功的其他紅隊不謀而合），包括禁止建立地位層級（紅隊領袖主要負責行政事務），禁止穿軍方制服，以及不用軍階、直接以名字互相稱呼。龍蘭表示，他見過的最出色紅隊人員，是一名二十二歲非軍方女性，她是在念國際關係時到 DCDC 實習工作。她有冷靜診斷問題的能力，完全沒有四十幾歲典型男性軍官常見的心理障礙，能無畏無懼地表達意見，完全不怕指出哪怕是最高級軍官的錯誤。因為其性別和年齡造就的獨特條件，她的意見雖然會令目標人物瞠目結舌，但還是容易獲得接受。[98]

為了整理典範做法並為其他紅隊提供一般作業指引，DCDC 紅隊已發表過兩個版本的《紅隊作業指引》（Red Teaming Guide），希望藉此對抗偏見、意氣用事和人類利用假設和模型簡化複雜問題的傾向，並且「辨明可能導致錯誤分析和結論的動態。」這份指引提供做好紅隊作業的七項常識性準則，與美國紅隊大學所教的非常相似，事實上也大量引用紅隊大學《批判思考應用手冊》的內容。這些準則包括「一開始便為紅隊作業做好規劃」、「釐清目標」、「視任務選擇適當的工作」，以及「務必好好執行，做得不好的紅隊作業毫無意義。」[99]

美國以外的軍事紅隊作業近年的另一個例子，是北約盟軍轉型司令部（ACT）二○一二年四月在維吉尼亞州諾福克市總部正式成立的另類分析小組。[100] 該小組的「促進者」（facilitators）接受引導團體討論的訓練，在指揮官認為某項決策（或某個新作業概念之研擬）需要內部無法產生的批判思考時，應要求在總部或各指揮部主持相關的團體討論。ACT 每半年會安排來自各部門的十五至三十五人，接受為期一週的訓練，

成為新的促進者。參謀人員在 ACT 總部工作一年之後，會開始接受培養另類分析意識的訓練，隨後可能會獲提名接受額外訓練，成為促進者。德奈斯（Johannes "Han" de Nijs）是 ACT 的作業分析組長，同時掌管另類分析小組；他在談促進者的工作時說：「我們不希望有人在團隊裡說：『嘿，我比你們懂。』關鍵是要引導參謀人員發揮他們的專長。」101 這種促進者主持的團體討論，加上另類分析意識的培養訓練，使另類分析小組得以在整個組織中宣揚其宗旨，同時保持與總部參謀人員的區隔。

一如其他紅隊作業，另類分析小組的促進者發現，做好工作極其重要的一件事，是先清楚了解指揮官需要什麼協助，然後才去主持半結構化的團體討論，以求找出非如此無法發現的解決方案。ACT 參謀長瓊斯中將（Phil Jones）回想他首次要求另類分析小組協助時承認：「我絕對不知道問題是什麼。我當時只是知道有問題，而我需要有人來研究它，因為既有的組織未能提供我想要的答案。」102 這是常有的情況，而促進者的責任是利用自身的才智，鼓勵「問題主人」與相關人士對話，引導出參與討論的人集體發現的最佳對策。每次作業快結束時，促進者會發給各參與者一份簡短的問卷，以便收集資料建立一個另類分析作業資料庫，藉此追蹤評估此類作業的效能。因為問卷是參與者填的，結果僅反映他們怎麼看這種作業及其方法的價值。但德奈斯承認，他們永遠都無法真正證明另類分析作業造就特定的結果。瓊斯中將認為，批判思考必須在整個組織的「心態和文化」中成為一種常規步驟，另類分析才算真正成功。103 雖然當局經常倡導將所有參謀人員培養成「準紅隊人員」，但這願景至今難免仍無法實現。已經證實可行（或據信可行）的軍事概念和戰術，通常會傳到其他國家，獲軍方因應自身情況調整採用。紅隊作業在美國以外普及的速度和應用的深度，將高度取決於美國高層支持美軍紅隊作業的程度，以及外國軍方對這種作業的效益之評估。

結論

　　美國（以及英國和北約）軍方目前的紅隊作業表現，主要反映第二次伊拉克戰爭的規劃和執行者遇到的共同困難。

　　美國陸軍退役上校本森（Kevin Benson）自二〇〇七年起在紅隊大學執教，他發現：「紅隊作為設計和決策過程中不可或缺的參與者，使指揮官和參謀人員有機會去想不可思議的事，去問『**萬一這樣，那將如何**』，去質疑假設和事實。」[104] 二〇〇二年六月至二〇〇三年七月期間，本森是聯軍陸戰司令部的首席規劃者。「我當時假定，我們控制了巴格達之後，在伊拉克作戰的陸軍馬上便可以撤離。我從未想過萬一這個假定的事實未能成真，那將如何。」[105] 當前的挑戰，是如何在美軍裁減人力的情況下，找到有力的理由維持紅隊作業的經費和人力；美軍現役人員二〇〇九至二〇一四年間已經減了五％，預計到二〇一七年時將再減二·五％。[106] 但是，如杜蘭承認：「如果指揮官想要有紅隊，也確實利用紅隊作業，人力問題自然會有人解決。如果我想要紅隊，我會找到人的。」[107] 美軍完全撤出阿富汗之後，高層指揮官是否仍將那麼支持紅隊並提供充裕的資源，目前仍不清楚。當局是否將減少在指揮參謀部設立制度化的紅隊，又或者把紅隊作業當成某些指揮官愛用的手段、不做也無妨（就像 J 七部主任組織紅隊評估聯合作戰最高指導構想那樣），目前也仍不清楚。

　　暢銷作家葛拉威爾（Malcolm Gladwell）的著作《決斷二秒間》（Blink）從梵瑞柏的立場講了二〇〇二年千禧挑戰概念發展作業（MC02）的部分情況。葛拉威爾強調梵瑞柏這位海軍陸戰隊紅隊人員如何以啟動「快速認知能力」的決策方式，「創造出成功的自發性所需要的條件。」[108] 梵瑞柏身為高級軍官，還真的能像積極的敵人那樣思考，這種能力確實是獨特的，而且可能無人可及，得到這種稱讚是當之無愧。

但是，葛拉威爾完全沒有提到國會和國防部長辦公室施加的壓力如何左右聯合部隊司令部的動機，使那場演習注定在結構上受限。葛拉威爾因此不但省略了有關聯合部隊司令部先前紅隊作業的關鍵背景資料，也忽視政客和國防部強加的限制；當時國防部只是根據之前兩年審慎研擬出來的演習規模和時間表執行 MC02。

MC02 這項演習的設計、它受到的束縛、執行方式的嚴重瑕疵，以及媒體的報導方式，不必要地打擊了紅隊作業這門技藝。本章根據參與此次演習的高層接受的訪談，以及聯合部隊司令部二〇一〇年才公開的事後報告，準確講述了這次演習的情況。

下一章我們將把焦點轉向美國情報系統的另類分析作業，其目的是克服情報系統常見的偏見和體制問題。在軍方高層倡導紅隊作業、相關工作獲得適當安排、紅隊人員獲充權對高層和目標組織講真話的情況下，紅隊作業對美國軍方頗有貢獻。但是，軍事組織本質上是保守的，而且有嚴格的層級結構，這總是會阻礙紅隊作業持續獲得支持並日益普及。

03

ALTERNATIVES: INTELLIGENCE COMMUNITY RED TEAMING

另類分析──情報系統的紅隊作業

我們應該建立一種管道，向各情報機關的中高層傳達資深分析師的臆測或非正統觀點。這可能是一兩段文字便能做到的事。這種觀點可能有助官員更好地了解蘇聯手頭的選項，提醒他們注意蘇聯潛在的行動或意圖。

──蓋茨（Robert Gates），美國中情局蘇聯分析師，一九七三年 [1]

美國情報系統由十七個不同的機構組成，共有約十萬名全職員工，「國家情報計畫」年度預算有五百四十億美元，「軍事情報計畫」年度預算則有一百八十億美元。[2] 所有人都知道中央情報局（CIA），現在很多人會記得中情局在巴基斯坦和葉門暗中執行無人飛機攻擊行動。國家安全局（NSA）也廣為人知，尤其是在情報機關約聘人員斯諾登（Edward Snowden）洩露了高度機密的文件之後。

　　但是，在最基本的層面，美國情報系統歷來最重視的是分析工作，而非海外行動或蒐集資料。前中情局局長赫姆斯（Richard Helms）便曾表示，「情報這一行的本質」絕對是分析：蒐集所有可以取得的資料，提出解讀供官員和政策制定者參考。[3] 皮勒（Paul Pillar）在中情局擔任資深分析師時便這麼概括情報分析工作：「分析師的工作就像仔細研究一個大垃圾桶裡的東西，最後就產生這些垃圾的大樓裡發生什麼事提出結論——這是必要的工作，有時成果豐碩，但也是亂糟糟和費時的工作。」[4] 分析師產生「分析產品」，可能是簡短的備忘錄、較長篇的研究報告、國會規定的報告或口頭簡報。[5] 情報分析的目的包括預測未來數十年的全球新興趨勢，預料即將出現的危機或機會，回應突發事件，或只是回答政策制定者提出的問題。

　　情報分析師永遠面對的難題，是了解自己的分析是否產生了作用（最好是還能證明）。主要情報機關產生的常規、權威分析產品，包括選舉之前的政治動態分析，以及針對特定事件發生的可能性之評估。後者的例子之一，是在俄羅斯軍隊二〇一四年三月入侵烏克蘭的克里米亞地區之前，美國情報系統向白宮（歐巴馬總統）提出的情勢評估報告。美國某情報機關的首長表示，情報系統為白宮提供了各種備忘錄和報告，描述克里米亞講俄語的烏克蘭人的政治抗議，具體陳述俄軍的集結，並推估俄軍是否將試圖控制克里米亞（以及可能採取的方法）。這名情報官員表示，他無法知道白宮是忽略了這些警告、看過報告但不當一回事，

還是看過並認真對待，但因為歐巴馬政府不願付出沈重的代價去阻止俄國，結果沒有實際行動。無論如何，這種分析產品的目的，是幫助決策高層準確、詳細地了解俄羅斯和克里米亞的情況，而不是提出政策選項。6

美國各情報機關每天產生的絕大多數傳統分析產品，原則上應該為政策制定者就現實世界的事件和情況提供準確、清晰和及時的資訊。無論這些分析產品是監測事態、推估情勢或提出警告，其基本貢獻是幫助決策者更好地了解世界。這是各「產品部門」（line office）在其專注領域的例行工作。例如美國中情局便有十個產品部門，四個專注研究政治或經濟議題，六個從事跨國事務。7 中情局和其他情報機關的這種產品部門極少做深入的另類分析，提供蓋茨一九七三年倡導的那種「臆測或非正統觀點」，而這種另類分析正是本書探討的一種紅隊作業。8

因應九一一恐怖攻擊和有關伊拉克大規模毀滅性武器的情報失靈，約從二〇〇五年起，當局便為情報分析師提供另類分析技能訓練，例如教他們做結構化腦力激盪、意外情況分析和「死前分析」（分析方案失敗的各種可能）。但是，許多現職分析師表示，他們產生的幾乎都仍是常規分析產品，也就是所謂的「傳統」、「權威」或「正規」分析。情報部門主管正是要求分析師生產這種產品，而分析師用在做非傳統或另類分析上的時間相當有限。

雖然許多人認為情報機關神秘而且值得尊崇，它們畢竟也只是人類運作的層級化官僚組織。認知和組織偏差限制所有機構的效能，情報分析師當然也不能倖免。認知偏差對分析師的影響有很多記錄，是人們普遍承認的。美國情報機關也設法訓練分析師辨識和減輕這種問題，但認知偏差仍相當普遍（這不難理解），而現職和前情報官員最常發現三類偏差。9

首先是**分析師傾向高估後果嚴重的事件**（例如伊朗開發或測試核武）

發生的可能性，以求降低事情果真發生時自己受到的衝擊。第二是分析師每天與同僚共事，**因此自然產生的社群壓力令他們很難提出與同僚顯著不同的結論**。在美國情報機關做分析工作逾三十年的立培曼（Andrew Liepman）發現，「中情局有人員、行為和產品同質化的情況；你的頭腦會被特定的思考方式滲透，而你必須接受特定的群體心態，才能真正融入組織。」10 第三種偏差是許多情報官員和分析師所講的「**專業專制**」（the tyranny of expertise）：分析師對某個議題雖然有深入的認識，但深陷在這種狹窄的專門知識領域中。梅迪納（Carmen Medina）在中情局工作三十二年後退休，曾領導中情局的情報研究中心，主持整個中情局的「吸取教訓計畫」。她回想她曾參與的一場辯論：「在通才和專才之間，我偏向通才，認為他們可以成為優秀的紅隊人員。」她解釋道：「頂尖分析師對世界有極強的好奇心，但真正好奇的人不會花十到十五年成為某個領域的專家。」11 美國國家情報委員會主席、情報事務學者崔渥頓（Gregory Treverton）談到特定議題的專家時說：「這些人最不可能改變思考方式和預見持續性中斷的情況。」12

　　組織偏差包括「**區隔問題**」（segmentation），這可以在稍後闡述的西法（Al Shifa）製藥廠例子中看到。分析師缺乏必要的相關知識，但還是被要求評估某個情況，便會出現區隔問題。此外，因為考慮到保密的必要，權威分析在提供給政策制定者之前，可能不會有人安排做紅隊分析。另一種常見的組織偏差則涉及協調問題。雖然不同的情報機關（甚至是不同的分析師）可能得出不同的結論，傳送到情報系統以外的分析產品一般會經過協調，反映所有參與分析的情報機關的共識，以確保政策制定者在關鍵議題上獲得立場一致的情報結論。為了把不同的結論綜合成一份權威分析報告，當局有時會淡化論點和使用比較籠統的文字，以便所有參與分析的人都能接受報告。因為分析報告很可能是先前報告的更新版，它們往往非常仰賴之前的說法，不管具體情況如何。前中情

局局長海登便說：「協調過程涉及用砂紙磨去稜角，但有時真相就在那些稜角之中。我見過分析產品在協調過程中遭『稀釋』的許多例子。」[13] 國家情報總監辦公室一名官員則這麼說：「經過協調的分析產品必然非常乏味，內容必然平淡無奇。」[14]

對政策制定者來說，經協調的權威分析產品通常相當無趣，內容盡在意料之中。莫瑞爾（Michael Morell）一九八〇年加入中情局，九一一恐怖攻擊發生時是小布希總統的情報官，二〇一三年退休時是中情局代理局長。他在工作中發現，「每一位政策制定者都直覺地明白傳統的情報分析產品。他們閱讀各種資料，也看媒體報導，因此閱讀傳統的情報分析時，完全不感到意外。」[15] 這對情報分析師和政策制定者都構成問題。分析師必須設法「突破」，以意想不到的發現吸引政策制定者的注意。在二〇一一年「阿拉伯之春」爆發前的一年裡，中情局撰寫了四百份報告；當時的局長潘內達（Leon Panetta）說，這些報告「闡述我們在該地區看到的、可能引發亂局的各種跡象。」[16] 儘管如此，阿拉伯之春果真爆發時，決策當局還是抱怨他們並未及早得到警告，以致來不及研擬預防措施。決策當局也往往比較重視出乎他們預期的情報報告，並且樂見分析師坦白表明他們對自己的結論有多大的信心。但是，美國情報系統並沒有應用嚴謹或系統化的方法去評估各種情報分析的準確性或效用，甚至連他們所做的預測也是這樣。[17]

本章要檢視美國情報系統應用或未能應用紅隊作業的幾個事例。我們集中注意「**另類分析**」；這種分析的作者、程序和最終產品，均與正規權威分析產品顯著不同。第一個例子是中情局一九七六年委託進行的「B隊競爭式分析」，其目的是請人獨立地評估蘇聯的戰略意圖和軍力。第二個例子是無疑需要紅隊作業、但卻從未安排的一件事：一九九八年，美國炸掉蘇丹喀土穆的西法製藥廠，因為情報支持以下說法：該藥廠是

賓拉登擁有或控制的，而且涉及製造化學武器。然後我們將深入檢視中情局的紅色小組，說明它如何演變至現在的形態；該小組是在九一一攻擊發生後兩天成立的，唯一的使命是做擺脫傳統框架的另類分析。第四個例子是二〇一一年的一次紅隊作業，就賓拉登是否住在巴基斯坦阿伯塔巴德市的一座宅院裡，提出三個不同的機率估計。認知和組織偏差往往削弱美國情報系統的分析產品，令這些產品難以有效影響政策制定者的想法；情報系統因此特別需要紅隊作業來減輕這問題。

B 隊：「反映他們眼中的世界」

美國政府最寶貴的情報分析產品是「國家情報評估」（National Intelligence Estimate, NIE）。它是最重要的標準分析產品，通常由備受敬重的資深分析師根據最新的原始資料草擬，經由所有情報機關多個月的協調產生，以最高機密的形式發表，為政策制定者分析特定國家、區域或議題的重要趨勢和最新事態。NIE 因為代表美國情報系統的集體判斷，可能對奠定外交政策和軍事目標的基礎有很大的作用。NIE 的重要論點如果不支持某些國會議員或官員的政策偏好，可能在可以接觸這些機密報告的人當中引起強烈批評。NIE 的結論甚至可能是完全錯誤的。中情局的〈第二二五號情報備忘錄〉便是一個著名的例子：蘇聯一九四九年八月首次核試，中情局三個星期後發出的這份文件卻表示：「蘇聯估計最早要到一九五〇年中才能製造出原子彈，而機率最大的時間是一九五三年中。」[18] 冷戰期間，美國最多政策制定者閱讀的 NIE 自然是與蘇聯軍力有關的報告，這些報告因此對美國的外交政策和軍力影響最大。截至一九七〇年代中，美國情報系統產生了逾兩百份這種 NIE，當中有新報告也有舊報告的更新版。[19]

一九七四年十一月，一份 NIE 特別引人關注，因為它涉及當時富爭議的外交政策辯論：美國是否要追求與蘇聯緩和關係？若要，該怎麼做？

對於美蘇相對軍事地位的趨勢，美國政府內外均有強烈的意見分歧。如果蘇聯發展戰略核武只是為了維持與美國（及其盟友）的均勢，則兩個超級強國達成軍備控制協議、凍結軍力均勢是值得做的。但是，如果蘇聯其實正在積極增強軍力、建立突襲美國的能力，則緩和政策和軍備控制協議將令美國處於相對弱勢地位。[20]

　　一九七四年十一月的這份 NIE 以「蘇聯至一九八五年的洲際作戰能力」為標題，對蘇聯是否已經「下定決心只求維持均勢或尋求明確的戰略機會」表示懷疑，結論是蘇聯仍追求戰略優勢，但怎麼做則取決於美國的反應。美國陸軍、海軍和空軍提出反對意見，表示他們預期蘇聯將決定性地占得戰略優勢，因為蘇聯利用緩和政策令美國停滯不前，同時積極增強自身的力量。[21]

　　總統外交情報顧問委員會（PFIAB，艾森豪總統設立的組織，負責分析和獨立評估外交情報計畫）的成員特別關注這份 NIE。國家安全顧問季辛吉（Henry Kissinger）要求他們在一九七五年八月的一次會議上，直接向福特總統表達他們的關切。在這次會議上，曾掌管勞倫斯輻射實驗室、當過國防部研究工程事務助理部長的科學家福斯特（John Foster）建議：「情報系統應該有兩隊人做獨立、相互競爭的分析。」福斯特建議總統「直接告訴情報系統，你希望看到競爭式評估」，而福特則機敏地回應：「我很懷疑我們是否能得到這種競爭式判斷。」[22] 不過，美國情報系統將嘗試這麼做，並將就紅隊人員構成和作業程序可能出現的政治化問題，學到有持久意義的教訓。

　　福特指示季辛吉發出總統指令，針對那份 NIE 安排紅隊作業。中情局局長科比（William Colby）接獲命令「建立一支獨立分析團隊，由情報系統人員和非政府代表組成，針對蘇聯的戰略軍力做獨立於 NIE 11–3/8–75 的實驗性評估。」[23] 科比斷然拒絕執行該命令，他對福特表示：「我很難想像一支由政府和非政府分析師組成的『獨立』臨時團隊，

可以針對蘇聯的戰略軍力提出比情報系統報告更全面、周到的評估。」[24]

在接下來七個月中，PFIAB 的紅隊建議遭擱置，直到科比應福特總統要求辭職，由老布希（George H.W. Bush）接掌中情局。[25] 在與福特的資深國家安全顧問研究過之後，老布希很快便推翻科比的判斷，以一句「好吧，去做吧」核准了這個實驗。[26]PFIAB 於是安排相關作業，請外部分析師做紅隊另類分析，與中情局的情報評估競爭，看是否能得出不同的結論。因此，針對一九七四年十一月那份 NIE，內部的「A 隊」將按正常程序提出更新報告，而在此同時將有三支外部 B 隊做獨立評估。

A 隊由本來就負責更新 NIE 報告的情報系統分析師組成，三支 B 隊（空防小組、飛彈準確性小組、戰略目標小組）的成員則由老布希和 NIE 評估委員會挑選；該評估委員會是 PFIAB 因應對 NIE 的持續關注而成立的，由摩托羅拉公司董事長暨執行長蓋爾文（Robert Galvin）擔任主席。每一支 B 隊都由十名外部專家組成（當中有些人本來就獲准接觸相關機密，有時則是因此這項作業而特別獲准），當局對他們的指示是跟隨 A 隊的作業時間表，「在負責研擬 NIE 的情報人員和情報機關之外獨立工作」，而他們可以取得美國政府掌握的所有相關資料。[27]B 隊將在他們的最終報告中陳述他們的發現，而報告將交由 PFIAB 研究和討論，然後交給一個由資深的軍方和非軍方報告使用者組成的特別小組審閱和批評。當時在中情局當蘇聯分析師的蓋茨（多年後出任美國國防部長）認為「想做 B 隊分析的 PFIAB 委員不怎麼關心 A 隊，他們希望 B 隊提出一些他們樂見的結論，也就是反映他們眼中世界的結論。」[28]A 隊的任務很明確，那便是更新之前的 NIE，但如下所述，負責紅隊作業的 B 隊則未獲告知明確的工作範圍和目標。

後來眾所周知的 B 隊是哈佛歷史學教授派普斯（Richard Pipes）領導的戰略目標小組。這支 B 隊的作業最終引發最多爭議。雖然 PFIAB 主席切尼（Leo Cherne）在致老布希的信中確立了 B 隊作業的基本規範，

各參與者要到分析完成之後才發現，當局對 B 隊的目的、任務和最終目標或產品並無明確的構想。紅隊人員本身不清楚任務的結構和活動範圍，而目標組織（中情局）也不清楚。派普斯後來回想當時的情況，表示「這團隊的任務並無固定的定義。」[29]B 隊為了提出自己的評估，檢閱了之前十年的全部 NIE，而中情局既沒有打算要他們這麼做，也沒想到他們會這麼做。B 隊也不知道他們的發現將由另一個小組（NIE 評估委員會）審閱和批評。

　　A 隊與 B 隊首次見面（目的是讓兩隊有機會交流，互相評論對方的報告草稿），B 隊看來顯然有意貶低 A 隊的分析師。派普斯說：「中情局對這結果至少有一些責任，因為他們不明智地安排一隊年輕的分析師去面對資深的外部專家。這些年輕人有的才剛從研究所畢業，面對政府高官、軍方將官和大學教授，難免會感受到威脅。」[30]韋爾奇少將（Jasper Welch）當時是派普斯領導的戰略目標小組 B 隊的一員，他記得當時他們對中情局分析師解讀源自蘇聯政治局的零碎資料的方式有異議。「我們認為他們的資料來源很弱，猛烈批評了一陣子。我們對他們的常規分析產品非常不滿，我們令他們知道『你們沒有做好功課』。」[31]這些團隊會面後根據彼此的討論修改他們的評估，在十二月二十一日向 PFIAB 報告他們的發現。退役海軍上將、當時的中情局副局長墨菲（Daniel Murphy）表示，那場簡報比較像是「派普斯在講課，之後是有關粒子束和逆火式轟炸機的技術討論。」[32]

　　這場紅隊作業的過程有嚴重的瑕疵，部分問題在於它本質上是有心人的政治操作。派普斯領導 B 隊基本上是福斯特建議的安排，而 B 隊的成員雖然是派普斯選的，但許多成員來自福斯特和主持 B 隊實驗的佩斯利（John Paisley）研擬的名單。這些成員原則上是「選自熟悉蘇聯事務的資深政治和軍事分析師，他們對蘇聯戰略威脅的看法顯然比情報系統

的共識來得嚴肅。」33 但是，從他們發表的著作和公開的評論看來，他們多數是堅定的反蘇強硬派，公開傾向反對緩和政策。中情局蘇聯事務處處長固德曼（Melvin Goodman）後來反省道：「B 隊代表美國外交政策上的強硬右派。這群人一直視蘇聯為決心稱霸世界、富侵略性的帝國主義強權。B 隊的報告是要具體呈現這種世界觀。」34 要求做 B 隊分析的 PFIAB 成員顯然也有明確的意圖。35

B 隊的最終報告反映這些強硬派的觀點，聲稱中情局一貫地低估了蘇聯的威脅。該報告指以往的 NIE 評估是基於蘇聯的能力而非意圖，而蘇聯有明顯的侵略傾向；報告指責中情局在以往的 NIE 中犯了「鏡像效應」錯誤（假定對手面對類似情況時，想法會和自己一樣），儘管 B 隊實際上自己犯了這種錯誤。36B 隊對蘇聯的描述，完全忽略蘇聯未來改變行為或動機的可能。老布希根據情報系統正常的權威分析程序公佈 A 隊的 NIE 時，附上一封信表達他對 B 隊實驗某些方面的反對：

> 始於這份評估報告的競爭式分析實驗尚未完成，目前尚無法最終論斷其效用。不過，這項實驗已經出現一些明顯的負面情況，令我深感憂心。這些情況包括實驗過程某些細節被選擇性地對外洩露，以及「B 隊」小組對蘇聯戰略目標提出的獨立結論，而後者更令人擔心。受選擇性洩露的訊息影響，媒體上已經出現一些揣測，指我們的正式評估報告當中的觀點深受來自「B 隊」的壓力影響。這些揣測完全不正確。這份報告當中的觀點，是我們根據既有證據所能做出的最佳判斷。37

事實上，A 隊與 B 隊見面後不過兩天，消息已經洩露了出去：《波士頓環球報》頭版刊登了有關這項實驗的報導。當局承諾《紐約時報》的邦德（David Binder），如果他等到實驗完成，將獲提供完整的故事，而且可以訪問老布希。邦德的報導十二月二十六日出現在《紐約時報》頭版之後，故事廣為流傳，事件益加政治化。一週後在《華盛頓郵報》

的一篇報導中，派普斯、匿名的政府官員和 B 隊成員「帶著自私的目的講述了他們的工作，自我吹噓了一番。」消息洩露和 B 隊成員的行為引來國會委員會的調查。一九七八年二月，參議院情報特別委員會就此事發表報告，標題為「有關蘇聯戰略能力和目標的國家情報評估 AB 隊事件」。派普斯宣稱，該報告的一份草稿「指責 B 隊提出基於成見的見解和與 PFIAB 配合，並暗示這麼做的目的是迫使卡特總統增加國防部的預算。」[38]

參議院情報特別委員會的最終報告認為 B 隊的貢獻「本來可以大一些」：因為 PFIAB 和中情局局長過度涉入設計實驗流程，導致分析工作視野狹窄，過度重視批評以往的 NIE。[39]

雖然老布希在媒體上替實驗過程辯護，他後來在擔任中情局局長的最後一天寫了一份備忘錄給 PFIAB 主席切尼，聲稱 B 隊「啟動了一個過程，使它被人利用來追求其他目的，不在乎情報評估是否正確。」[40] 因為 B 隊的報告要十八年後才解密，這令人難以駁斥被洩露給媒體的 B 隊結論。此外，B 隊成員的強硬觀點不久之後便在雷根總統的政府中找到立足之處。B 隊原本的十名成員，有六位在雷根政府中任職，還有一位是雷根競選總統時的軍事顧問。

作為一次紅隊作業，B 隊實驗未能為政策制定者提供有用的另類分析。B 隊成員韋爾奇認為無論這次作業結果如何，原本的三個主要爭議點（蘇聯的空防支出、彈道飛彈的準確性，以及蘇聯的全球戰略目標）將一直是富爭議的問題。[41] 雖然老布希和其他高層領袖看來支持這項實驗，而且 B 隊也獲提供履行職責所需的全部資料，實驗過程的其他問題導致它未能產生實質作用。中情局和白宮無法或不願根據 B 隊的發現採取行動（雖然這些結論是有問題的）。在被問到將根據 B 隊的結論做些什麼時，老布希答道：「什麼都不做。我必須站在自己人這邊。」[42] 此外，B 隊的人員構成也不夠多元，當中也沒有想法真正與眾不同的人。當局起

初匆匆核准這項實驗、相關人士對 B 隊的活動範圍有誤會，加上 B 隊成員的行事方式，導致這次作業唯一的持久影響，是相關人士將盡可能避免再做 B 隊實驗。蓋茨在這件事後繼續在中情局工作十四年之久，當過副局長和局長。他回想這件事時表示：「當時 B 隊並未獲得中情局同仁支持，因為所有人都認為它是有心人〔PFIAB〕公然希望得出他們想要的結論的一次操作。它也導致大家在接下來很多年對另類分析感到厭煩。」[43] 事實上，另類分析這概念在二〇〇〇年代初期再次興起時，人們普遍選擇講「另類分析」而非「競爭式分析」，正是因為當年的 B 隊實驗留下了不愉快的記憶。

　　二〇〇九年，眾議院常設特別情報委員會資深成員郝克斯卓（Pete Hoekstra）宣稱二〇〇七年有關伊朗核武計畫的 NIE 有瑕疵：「我們的情報分析師看來深陷在一種分析窠臼裡，不願意改變他們對伊朗核計畫的共同立場。……我建議這問題這麼處理：我們成立由獨立專家組成的『紅隊』，來挑戰職業情報分析師對伊朗核計畫的評估。」[44] 國家情報總監、退役海軍上將布萊爾（Dennis Blair）完全未回應郝克斯卓的建議。三年後，國際原子能總署（IAEA）公佈一份報告，詳細列出伊朗核計畫未解決的問題；儘管郝克斯卓的呼籲有人再次提起，但仍未獲當局接納。雖然一些保守派人士不時重提 B 隊分析的構想（原本的 B 隊成員沃佛維茨〔Paul Wolfowitz〕二〇〇一年擔任副國防部長時也曾提出），這種建議從未得到有力的支持，因為許多人害怕重蹈覆轍，畢竟當年的 B 隊實驗因為顯著的固有缺陷（人員構成高度政治化、目標不明確、消息無可避免地洩露了給媒體）而失敗了。

西法製藥廠：錯失機會的例子

　　紅隊作業遭誤用固然糟糕，必須以紅隊作業質疑團體盲思但沒有這麼做同樣糟糕。一九九八年八月七日，美國在坦尚尼亞和肯亞的大使館同

時遭受炸彈攻擊，造成二二四人死亡，包括十一名美國人。事發後不久，中情局確信它已經找到犯案者。中情局根據長期監視肯亞奈洛比一個恐怖團體的結果，認為犯案者正是蓋達組織及其領袖賓拉登。

中情局局長泰內特（George Tenet）對柯林頓總統（和他的高層幕僚）說：「總統先生，這一次是灌籃。」[45] 泰內特是借用「灌籃」這個籃球術語，強調自己的判斷無可置疑；他後來用同一句話來表示他確信伊拉克擁有大規模毀滅性武器，這句話因此臭名昭著。為了降低洩露風聲給蓋達組織的風險，這些情報只向十來名美國高官報告；他們自稱「小團體」，維持日常工作安排以免引起其他人的疑心，必要時在白宮戰情室開會。這個小團體很快便贊同一個軍事報復計畫，以牙還牙地同時攻擊多個國家的目標，展現美國對付跨國恐嚇組織的決心，同時希望能殺死賓拉登和蓋達組織其他高層。但是，他們後來才發現，其中一個攻擊目標是無辜的，因為相關情報有嚴重的不足，而且決策小團體並非考慮情報系統當中的異議，儘管這些情報的明顯瑕疵很可能只需要粗略的紅隊作業便能揭露。

在美國使館遇襲之前的多個月裡，美國決策高層（包括「小團體」的成員）一再收到中情局的情報警告，指蓋達組織正致力取得大規模毀滅性武器。兩份中情局分析報告斷定蘇丹的西法製藥廠是由賓拉登擁有或與他有關，而且該廠涉及製造或運送化學武器，因為據稱有證據顯示一種神經毒氣的前體（precursor）出現在該廠。物證是一名中東裔歐洲公民九個月前提交的一份土壤樣本，這名線人告訴他的中情局聯絡人，他是避開藥廠的保全人員，進入廠裡取得該土壤樣本。[46] 美國能源部一個實驗室的化驗結果顯示，這團泥土的「O-乙基甲基硫代膦酸」（EMPTA）含量是正常水準的兩倍半，而 EMPTA 是製造致命的 VX 神經毒氣使用的一種化學前體。美國國家安全會議（National Security Council, NSC）的人員根據中情局在美國使館遇襲之前兩天整理的更多間接證據，

也認定賓拉登「投資了蘇丹一間工廠，幾乎肯定能得到該廠生產的 VX 神經毒氣。」[47]

湊巧的是，使館遇襲翌日，中情局根據攔截到的通訊內容和阿富汗當地線人提供的資料，認為證據強烈顯示賓拉登已下令八月二十日在阿富汗霍斯特省的查灣克利（Zhawar Kili）訓練營地開會。泰內特告訴決策小團體的成員，可能有兩百至三百名好戰分子和蓋達組織領袖將出席該會議，而有些人是從巴基斯坦前往。決策小團體聽到這消息，很快便達成攻擊這次聚會的共識。[48] 在只有一個報復目標可提交柯林頓總統最後核准的情況下，中情局、中央司令部和五角大廈的聯合參謀部奉命尋找阿富汗以外的蓋達組織目標，因為決策小團體在使館遇襲之後很快便決定，軍事報復必須包括兩個國家的目標。NSC 近東與南亞事務資深主任瑞戴爾（Bruce Riedel）說：「這是**聖誕樹效應**（Christmas tree effect）：除了主目標，你還想攻擊哪裡？」[49] 最後相關部門提出了約二十個額外目標：五個在蘇丹、超過一個在某個波斯灣國家（很可能是葉門），餘者在阿富汗。

決策小團體根據泰內特的報告，誤信西法製藥廠涉及製造化武，而且與賓拉登有關，因此強烈支持八月二十日攻擊阿富汗的蓋達組織會議之餘，以巡航導彈摧毀該藥廠。同在喀土穆的一家製革廠，是蘇丹政府為了大型修路工程支付賓拉登的部分報酬，也被列入提交柯林頓核准的最後目標清單，而柯林頓八月十八日已按原定計畫，前往瑪莎葡萄園島度假。柯林頓在他的自傳中寫道：「我剔除了製革廠，因為它對蓋達組織沒有軍事價值，而且我希望盡可能減少平民傷亡。」[50] 八月二十日早上，總統最後核准報復行動。美國海軍的戰艦發射了十三枚巡航導彈摧毀西法製藥廠，並以六十六枚巡航導彈嚴重破壞阿富汗的訓練營地。不過，雖然此次攻擊可能殺死了二十至三十名蓋達組織成員，賓拉登和他的高級助手全都倖免於死。

柯林頓和決策小團體不知道的是，中情局有關西法製藥廠的情報相當薄弱，根本無法得出可靠的結論。因為凌駕性的行動安全考量，相關情報從未接受紅隊競爭式評估以檢視其資料來源、假設或結論。此外，因為一些至今未明的原因，相關的情報分析完全是中情局反恐中心做的，中情局武器不擴散中心的專家並未參與，而後者原則上是中情局蒐集和分析大規模毀滅性武器相關情報的主要單位，還負責協調美國所有情報機關的相關評估工作。不擴散中心的資深人員要到報復行動開始前三十六小時才得知訊息，而他們也立即反映他們的憂心，尤其是有關土壤樣本的來源和分析。八月十九日，不擴散中心的主任和副主任剛好在中情局食堂遇到泰內特，他們把握機會提出警告：「有關西法那設施，還有一些重大疑問。」泰內特安撫他們說，相關問題有人在處理。51 但是，反恐中心根本沒處理那些問題，而當局從未要求不擴散中心評估相關情報。反恐中心副主任米希克（Jami Miscik）回想此事時表示：「這是中情局部門區隔（compartmentalization）害慘了我們的一個例子。」52

　　反恐中心分析師提出的西法情報評估，以及泰內特所做的相關報告，引起強大的反對意見。NSC 情報資深主任麥卡錫（Mary McCarthy）曾在中情局工作十餘年，包括擔任非洲事務分析師，也曾經是白宮與中情局的主要聯繫人。麥卡錫認為泰內特的簡報沒有說服力，而他的結論過於武斷。她在八月十一日寫了一份備忘錄給國家安全顧問柏格（Sandy Berger），提出警告：「重點是：有關該設施，我們必須掌握好得多的報告，才能認真考慮採取軍事行動。」柏格並未把這份備忘錄分享給決策小團體，這並不異常，但他也從未要求麥卡錫詳述她的憂心。麥卡錫要到八月十九日晚間才得知巡航導彈攻擊計畫。53

　　一如美國情報系統中的其他機關，國務院情報研究局未有接到檢視西法製藥廠情報的指示。該局分析師、資深中東專家「史蒂夫」奉命在八月十九日傍晚前往白宮，但只是去幫忙準備攻擊行動之後將發出的外交

電報。攻擊行動之後不久，情報研究局的分析師集體向他們的上司、助理國務卿奧克莉（Phyllis Oakley）表示，中情局的證據不足以把西法製藥廠與賓拉登聯繫起來或宣稱該廠與化武有關。奧克莉回想這件事時表示，當局事前並未徵詢情報研究局的分析師，而且她相信決策小團體「完全沒有審視相關資料，然後也並未準備回應公眾事後的負面反應。」[54]

　　在中情局內部，反對西法製藥廠情報評估的人並非僅限於不擴散中心。在美國使館遇襲之前一個月，中情局分析師寫了一份三頁的備忘錄，質疑那個土壤樣本能得出什麼明確結論，並建議最好是找可靠的另一名線人，偷偷地從西法製藥廠取得更多土壤樣本。[55] 但中情局一直沒有這麼做。根據《紐約時報》記者萊森（James Risen）的報導，中情局還有三名高官，包括行動副局長唐寧（Jack Downing），「認為沒有道理攻擊西法製藥廠。」[56] 甚至在泰內特就賓拉登與西法製藥廠的關係做最後簡報之前，一群中情局高層官員與泰內特見面，並當場做了一次非正式表決，多數人的意見是「不要攻擊那間工廠」。但是，中情局分析師對土壤樣本的關注、唐寧的擔心，以及非正式表決的結果，全都從未有人轉告決策小團體。[57]

　　中央司令部統帥、負責巡航導彈報復行動的津尼上將（Anthony Zinni）記得在中情局提出以西法製藥廠為攻擊目標之前，中央司令部的情報人員從未聽過這個地方。津尼退役後擔任中情局顧問，徹底檢視了西法製藥廠相關情報。他說：「你馬上就能看到當中有各種問題。」[58] 此外，參謀長聯席會議除了主席薛爾頓上將（Hugh Shelton）外，所有成員都是在報復行動之前一天才獲告知西法製藥廠是目標之一。他們一致強烈反對這次行動。[59]

　　但是，因為當局採用小團體的方式討論針對蓋達組織的軍事報復行動，反對意見未能傳到決策者耳中。雖然這種決策方式是為了防止軍情

外洩，不難理解，但情報系統官員認為只需要找幾名分析師，便能做紅隊競爭式情報評估。在這種安排下，消息外洩的可能性極低。此外，八月十四至十九日有超過五天的時間，如果成立一支小型紅隊（成員最好是中情局不擴散中心的大規模毀滅性武器專家，又或者是未參與分析土壤樣本的某個能源部實驗室的人員），他們應該來得及完成評估工作，並向決策小團體報告他們的發現。而且紅隊的評估大有可能說服決策小團體和柯林頓放棄攻擊西法製藥廠，因為當局在八月十九日晚間還在爭論這個目標是否值得攻擊。白宮一名高官當天晚上還曾致電泰內特，希望能替司法部長雷諾（Janet Reno）澄清有關西法製藥廠情報的疑問。泰內特雖然事先被告知當天晚上待命，但沒有接這通電話；電話由他的保安主管接聽，而這個人只說「局長已就寢」，並拒絕去叫醒泰內特。60

轟炸西法製藥廠替美國製造出一場外交災難。**原來賓拉登和這間藥廠毫無關係**。事實上，中情局要到該廠遭轟炸之後，才知道它的主人其實是名為伊德里斯（Salah Idris）的蘇丹商人。此外，那份據稱含有神經毒氣前體的土壤樣本，實際上是在伊德里斯買下該廠之前四個月，取自距離工廠一段距離的地方。柯林頓政府官員最初聲稱該藥廠是個戒備森嚴、非常秘密的場所，但事實並非如此。而且這間藥廠的設計師是一名在世界各地蓋藥廠的美國人，他說該廠根本沒有製造神經毒氣所需要的設備；更糟的是，中情局是在美國摧毀這間藥廠一週之後，才接觸這名設計師，詢問該廠的製造能力。61 在轟炸藥廠之後的幾個星期中，柯林頓政府官員被迫公開收回他們之前的幾乎全部相關說法。美國財政部最後解除對伊德里斯所有美國資產的凍結，形同默認他與蓋達組織或大規模毀滅性武器生產活動毫無關係。

泰內特九年後在他的回憶錄中承認：「有關西法製藥廠是不是一個好目標，你現在仍然可以在情報系統中找到立場不一的人熱烈爭論。」62

但事實上，在我為撰寫本書而訪問的所有分析師和官員當中，這件事幾乎沒有什麼是可爭論的。雖然有些受訪者可以理解決策小團體覺得有必要轟炸任何與蓋達組織和大規模毀滅性武器有關的目標，沒有人認為支持中情局關鍵主張的情報是令人信服的。

這些分析師和官員也表示，如果當局徵詢他們的意見，他們會很樂意配合緊迫的期限，提出他們的反對意見。此外，在情報已經被用來說服決策者之後才爭論這件事，是毫無意義的。在一九九八年八月二十日之前做紅隊競爭式情報評估，目的是檢驗、核對和修正當局的正式分析結果。

當然，即使相關情報接受紅隊競爭式評估，也無法保證決策小團體或柯林頓總統會改變他們的決定。但是，這次決策的封閉運作方式和緊迫的期限導致有意義的紅隊作業幾乎不可能安排，因此最終也就無法改善結果。情報評估無論是正式的還是另類的，都是影響決策的關鍵要素，但並非總是決定性的。決策小團體在決定轟炸西法製藥廠之前的一段日子裡，接觸了大量有關蓋達組織有意且有可能取得大規模毀滅性武器的情報，他們也擔心如果無所作為，一旦某個美國城市遭受毀滅性攻擊，政治後果將無法承受。決策小團體當時也被迫提出第二個轟炸目標，因為當局認為針對蓋達組織的攻擊以牙還牙，共時轟炸兩個國家的兩個目標，可以展現美國的反恐決心，並嚇阻恐怖組織再次發起類似攻擊。

不過，如果能安排紅隊作業，至少可以令決策者意識到，中情局內部和其他情報機關都有分析師強烈反對中情局的正式評估。紅隊作業至少可以迫使決策者在決定轟炸西法製藥廠之前，要求澄清情報上的種種疑點。但是，當時的決策者從未聽到來自異議分析師的強烈質疑，因此在不知情的情況下，過度相信有問題的情報產生的結論。決策小團體成員、國防部長柯恩（William Cohen）後來就西法事件寫道：「情報系統最高層一再向我們保證，就一個硬目標的情報評估結果而言，我們從未如

此確信無疑。」63 但決策小團體根本不應該如此確信。

　　米希克事後被安排做一件令人厭惡的事：整理一些論點，讓高層官員用來替轟炸西法製藥廠辯解。她相信「如果不擴散中心的分析師能介入評估相關情報，他們將能提供比較完整和豐富的情報評估供決策者參考。」64 而如果決策者仍需要第二個目標，大可考慮喀土穆的製革廠，因為它真的是賓拉登擁有和控制的。國務次卿皮克林（Thomas Pickering）八月十九日才得知決策小團體的決定，他回想這件事時表示：「當時安排紅隊做評估會有幫助，沒這麼做是錯了。」65 在這個例子中，決策小團體和情報系統不安排紅隊作業，是犯了自找的錯誤。決策小團體在泰內特的引導下誤以為相關情報是可靠的，而且因為一心想轟炸最適合攻擊的目標以報復蓋達組織，從未想過安排紅隊作業，儘管情報系統當中有分析師一再警告相關情報嚴重欠缺說服力。

中情局紅色小組：「我希望刺激一下自己的頭腦」

　　二〇〇一年九月十二日接近午夜時，中情局局長泰內特把他的幕僚長莫斯曼（John Moseman）和情報副局長米希克叫到他位於中情局總部大樓七樓的辦公室。66 美國在之前一天遭受空前的恐怖攻擊，白宮高層深信恐怖組織有攻擊美國國土的進一步計畫，而中情局必須更好地預測可能發生的情況，以便當局能做好必要的準備。泰內克因此決定找來一群反向思考者，藉由另類分析挑戰情報系統當中的傳統思維，減輕美國遭遇更多戰略意外的威脅。泰內特後來寫道：「我希望這些人跳出框框思考，最好能是跳到另一個郵遞區。」那天晚上，他的指示很簡單：「告訴我別人不告訴我的東西，並且要令高層官員感到不舒服。」67

　　第二天早上，米希克和兩名資深分析師組成了中情局的「紅色小組」（Red Cell），而此後該小組便一直是中情局內部半獨立的另類分析單位。它是刻意不叫做「紅隊」的，因為當局希望他的活動範圍遠比傳統

的紅隊廣闊；傳統的紅隊原則上僅關注敵人的意圖和能力。此外,「cell」(可理解為大組織中的小單位)是泰內特親自選用的,因為他覺得這個字感覺比較誘人和神秘。雖然中情局以前曾有做另類分析的單位,例如「策略評估組」(Strategic Assessment Group),但那些單位沒有充裕的時間和自由去真正跳出框框思考。紅色小組至少成功地建立了自身獨特的性格和一種神秘的氛圍,情報系統以外的官員也普遍認為其分析報告能刺激他們思考,而且這種功能堪稱無與倫比。二〇一一至一二年間擔任中情局局長的裴卓斯對紅色小組的描述頗能代表其他官員的想法:「他們質疑和挑戰傳統假設的能力非常傑出,而且他們能夠拿捏好分寸,不會成為眾人希望鏟除的目標。」[68]

紅色小組起初很自然地僅處理恐怖主義相關議題,撰寫一些三頁長的備忘錄,標題包括「賓拉登可能如何試圖搞垮美國經濟」和「來自賓拉登巢穴的觀點」之類,提出分析師對賓拉登想法的揣測。紅色小組最初的四或五名分析師都不是恐怖主義專家,而且只有一人是中東問題專家。這些分析師是當局考慮他們的分析能力、創造力和思考方式,逐個選出來的。紅色小組由資淺分析師、一名GS-12(中層聯邦政府雇員)、資深中情局分析師、一名國家安全局分析師和一名中情局站長(station chief)組成。紅色小組與華府決策當局典型的國家安全論述保持一致,但資深分析師梅迪納認為紅色小組「早期過度偏向男性和白人,因此無疑會忽略某些開發中國家的觀點。」[69]米希克記得紅色小組最初的目標是以新眼光重新審視美國面臨的各種恐怖威脅:「我們想找一些富創意的人檢視既有情報,然後以不同的方式重新組合。」[70]在頭四年裡共同領導紅色小組的方丹諾(Paul Frandano)講得比較直接:「泰內特賦予我們的任務,是去惹惱資深分析師。如果我們沒做到這件事,我們就是未盡到自己的責任。」[71]有些資深分析師看到一些非專家質疑他們的分析,確實被惹惱了,但也有一些人後來承認,他們只是妒忌紅色小組。

還有一些人則一直不明白紅色小組的存在意義。當年擔任反恐中心分析副主任的穆德（Philip Mudd）便說：「我當時不反對他們寫的東西，但我總是會問：『那麼你們確切希望我拿這份報告做什麼？』」[72]

打從一開始，紅色小組便在幾個重要方面異於標準的情報單位。

首先，紅色小組的所有分析師，都是小組主任親自從美國情報系統裡許多符合資格的申請人中挑選出來的。主任希望找能夠無畏地分析、文筆出色，而且深入了解歷史和世界事務的人。更難得但仍然必要的條件，包括「能夠在沙池裡和其他人玩得愉快」、在團隊裡不自負不擺架子、很了解官僚體制的運作，以及在日常工作中有自嘲的能力。[73] 紅色小組分析師表示，這些特質是有意義的，因為紅色小組產生構想和最終產品的方式，遠比其他情報單位仰賴協作式的持續對話和互動。分析師一般在紅色小組工作兩年，或是參與為期三個月的短期專案，然後回歸中情局或其他情報機關的標準工作單位。這種輪替方式既是為了維持紅色小組的朝氣，也是希望盡可能安排更多分析師接觸另類分析工作。一名中情局資深官員表示：「我們希望他們能在分析方法上突破常規。」[74]

第二，紅色小組決定自己的工作安排，他們分析的議題、國家和地區基本上是自選的。紅色小組大致上不必負擔回答戰術問題、草擬演講稿和為政策制定者做簡報等日常工作。此外，「國家情報要務框架」的指引不適用於紅色小組，但適用於其他中情局單位。紅色小組約七五％的工作是自己決定的，是分析師看行事曆（了解預定的事件）、瀏覽推特、部落格和報紙評論版，以及參與開放式腦力激盪（參與者除了紅色小組成員，還有獲邀的外人，例如其他情報機關或政府機構的人、政策專家或學者），然後研擬出來的。他們每半年安排一次「意念盛會」（Idea-Palooza）**腦力激盪，回顧世界意想不到的變化**，研究紅色小組可以如何協助政策制定者思考未來一年半載可能發生的意外情況。一名參加過

幾次意念盛會的國防部官員激動地表示：「你一踏進那房間，便能感受到一種驚人的活力。」[75] 幾名紅色小組成員表示，他們最難忘的一些報告是分析他們研究了多年的問題，而他們只有在紅色小組工作期間才有足夠的時間和自由去寫這些報告。分析師投入個人自選的議題之前，必須得到主任的批准，而主任通常會批准。

紅色小組偶爾也會接到情報系統官員或白宮正式提出的工作要求。比較常見的情況，是有人在晨會中提出開放式問題，又或者常規情報單位的主管詢問紅色小組能否以新眼光分析一下他們正在處理的某個議題。例如某個區域的國家情報官員可能請求紅色小組重新分析他們負責研究的某個國家，並說明該國可能如何忽然陷入一種失敗狀態。紅色小組二〇一〇年三月的一份備忘錄，便評估決策當局可以如何維繫西歐對駐阿富汗國際維和部隊（ISAF）的支持，具體提到歐巴馬總統和阿富汗女性的呼籲或許能克服公眾對阿富汗戰爭日增的懷疑。[76a]

第三，紅色小組的分析產品本身往往與常規單位的產品有外觀上的差異。二〇〇一年，在發佈首批報告之前，當局在紅色小組報告封面加上一個標籤，提醒讀者不應把報告當成相關議題的權威分析。這段警告語後來標準化，變成：「本備忘錄為中情局紅色小組撰寫。紅色小組奉情報局長之命，採用顯著脫離常規的方法，針對各種議題提出刺激思考的另類觀點。」這段話出現在二〇一〇年二月紅色小組一份機密的特別備忘錄上；維基解密（WikiLeaks）公開了整份文件，其標題是「如果外國人視美國為『恐怖主義輸出國』，那將如何？」這份三頁長的備忘錄頗能代表紅色小組當時的產品，它擺脫傳統觀念，討論從美國移民外國的人（或美國人）參與外國恐怖活動的影響。該報告指出，可能將有更多人認為美國是「恐怖主義輸出國」，促使恐怖組織積極吸收美國人，或一些國家要求引渡它們認為是恐怖份子的美國人。

隨著時間的推移，紅色小組已有顯著的演變：原本是倉促組成、專注

分析恐怖主義、力求令高層官員不舒服的一個小組，如今已變得比較有組織，處理範圍較廣的全球議題，而且在情報系統當中已得到較廣泛的認同。二〇〇四年的《情報改革和防範恐怖主義法》正式賦予這個小組地位，而且紅色小組成員在決定該法律的文字上發揮了重要作用。[76] 紅色小組的規模也已經倍增，如今通常有十二名分析師在小組工作，而且在情報系統中已成為上進以至資深分析師很想加入的單位。情報系統的管理層和職員常說：「那裡是真正有意思的所在。」

紅色小組在知道其產品與眾不同、而且已獲得多數情報主管大力支持的情況下，努力發揮創意，希望能吸引忙到難有時間閱讀情報分析的高官注意。二〇一二年九月，裴卓斯指示紅色小組「研究我們最艱難的挑戰」，然後「**震撼我們**」。[77] 為了震撼情報系統的高官和決策者，紅色小組的分析有時太有創意了。

前國家安全顧問哈德利總是反對紅色小組使用言之鑿鑿和力求搶眼的標題。他記得自己曾告訴某位中情局局長：「拜託別用搶眼的標題，因為它們可能予人非常深刻的印象，但未必能得到報告內容有力的支持。」[78] 為了提高目標讀者閱讀其報告的可能性，紅色小組公開借用出版界的典範做法。二〇一二年四月，紅色小組成員與《外交政策》雜誌（Foreign Policy）人員會面，了解編輯如何利用搶眼的標題、「清單文」（listicles）和圖片集吸引讀者。《外交政策》當時的編輯主任洪雪爾（Blake Hounshell）回想這次會面時說：「我當時沒想到我們同樣必須力爭讀者的注意，但他們想知道我們如何令我們的內容『瘋傳』。我們視為『點擊誘餌』（click bait）的手段，是他們最感興趣的。」[79] 紅色小組曾做過一次實驗，把一份報告做成圖像小說，但從未正式發佈。值得注意的是，紅色小組率先採用的技巧，有一些已被用來設計和包裝情報系統的正規分析產品。

紅色小組如今已降低其「對抗性」，而且提高了對常規部門和情報系統其他機關的透明度。在分析某個議題或地區之前，紅色小組可能會通知相關的常規單位的主管（儘管這些主管不能決定紅色小組分析或發表什麼），甚至可能會告訴他們報告何時發佈，以免他們到時為之驚訝。密切觀察紅色小組和閱讀其報告的人表示，紅色小組的報告已變得沒有以前那麼「另類」和臆測性，變得比較「可操作」，而且能更靈敏地回應時事。也有極少數人認為紅色小組近來變得比較像記者或部落客，也就是必須持續找題目來寫，即使那些題目可能不值得寫。不過，多數觀察者不同意這批評，他們認為紅色小組的報告在分析上比以前嚴謹，而且一如情報系統的多數產品，在災難性的伊拉克大規模毀滅性武器誤判之後，比較願意說明支持分析師假設的研究和資料來源。此外，當局近年來授命正規單位做愈來愈多另類分析（雖然數量仍有限），而情報官員表示，這吃掉了紅色小組的一些工作。報告必須說明研究過程、篇幅也日長，而且來自正規單位的競爭日強，這些因素有助解釋為何紅色小組人手增加，但產品數量卻減少了。

讀者可一再觀察到的另一件事，是紅色小組的分析除了標題搶眼外，內容其實並非那麼獨特或非凡。不過，要評價紅色小組的產品，必須以正規單位通常枯燥、含糊或乏味的情報分析產品為比較對象。

蓋茨擔任國防部長時，特地閱讀每一份送到他案頭的紅色小組分析報告。「我從不錯過他們的報告。……我覺得他們的分析相當有用，因為雖然他們提供的是另類觀點，但我從未看過離譜到一無是處的報告。」[80]一名中情局以外的資深情報官員稱讚紅色小組一直能以新角度分析既有議題，但也表示：「有些人閱讀他們的報告，主要是因為它們是紅色小組的產品，未必是因為它們真的有價值。」[81]二〇〇六至二〇〇九年間擔任中情局局長的海登認為紅色小組的報告「有時太像科幻小說」，但他

也強調：「我仔細閱讀他們的每一份報告，因為我希望刺激一下自己的頭腦。」[82] 他表示，中情局常規單位的分析產品多數未能做到這一點。

事實上，一如所有另類分析單位，紅色小組刺激思考或促進創意思考的作用是很難評估的，因為我們很少能證明某份紅色小組報告直接促成新的政策結果，或改變了某位官員對某個問題的想法。不過，紅色小組的主任和成員也指出，正規單位也往往無法證明其標準分析工作的價值。不過，自二〇〇一年九月以來，各方對紅色小組的產品需求居高不下，而對多數情報分析師來說，自己的產品得到高層官員的重視和閱讀，是他們的最終職業目標，也證明了他們的工作有價值。小布希總統看過紅色小組幾乎每一份報告，這可說是老闆的終極肯定。小布希還經常在總統辦公室親自向紅色小組分析師發問，對他們說：「我要問一些不容易回答的問題，但我不是要你們改變自己的看法。我是想明白你們要告訴我什麼。」[83] 小布希和歐巴馬年代的國家安全會議資深官員也是熱心的讀者。之所以如此，部分原因在於政策制定者習慣了閱讀權威分析產品，因此看到情報系統提供意料之外、有獨創性的產品時，自然很有興趣，甚至會顯得很熱情。

紅色小組成立於九一一恐怖攻擊發生後，起初專門研究美國遭受更多意外攻擊的可能性。該小組隨後能自我調整，配合目標客戶的需求，這有力地證明了支援一個常設的另類分析單位、持續提供必要的資源，是大有作用的。紅色小組的報告除了能吸引政策制定者閱讀外，中情局以至美國其他情報機關也感受到該小組的作用。另類分析如今變得比較普遍，也更受重視，主要正是因為連續多任的中情局局長一直支持紅色小組的工作。這些局長也明智地容許紅色小組適時演變，有效配合政策制定者的需求。他們也為紅色小組創造了一種「失敗也無妨」的環境，促成一些本來不會出現、質疑權威分析、品質和效用不一的非傳統分析產品。一名紅色小組成員認為他們的「命中率」是五〇％，他說：「如果

政策制定者太喜歡我們，我們便是未能達成使命。」[84] 莫瑞爾二〇一三年以中情局代理局長的身分退休，他看過數百份紅色小組報告，對該小組有類似的評價。他說紅色小組就像一名全壘打打擊手，你必須學會忍受他遭三振出局。「**十份報告中，大概有七份沒什麼用，有三份很出色。因此你必須學會包容那些沒用的，避免以傳統的監督方式扼殺該小組的創造力。**」[85] 相對於高層官員對標準情報分析的印象，這種打擊率好多了。當然，紅色小組的報告能否促使決策當局改變政策，仍是完全掌握在後者手上。

賓拉登的大宅：零至五〇％的機率

美國追捕頭號通緝犯賓拉登的故事，各界已鉅細靡遺地講過，包括記者的調查報導、歐巴馬政府官員接受的訪問、直接參與突襲行動的美國海軍海豹部隊一名成員的回憶錄，以至奧斯卡得獎電影《00:30 凌晨密令》（Zero Dark Thirty）。

在這故事中，歐巴馬總統決心找到賓拉登，美國情報系統的分析師因此不辭辛勞地努力，加上一點運氣，發現賓拉登和幾名家人可能住在巴基斯坦阿伯塔巴德市一座高牆圍繞的宅院裡。儘管美國投入了大量資源監視這座宅院，而且得到多方面的間接證據，在美軍發起突襲前，美國情報系統無法明確證實賓拉登住在那座大宅裡。二〇一一年三月初，中情局局長潘內達向歐巴馬總統及其高級幕僚做初步報告時，承認並無確鑿證據顯示賓拉登就在阿伯塔巴德市那座宅院裡，而他個人估計機率不超過六〇至八〇％。[86]

美國如果派出二十三名海豹部隊士兵，帶著一名口譯員和一條搜尋犬深入巴基斯坦領土一百哩，但未能達成原定目標，很可能將面臨嚴重後果。事實上，這次行事無論成敗，都可能導致美國與巴基斯坦的關係進一步惡化。巴基斯坦政府可能減少與美國的反恐合作，不再允許在聯邦

直轄部落區（巴基斯坦西北接近阿富汗的地區）運作的中情局無人駕駛飛機飛越其領空，以及阻礙美國在阿富汗的軍事行動（例如進一步限制美軍使用巴國的陸路補給線，或大幅增加對塔利班支援）。[87] 考慮到缺乏確鑿的證據、可能損害與巴基斯坦的關係、危及巴國在反恐上的配合、海豹部隊承受的危險、可能造成的連帶傷害，以及行動失敗時的國內政治後果，中情局的初步判斷很適合接受另類分析這種紅隊作業檢驗。

那些據信找到賓拉登的分析師，多數已投入追尋賓拉登多年之久，有些甚至已超過十年；他們主要是中情局反恐中心賓拉登專案小組的人。因為深深投入這項工作，他們容易出現**「井蛙之見」偏差，也就是先入之見和經驗直覺導致他們特別重視支持他們期望的結果之證據，同時貶低或忽略自己不樂見的資訊**。此外，數名官員表示，這個專案小組是格外自信的一個團隊，因為他們之前數年有逮捕或擊殺蓋達組織領導高層的經驗。例如當中一名中情局主要分析師——雀絲坦（Jessica Chastain）在《00:30 凌晨密令》中飾演的「瑪亞」（Maya）便是以她為原型——便對同事表示，她九五％確定賓拉登在那宅院裡；後來她對執行突襲行動的海豹部隊表示，她的信心是「百分百」。[88] 瑪亞所在的分析團隊的主管沒那麼確定，但也認為機率高達八〇％。[89] 為了確保最終決定並非基於有偏見的分析，這項賓拉登情報接受了另類分析的檢驗；參議院情報特別委員會主席范士丹（Dianne Feinstein）貼切地描述了這項作業：「他們以紅隊作業檢驗它，再檢驗一次，然後又再檢驗一次。」[90]

因為這涉及敏感的作戰任務，授權外部團隊檢視相關情報，無可避免地涉及一種緊張情況。首先，絕密任務越多人知道，洩露消息以致破壞整個計畫的風險越大。但另一方面，如果只有少數高官知情，他們將無法與可信賴的外部顧問討論，因此也就無法參考這些顧問可能提出的關鍵另類見解。此外，與外界隔絕的團隊可能不知不覺地產生錯誤的情報評估，而知情的外部人士甚至沒有機會粗略提出質疑。西法製藥廠事件

便顯示，美國近數十年間很不幸地確實曾發生後一種情況。

二〇一一年春，歐巴馬政府官員考慮有關賓拉登下落的情報時，想到了一些不幸或尷尬的事件，例如誤炸西法製藥廠，一九八〇年三角洲部隊試圖營救德黑蘭美國人質但慘敗的行動，以及一九九三年發生在索馬利亞、災難性的摩加迪休之戰。因為逮捕或擊殺恐怖組織首領賓拉登是歐巴馬總統最重視的要務之一，這些官員願意承受某程度的情報不確定性和軍事行動的潛在後果。他們也清醒地接受為了檢驗中情局最初的情報評估，海豹部隊的突襲計畫可能洩露出去。此外，因為高層官員持續討論此事超過兩個月，當局有充分的時間安排紅隊做競爭式情報評估。

三支不同的紅隊檢視了有關賓拉登下落的原始情報和對付賓拉登的潛在方案，提出他們的質疑。頭兩支紅隊使用的方法和得出的結論至今仍是高度機密，雖然許多生動的細節已經公開。第一項紅隊作業是中情局領導的賓拉登專案小組做的，他們正是最早估計賓拉登住在阿伯塔巴德的人。他們撥出幾天時間，重新檢視所有資料，並思考是否有合理的其他假說。第二項紅隊作業是在中情局反恐中心主任迪安德烈（Michael D'Andrea）指示下做的。[91] 他選了四名未參與蒐集和分析賓拉登情報、可信賴的分析師，個別徵求他們的意見。當時的中情局副局長莫瑞爾回想此事時表示，迪安德烈「想知道其他聰明人怎麼看，想知道他的分析師是否真的忽略了什麼。」[92] 這兩支紅隊考慮的其他可能性，包括科威特（Abu Ahmed al-Kuwaiti，使中情局追蹤到阿伯塔巴德宅院的賓拉登「信差」）和宅院裡那名身分不明的高個子是阿富汗軍閥，藏身在巴基斯坦做他們的事，又或者是來自波斯灣的毒販，只是希望在巴基斯坦低調生活。 針對賓拉登藏身那座宅院的機率，反恐中心紅隊分析師提出的估計介於五〇％至八〇％之間。[93]

最後一次紅隊作業，則是美國國家反恐中心（NCTC）主持的。[95] 這項基本上不為人所知的工作，是說明紅隊作業如何往往可以服務多重目

標的好例子。

在這個例子中，紅隊作業的其中一個目標，是在萬一行動失敗時，使白宮得到某程度的掩護。[96] 二〇一一年三月和四月，歐巴馬總統的國家安全團隊高層開過幾次會，檢視和討論相關的情報、軍事選項，以及潛在的政治和外交涵義。四月的一次會議快結束時，國家反恐中心主任雷特（Michael Leiter）提醒國家安全顧問唐尼倫（Thomas Donilon）和白宮資深反恐顧問布瑞南（John Brennan）：「如果這件事搞砸了，你會希望能拿紅隊作業結果替自己辯護。」雷特認為中情局有關賓拉登藏身那座宅院的估計非常可信，而且雖然他知道之前曾就此做過紅隊作業，他認為「中情局當然不能針對自己的評估做紅隊作業。」[97] 雷特的主要副手立培曼（任職國家反恐中心之前是中情局反恐中心副主任）也認為「你不能讓同一隊人去追尋賓拉登，然後再叫他們去評估自己是否真的找到了賓拉登。」[98] 結果布瑞南和莫瑞爾接納雷特的建議，決定做最後一次紅隊作業。雖然有些人認為這有點太晚了，因為包括雷特在內的多數情報高官在突襲行動之前兩週才得知行動計畫，布瑞南和莫瑞爾認為再找一組人檢視相關情報沒有壞處。而且，如果事情最後出錯，競爭式情報評估多少可以為決策者提供掩護。[99]

雷特於是成立了一支國家反恐中心紅隊，由三名未接觸相關情報的資深分析師組成——兩人來自國家反恐中心，一人來自中情局。他們可以檢視情報系統所有的相關資料，必須在四十八小時內尋找中情局分析的漏洞，並試圖提出宅院裡的人並非賓拉登的合理假說。不過，他們並非如某些說法所言，被明確地指示站在懷疑的立場去分析相關資料。[100] 雷特記得這支紅隊「找到一些不曾有人提出的漏洞，並且質疑了某些假設。」例如他們發現，如果賓拉登真的住在那裡，則有關外界與賓拉登聯繫方式的假設幾乎肯定是錯的。三名分析師均認為，根據既有的證據，

可以假設賓拉登住在那裡。雷特個別詢問每一位分析師：你認為賓拉登藏身那座宅院的機率確切為何？第一位分析師說是七五％，第二位說是六〇％，但第三位說只有四〇％，而在三人當中，他是個人職涯與反恐和蓋達組織議題關係最密切的一位。[101]

在美軍執行「海神之矛行動」、擊斃賓拉登之前幾乎最後一場討論中，雷特向向歐巴馬總統及其高級幕僚報告紅隊作業結果。參與討論的其中三人表示，雷特的報告特別重要，因為國家反恐中心所做的是有關賓拉登藏身地的最後一次紅隊作業，也是決策者所聽到的最後報告。雷特概括了分析師得出的結論，但唯一受矚目的是那個四〇％的機率估計；雷特指出，這個機率「比我們十年來的情況好三八％。」[102] 歐巴馬總統問這項估計是否考慮了任何新資料。聽到雷特說沒有之後，歐巴馬說，有關賓拉登是否在那座宅院裡，機率如同「擲硬幣」；他還說：「我做這個決定時，不能假定我們比這更有把握。」[103] 歐巴馬實際上是在了解各人的機率估計之後，得出機率僅為五〇％的結論。[104]

歐巴馬那時問了一個開放式問題：**為什麼那麼多位情報分析師獨立作業，得出的機率估計差異那麼大？**潘內達請中情局第二把手莫瑞爾回答，而莫瑞爾說，分析師的機率估計取決於他們的個人閱歷。那些直接參與追捕蓋達組織重要人物近十年的分析師沒有經歷過嚴重的挫敗，因此對自己的判斷非常有信心。（如稍早指出，《00:30凌晨密令》稱為「瑪亞」的那位中情局分析師便曾表示，她百分百確定賓拉登就在那裡。[105]）那些經歷過二〇〇二年伊拉克大規模毀滅性武器情報失誤災難的分析師，則對根據不完整的資訊得出結論比較謹慎。莫瑞爾後來反省這件事時表示：「即使我們有線人在那宅院裡，而且發誓賓拉登就在那裡，我也不能說機率高達九〇％，因為有時候人會不惜說謊來迎合你。」[106]

有關這三次紅隊作業的效用，各方人士仍有不同意見。國防部長蓋茨認為那個機率區間「在我們做規劃時，賦予我們一種有益、有用的現實

感。」但他也補充道：「這當中最有說服力的一點，是儘管情報有各種缺點，我們知道這是從上次在托拉波拉（Tora Bora）的行動以來，我們逮到賓拉登的最好機會。」[107] 另一方面，國防部情報次長維克斯（Mike Vickers）對作家柏根（Peter Bergen）表示，國家反恐中心的最後紅隊作業「其實並未改變任何事情。」[108] 不過，雷特的看法比較正面：他認為這次作業「在最後關頭幫助所有人釐清自己的想法」，使所有人得以不必擔心中情局或某個人誤解了有關賓拉登的情報。[109] 另一名政府高官回想此事時表示，雖然紅隊作業結果並未改變任何人的想法，但仍然是有價值的，因為它使所有人對歐巴馬總統二〇一一年五月二日批准突襲行動的最終決定感到比較放心。[110]

競爭式紅隊情報分析的價值，在於藉由安排新的分析師檢視假設和結論，辨明權威情報評估的優缺點，藉此協助改善情報評估。在這例子中，紅隊分析師有足夠的資歷，也有足夠時間深入分析相關資料，因此可以提出受人重視的意見；此外，他們投入紅隊作業之前並未參與常規單位的情報分析過程，因此可以保持比較客觀的態度。二〇一一年三月和四月的紅隊作業是值得做和成功的。絕大多數分析師認為以具體的數字表達本質上主觀的估計，可能令決策者產生虛假的精確感。不過，多項獨立的分析顯示，這次擊殺賓拉登行動的確定程度，仍是九一一事件之後最高的。立培曼談到相關的機率估計時便這麼說：「有十年時間我們的機率是零，因此從零變成五〇％對所有人都有重大意義。」[111] 此外，萬一海豹部隊發現賓拉登不在阿伯塔巴德那座宅院裡，又或者行動嚴重出錯，國家反恐中心的紅隊作業可以證明白宮的決定是經過深思熟慮的。

結論

蓋茨一九七三年呼籲當局重視「資深分析師的臆測或非正統觀點」（見本章開卷引語），而這種另類分析隨後確實在美國情報系統中持續獲得

支持。不過，這種另類產品至今仍然有限，而且這是恰當的；情報系統絕大多數產品仍是常規分析報告。一如蓋茨承認：「那是情報系統的核心業務，而且是我們很擅長的。政策制定者很重視、很仰賴、很習慣這些標準報告，我們因此必須一直專注做好這種工作。」[112] 另類分析部門的挑戰，是必須以常規部門分析師做不到的方式，協助決策當局思考其他可能和展望未來。如果決策者覺得另類觀點太離譜、因此沒什麼用，他們便會忽略這種另類分析。事實上，雖然中情局紅色小組的格言「**這裡沒有構想是太大膽的**」（Where no idea is too bold）顯得很有魅力，如果該小組的報告真的太大膽，它們絕對不會得到那麼多人重視。

此外，另類分析的效用頗難證明；在白宮熱心閱讀紅色小組報告逾七年的哈德利便說：「如果那些報告能提出決策者不曾想到的重點，我便會覺得他們做得好。」[113] 就一次性的情報紅隊作業而言（例如一九七六年的 B 隊作業和二○一一年的賓拉登機率估計），比較重要的挑戰是正確辨明決策當局在什麼問題上需要協助，而紅隊可以如何滿足當局的需求。在 B 隊的例子中，總統外交情報顧問委員會多年來力圖挑戰支持對蘇緩和政策的國家情報評估，加上 B 隊本身的人員組成，清楚預示了 B 隊會對中情局的國家情報評估提出什麼結論。這是有心人預設結論、操縱另類分析的一個例子。針對中情局專案小組對賓拉登藏身處的判斷所做的三次紅隊作業，顯然也有嚴謹評估事實以外的動機。白宮希望總統和其他高層人員能對自己的決策有信心，而且萬一賓拉登不在那座宅院又或者突襲行動失敗，紅隊作業可以拿來掩護決策者。[114]

當然，九一一之後美國最重要的特別行動在準備過程中用上了紅隊作業，證明這種作業對情報系統已變得至關緊要。最後，在西法製藥廠的例子中，當局如果能安排中情局武器不擴散中心或能源部實驗室的專家做紅隊作業，決策當局將能了解為什麼那個土壤樣本和該藥廠與賓拉登的關係會廣遭質疑。但是，一如許多情報系統資深官員清楚指出，情報

只是決策者考慮的因素之一，而因為當局受之前的情報影響，很擔心大規模毀滅性武器，而且堅持必須同時攻擊兩個目標以「展現決心」，決策小團體和柯林頓總統是很可能會決定以巡航導彈轟炸西法製藥廠的。

　　情報系統的紅隊作業以另類分析和競爭式情報評估為主，目的是減輕認知和組織偏差。國土安全部門面臨的難題則截然不同。如下一章將說明，**紅隊作業也可以是弱點探查作業**，目的是評估國土安全防禦措施能否擋得住積極而且有技術的敵人。

ADVERSARIES:
HOMELAND SECURITY
RED TEAMING

04

敵人──國家安全的紅隊作業

我做紅隊作業學到一件事：無論眼前有多少技術障礙，你只需要仔細觀察一下，總是可以找到突破防禦系統的方法。

──薩科維奇（Bogdan Dzakovic），美國聯邦航空局前紅隊主任，二〇一三年[1]

一九七四年春，史隆（Stephen Sloan）是奧克拉荷馬大學政治學終身職教授，主要研究新獨立國家的政治暴力。[2]他發現實地研究很難做。例如他一九六五年十月在印尼雅加達為他的博士論文、就學生灌輸計畫（student indoctrination programs）做訪問時，推翻蘇卡諾總統的軍事政變爆發了。他後來承認：「我被迫改變論文題目，因為我的訪問對象接連失蹤。」[3]

那一年，史隆與妻子蘿貝塔‧史薩（Roberta Raider Sloan）訪問以色列，以系列文章（共八篇）記錄他的見聞，刊於家鄉最大報紙《奧克拉荷馬日報》（Daily Oklahoman）。[4]這次自由寫作經驗，加上源自中東的恐怖主義暴力日漸盛行，促使史隆顯著調整研究方向，轉攻國際恐怖主義——當時除了蘭德公司（RAND）的詹金斯（Brian Jenkins）等少數先行者研究該課題外，這個學術領域幾乎是尚未成形。「我的同事對此完全不感興趣，他們對我說『恐怖主義不可能發生在這裡』，又或者『這與政治學主流不契合』。」史隆一九七六年開了他第一個恐怖主義研討班課程，但名稱是非常平淡的「比較政治學問題」；這據信是美國的大學第一次提供這種課程。[5]

當時有關國際恐怖主義現象的有限研究，主要是想回答兩個問題：「他們是誰？想要什麼？」史隆仰賴蘭德公司的恐怖主義事件資料庫和他與學生蒐集的資料，著力研究一個比較平凡的問題：「他們做些什麼事？」

史隆因為研究現代恐怖主義的作業方式，很想為執法和反恐人員設計逼真的紅隊演習。「我希望除了寫文章講恐怖份子做些什麼外，還能多做一些事。」史隆的妻子是戲劇教授（一樣在奧克拉荷馬大學任教），她建議演習中的「恐怖份子」和「人質」應用即興技法，以便執法人員能在逼真、動態的情境中得到訓練。參與者創造出一個個角色，替他們撰寫傳記，詳述他們成為恐怖份子的動機和目標。蘿貝塔‧史薩不止一次在演習中扮演化名「莉拉」（Leila）的持槍恐怖份子。史隆回想這些

事時表示：「我做恐怖主義演習，主要是受兩方面啟發：我在政治暴力方面的長期研究，以及我與妻子的愛情。」6

一九七六年九月，史隆設計並領導了他的第一次恐怖主義事件演習；他成功說服奧克拉荷馬大學警察局長瓊斯（Bill Jones）以逼真的演習測試警方對挾持人質事件的反應。演習在警局的射擊場進行，特種部隊後備人員忠實地扮演了恐怖份子的角色。演習很快便彰顯了一件事：警方面對這種事，完全不知如何因應。史隆記得演習結束時，「地上到處都是警察的『屍體』，瓊斯則不停地罵髒話。」兩個月後，史隆領導了一次比較複雜的演習：地點在奧克拉荷馬大學的威斯海默機場（Max Westheimer Airport），恐怖份子挾持人質，試圖騎劫一架商務專機，而負責解決事件的是諾曼警察局（Norman Police Department）。雖然持槍的恐怖份子得以迫使數名人質登上飛機，談判人員（來自紐約市警察局）成功令事件降溫，警方在只有兩人「被殺」的情況結束事件，被視為一大成就。7

在一九七〇年代，史隆寫了幾篇論文，闡述執法人員應如何做逼真的紅隊作業，有時是和他的博士生卡尼（Richard Kearney）合作。當時涉及飛行的恐怖主義暴力事件頻頻發生，有時在機場爆發，有時是空中劫機（一九七三至七七年間，每個月平均有三次劫機事件），但地方執法人員幾乎完全沒有因應作業指南或訓練手冊可以參考。8 美國陸軍的三角洲特種部隊或海軍的海豹反恐部隊當時尚未成立，遑論警方的霹靂小組（SWAT，如今主要都會區和許多大學校園都有這種警力）。

史隆和卡尼的文章發表在比較不出名的刊物上，例如《奧克拉荷馬日報》、《警察局長》（The Police Chief）和《國際研究筆記》（International Studies Notes）。9 一九八一年，史隆出版當時的開創性著作《模擬恐怖主義》（Simulating Terrorism）。他根據他之前五年所做的逾十五次演習，在這本書中總結他的觀察和發現，提供

了有關模擬訓練的具體指引，因而改變了執法人員因應恐怖主義事件的方式，建立起一套標準。[10] 他繼續研究相關議題，二〇一二年出版與邦克（Robert Bunker）合著的《紅隊與反恐訓練》（Red Teams and Counter Terrorism Training），當中有一章是蘿貝塔·史薩寫的，闡述在演習中扮演恐怖份子應採用的即興技法。[11]

　　一九八一年出版《模擬恐怖主義》之後的三十幾年間，史隆在世界各地主持恐怖主義事件演習，服務對象包括跨國公司、政府機關、軍方反恐部門，以及地方執法單位。他致力改善自己的方法，過程中發現有效的紅隊模擬作業需要四個因素配合。首先，演習必須得到來自目標組織決策高層的支持，而且這些高層人員必須扮演他們在現實中的真實角色：「我不要上尉扮演上校，或上校扮演上將。」第二，演習團隊的人員組成至關緊要。史隆發現，前特種部隊人員是最好的「恐怖份子」，因為他們在並未事先設計具體情節的演習中，能夠無情且富創意地即興發揮。不怕大聲喧嘩、抱持某些令人厭惡的觀念的真實演員，則是扮演人質的絕佳人選。「我總是避免用很愛炫耀從軍或當警察經驗、大男子氣概的人。他們缺乏自制能力和常識，往往會妨礙演習。」第三，不同層級的權力機關之間的緊張關係，必須在演習中呈現出來，因為地方、州和聯邦執法人員到達可能非常暴力的實際犯罪現場時，彼此之間難免會出現一些衝突。第四，在事後的檢討報告中，史隆會強調演習中做得好的地方，但也會具體說明每一個缺點，並提出避免或減輕問題的具體建議。他也會向決策高層強調，他們總是可以選擇漠視紅隊演習得出的教訓，但如此一來將必須為造成人命或經濟損失的恐怖攻擊負起責任。

　　史隆等人開創的紅隊模擬作業，已經變得相當普遍。美國所有層級的執法機關如今都奉行史隆倡導的觀念。執法、保護人與財產這種任務，是嚴謹的紅隊作業可以協助評估和改善的。領導這種活動的聯邦機構主要是國土安全部（DHS），包括該部的國家網路安全評估和技術服務團

隊（NCATS）；該團隊二〇一四財政年度執行了三八四次網路衛生檢查，每年並為非保密型聯邦政府機構做三十至三十五次網絡滲透測試。 這包括每月對公共連接點（public access points）做自動化的網路衛生檢查，以及為政府機構做為期兩週、人工執行的網絡滲透測試（採用先預約先服務的方式）。[12] 執行每次任務之前，紅隊會與目標組織的安全總監會面，議定測試的範圍和作業計畫。滲透測試紅隊總是由一名政府雇員領導，並以約聘方式請三至四位相關領域的專家幫忙兩週。[13] 在某次滲透測試中，紅隊發現目標組織的網絡連結了逾九千台電腦，而該組織之前以為只有兩千至三千台。在另一次作業中，目標組織起初有五千個公共網頁伺服器，而紅隊得以把數目減至一百個，因此大大減少了網路攻擊的潛在路徑。[14]

除了網路安全外，**實體安全**（physical security）也可以由紅隊作業協助改善。美國政府問責辦公室（GAO）的工作包括弱點探查作業——可能是應國會的要求針對聯邦政府出資的計畫所做，也可能是由聯邦政府審計長授權進行，目的是揭露聯邦政府機構的安全缺點並提供改善建議。這些聯邦調查人員只利用公眾可以取得的資料，成功做到這些事：二〇〇六年偷運放射性物質越過美國南方和北方的邊境；二〇〇七年偷運炸彈元件進十九個機場（未知是哪十九個）；二〇〇九年偷運炸彈元件進聯邦政府建築物，十次嘗試均成功；以及二〇一一年偷運模擬爆炸物進一個理應安全的重要海港。[15] 執行任務之前，GAO 團隊（主要由前刑事偵察人員組成）會做一次可行性研究，了解目標組織的防衛系統，藉此決定團隊是否適合執行這項任務。弱點探查作業本身會嚴謹地記錄下來，準確說明調查人員如何闖入理應安全的設施或區域。最後，作業的發現會經過品質控管程序的檢驗，然後交給目標組織回應，最後連同改善建議一併發表在作業報告中。[16]

二〇〇三至二〇〇八年間，GAO 做過很多次美國邊防評估作業，調查人員在九三％的案例中成功利用假證件入境美國，包括從北部的華盛頓州、紐約州、密西根州和愛達荷州入境，從南部的加州、亞利桑那州和德州入境，以及經由佛羅里達州和維吉尼亞州的國際機場入境。[17] 二〇〇八年起，GAO 開始注意邊界關卡附近無人駐守和監控的地帶。GAO 發現，在北方邊境四個州，接近國界的公路無人駐守，而在南方邊境的三個州，調查人員可以成功偷運放射性物質和違禁品入境。在某次作業中，調查人員的活動引起民眾懷疑並通報邊防人員，但邊防人員仍未能攔截到調查人員。[18]

GAO 二〇〇三至二〇〇七年間所做的測試，也發現了國土安全部旗下海關及邊境保衛局（CBP）在偵測假證件上的不足：調查人員甚至不必出示證件，便能經由陸路從墨西哥、經由海路從加拿大，以及經由維吉尼亞和佛羅里達州的國際機場進入美國。[19] 此外，GAO 二〇〇六年的報告顯示，CBP 在偵測含放射性物質的貨物上有所不足。因應這些弱點，CBP 內部事務處的作業現場測試組（OFTD）如今會針對美國陸、海、空入境點和關卡做紅隊測試，了解邊防人員能否有效防止恐怖份子和放射性物質進入美國。二〇〇六至二〇一三年間，OFTD 在八十六個地點做過一四四次隱蔽式測試。[20] 二〇〇九年以來，CBP 調查人員一再利用假護照、牌照或其他證件越過邊界。即使執法人員起疑，調查人員仍往往能夠說服他們放行。[21] 因應證件檢查上的不足，CBP 二〇一〇年為執法人員開了「回歸基本步」的訓練課程，並採取措施評估其效果，但成效如何未有定論。遺憾的是，當局把 CBP 隱蔽測試的發現列為敏感安全資料，不對公眾公開。[22]

九一一事件之後，GAO 和國土安全部加強防範國際恐怖活動；在此同時，核管理委員會（NRC）致力加強美國核電廠的保安。核管會根據保密的「設計基準威脅」（Design Basis Threat, DBT）擬出核電廠必

須達到的標準，而DBT假定核電廠可能遭受多種團體攻擊，包括自殺式、受過嚴格訓練、備有爆炸物的人，而且攻擊者會想造成致命的輻射污染。為檢驗核電廠的應變狀態和安全法規遵循情況，核管會要求美國核電廠至少每三年做一次對抗式（force on force）演習，模擬核電廠可能遭遇的DBT攻擊，藉此辨明保安弱點。在約定的一段時間內，一隊外來人員將模擬敵對勢力，嘗試潛入核電廠破壞攸關安全的「目標設施」。二〇一二年，核管會在二十二家商營核電廠和一處燃料循環設施，做了二十三次對抗式演習，發現十一處設施在保安上有所不足。在其中一次演習中，「核電廠整組關鍵設施遭『摧毀』。」23 對抗式演習若發現核電廠未能有效防範DBT威脅，核管會將要求核電廠迅速採取補救措施。

針對政府設施或關鍵基礎設施（例如發電廠、化工廠、風力發電機、通訊網絡、橋樑和公路）的紅隊作業面臨的固有難題，是證明預防式保安措施有額外的價值。**往往要在爆發備受矚目的事件或出現嚴重的安全漏洞之後，這種投資才可能得以實現。**

我們來看太平洋煤電公司（Pacific Gas and Electric）位於加州聖荷西的麥卡夫輸電變電所（Metcalf Transmission Substation）遭受的一次攻擊。二〇一三年四月十六日早上快一點時，至少兩名持槍者潛入該變電所一個地下室，切斷電話線，藉此廢掉監視器和動作感測器的功能。在不到一小時內，攻擊者發射超過一百發子彈，破壞為矽谷部分地區供電的十七個大型變壓器，釋放出當局後來必須設法控制的有害物質，造成逾一千五百萬美元的經濟損失。24 攻擊者非常熟悉變電所的佈局和通訊線路，成功避開監視器，並在第一輛警車到達現場前一分鐘離開。整體而言，這次攻擊是低技術的，因為槍手的工具不過是鐵絲鉗、夜視鏡和大火力步槍。25 現場找不到指紋，也沒有可追蹤的腳印或輪胎印，以致執法人員茫無頭緒，無法進一步調查。當局迅速改變輸電線路以免斷電，同時維持系統穩定以免發生大停電，而事件中無人受傷。不過，

矽谷某些用電戶被要求節約用電，而且攻擊造成的破壞花了接近一個月才修復。太平洋煤電公司懸賞二十五萬美元給提供情報的人，但兩年之後，沒有人被捕，執法當局也仍不知攻擊者有何動機。[26] 令人驚訝的是，雖然電力公司在二〇一三年四月的事件之後加強保安，該變電所在二〇一四年八月仍成為竊賊的目標。[27]

當時的聯邦能源管理委員會（FERC）主席威靈霍夫（Jon Wellinghoff）指這次攻擊是美國「有史以來涉及電網的最嚴重的本土恐怖主義事件。」[28] 美國官員一再警告美國的電網容易遭受網路攻擊，但麥卡夫變電所事件顯示，美國的電力系統其實也容易受實體攻擊威脅；該系統約兩千個變壓器由三個大型電網連結起來：東西部各一個，還有一個在德州。雖然我們不清楚太平洋煤電公司在麥卡夫變電所遭受攻擊之前是否評估過該設施的保安漏洞，但在這件事發生後，該公司和電力產業已採取措施處理保安問題。二〇一四年六月，太平洋煤電公司因應此事，公佈了耗資一億美元、為期三年的麥卡夫變電所保安增強計畫。此前不久，北美電力可靠度協會（NERC）向規管美國高壓輸電系統的FERC請願，要求建立一套標準，規管業者如何防範實體攻擊，包括必須做風險評估、基於風險評估設計保安計畫，以及安排「第三方」驗證這些風險評估和保安計畫。[29] 不過，NERC 的建議並未說明業者應防範的風險類型或應採用的防範措施，而且容許業者替彼此做第三方驗證。[30] 我們不可能知道紅隊作業是否可能防止麥卡夫攻擊事件和相關損失，但紅隊作業無疑可以揭露該設施保安上的許多不足，引起其保安部門的注意。

國土安全運作顯然特別適合接受紅隊作業的考驗，但一如我們即將看到，紅隊作業的發現並非總是能得到重視，而這會造成可怕的後果。接下來闡述的四個案例若非不曾有人講過，便是僅有不完整的有限報導。首先是美國聯邦航空局紅隊的悲痛故事：在九一一事件之前，他們一再

發現航空安全上的明顯漏洞並向當局報告，但未能促成這些安全系統的有效改善。第二個案例則有顯著不同的結果：二〇〇〇年代中期當局針對可攜式防空系統（肩射飛彈）對紐約市機場的威脅做了一次評估，結果促成聯合反恐任務小組啟動危機應對計畫。第三個案例是紐約市警察局的桌上演練：警方高級指揮官和某些紐約市政府官員必須參加，而他們事先不知道演練涉及嚴重的恐怖主義事件；這是為了評估他們真正遇到這種情況時的反應。這些演練對紐約市警察局擬定恐怖行動應對策略大有幫助，而這主要有賴前局長凱利（Ray Kelly）的支持。第四個案例檢視桑迪亞國家實驗室的資訊設計保證紅隊（IDART）的發展：該紅隊自一九九六年成立以來，一直致力改善和推廣紅隊作業方法與技術，如今是在美國政府中教授和普及紅隊作業的重要力量。

九一一之前的航空安全紅隊：「重大且明確的公共危險」

艾爾森（Steve Elson）是那種很特別的人：他與人通電話時，掛線之前會以平淡的語調說：「記住，你的政府正試圖殺死你。」你可能會覺得這是偏執狂的狂言——直到你發現艾爾森職業生涯的大部分時間是替政府工作，不斷在構思殺死美國人的新方法。

艾爾森在美國海軍海豹部隊服役二十二年之久，隨後領導秘密運作的特別行動組從事弱點探查工作，測試軍事基地、核潛艇和理應安全的設施（軍方和政府高官居住和工作的地方）的保安系統。艾爾森說，這包括暗中進行、針對大衛營（美國總統的休假地）、不用武器的「軟攻擊」（「特勤組對扮演總統的人一再被幹掉大感震驚」），以及對抗式「硬攻擊」模擬（「我們會潛入指揮官的房子，就在他們的家人面前，把他們拐走」）。[31]

一九九九年，艾爾森退役後加入美國聯邦航空局（FAA）的特別評估隊；該團隊很快便被普遍稱為「紅隊」。一九八八年十二月，泛美航空

一○三號班機在蘇格蘭洛克比上空遭炸彈摧毀，兩百七十人罹難，美國隨後成立「航空安全與恐怖主義總統委員會」，而該委員會的一項建議衍生了紅隊作業概念。[32] 在那次攻擊中，利比亞特工顯然是把塞姆汀炸藥（Semtex）藏在卡式收錄音機中，而該行李箱被放在飛機的前貨艙。炸彈估計是用氣壓計裝置，在飛機升至三萬一千呎高空時引爆。那件行李不是機上乘客寄存的——它源自馬爾他，在法蘭克福國際機場被送上泛美一○三號班機，可能是偷換了某件無害的行李。當時並無「行李確認」政策以確保機上每一件行李都屬機上乘客所有。事發前兩個月，FAA在法蘭克福檢查泛美的保安系統時，便有檢查人員明確指出，跨航線的行李缺乏這種行李確認檢查。[33] FAA的紅隊是在泛美班機爆炸事件後不久成立的，一九九一年三月投入運作，目的是藉由切實的弱點探查作業，辨明航空安全漏洞。

但是，打從一開始，「FAA紅隊」在改善航空安全這件事上便遇到很大的障礙。雖然它是因應明確的需求（彰顯在洛克比爆炸案上）而成立的，當局從未擬出基本的使命宣言或作業指引，以便明確規範這支紅隊的運作、活動範圍和作業發現的管理方式。

本書作者訪問FAA紅隊早期成員和相關官員，並檢視FAA上級機關美國交通部的策略文件，發現FAA紅隊的運作基礎主要在於其最資深人員的性格和職業經驗。這完全不是管理政府組織的適當方式。要到一九九四年，一名官員才首次擬出一份「作業概念」文件，但該文件仍未能具體說明FAA紅隊要做的弱點探查類型、選擇測試地點的標準，或紅隊報告應有的內容。正式的法律規定（一九九六年十月確立）同樣含糊：法律要求FAA人員「不時突擊檢查機場和航空公司的保安系統，以了解這些系統的效能和弱點」，包括「針對這些保安系統做匿名測試。」[34] FAA紅隊並未以書面文件記錄作業指引，而是仰賴紅隊與FAA相關官員之間的正式和非正式共識。在這種情況下，紅業人員和相關官員的流

動自然會造成混亂。

一段時間之後，FAA 紅隊確定獨立於 FAA 對航空安全的日常監理工作之外，而且一般將由四至五名精英人員組成。當局要求紅隊模擬恐怖份子在航空方面的作業方式，並以隱蔽式測試檢驗航空業理應執行的保安程序。紅隊成員獲聯邦調查局和中情局提供有關恐怖組織的絕密情報評估，但他們發現這些資料品質很差，因此主要仰賴公開的資訊和非正式的執法消息來源來了解恐怖份子的手段。更糟的是，FAA 紅隊不能自行決定在哪裡探查弱點，必須先尋求上級官員的書面許可。

不過，地方機場的保安部門有時會邀請 FAA 紅隊去評估他們的保安程序。雖然紅隊的任務是探查國內或國際機場的保安弱點（國際作業必須先通知當地的美國大使館），這種作業原則上不能被目標機場的保安人員發現，而且絕不能擾亂商業活動。因為不能干擾機場的正常運作，而恐怖份子顯然會故意這麼做，FAA 紅隊相對之下處於重大劣勢（雖然這是可以理解的）。

最後，當局要求 FAA 紅隊把作業發現寫成報告，而報告會提交到民航安全處副處長的級別。[35] 這些報告的資料然後會提供給民航安全處的作業單位，由它們決定是否必須採取補救措施。（紅隊作業發現永遠不會直接提供給機場或航空公司的保安部門。）民航安全處可能對違規機構發出警告信或要求採取補救措施的通知，並會記錄違規者採取或同意採取的補救措施。FAA 也可能對違規者處以民事罰款：雖然罰款金額不超過五萬美元，但經 FAA 與航空公司的律師談判之後，往往還會縮減。一九九六年 FAA 建議的平均罰款金額為全國型航空公司三‧五六萬美元，商業運作一‧四四萬美元，個人六千美元。但是，在約八〇％的個案中，罰款得以縮減，平均比 FAA 建議的金額低七五％。[36] 雖然 FAA 官員可以對違規者處以這種罰款，FAA 紅隊作業實際上不曾直接觸使 FAA 開罰。[37] 如果涉及持續和嚴重的刑事過失，FAA 可以撤銷本國航空公司

的營業牌照，但 FAA 從不曾這麼做；在九一一事件之前，也不曾有人認為 FAA 可能這麼做。

在一九九〇年代，FAA 紅隊的典型弱點探查作業會擬出十五至二十頁的作業計畫，具體列出作業時間、紅隊人員的活動和目標；行動有時會請外部人員扮演「偷運者」。舉個例子，紅隊人員可能扮演乘客，託運兩件行李上飛機，但不登機；如果航空公司沒發現問題，那便是沒盡到行李確認責任的違規行為。紅隊也會做挑戰評估，例如安排一名紅隊人員在飛機接受貨物和乘客登機時在停機處附近閒逛，看地勤人員是否會查問閒逛者的身份或甚至只是注意到閒逛的人。測試顯示，地勤人員通常視若無睹。紅隊最常做的是偷運粗略偽裝和隱藏的假炸彈、假武器（例如磁跡如同真槍的六吋槍管鋼鐵）和獵刀上飛機。當時在紅隊工作的艾爾森和他的同事發現，航空保安一貫粗疏，他們「太容易、太頻繁」地成功偷運各種東西上飛機，甚至連人都可以。[38]

諸如此類的種種缺點和漏洞，都具體記錄在紅隊作業報告裡。這些報告直接呈送民航安全處副處長，但紅隊從未獲告知違規的機場或航空公司受到什麼處罰，或被要求執行哪些補救措施。因為紅隊不知道當局如何利用他們的發現，紅隊人員繼續在美國和主要國際機場發現類似弱點的同時，只能假定各方均無所作為。如艾爾森所言：「**紅隊作業的意義，完全在於找出該死的問題並加以解決。如果你不解決問題，這種事根本就不值得做。**」

薩科維奇（Bogdan Dzakovic）一九九五至二〇〇一年領導 FAA 紅隊期間，這些安全問題一直未有改善。薩科維奇之前是美國海岸警衛隊和海軍刑事調查局的保安專家，一九八七年起擔任聯邦航空警察。他加入 FAA 紅隊時，已經覺得 FAA 對恐怖攻擊威脅的反應太遲鈍，但他很希望藉由模仿積極的恐怖份子，暗地裡測試並改善航空安全。但薩科維

奇記得打從一開始，「艾爾森在一九九〇年代初發現的問題，我在同樣的機場仍看到一模一樣的情況。他們真的是毫無作為。」

一九九六年為期五個月的一次評估作業，得出了令人特別沮喪的結果。這次作業名為「馬可孛羅行動」，FAA 紅隊打算在法蘭克福國際機場做六十次炸彈偷運模擬；一九八八年炸毀泛美一〇三號班機的炸彈，正是在這個機場被送上飛機。薩科維奇穿上行李搬運工的制服，並獲提供一張標準的機場識別證。這張識別證使他得以留在行李處理區，那是停機處與航站裡的乘客之間的中轉點。配合測試的「偷運者」會寄送一件行李上機（薩科維奇看得出是哪一件，其他人則可能不會注意到），然後看到行李上了輸送帶之後，便用手機通知薩科維奇。接著薩科維奇會若無其事地走到偵測炸彈的 X 光監視器那裡，算好時間在目標行李通過監視器時經過。雖然相隔約二十呎，他通常可以清楚看到 X 光監視器上顯示出炸彈元件。

薩科維奇講述測試過程和結果：「如果他們發現了這件行李，我會表明身分，告訴他們這是一次測試。但結果他們一次都不曾發現可疑的行李。」問題不在於機場需要技術更先進的設備，問題在於工作人員根本沒看監視器。做了十三次測試之後，FAA 通知從法蘭克福起飛的美國各航空公司，希望它們知道自己在行李檢查上的不足之後會有所改善。隨後馬可孛羅行動再做了三十一次測試，但情況毫無改善，行動於是提早結束。洛克比爆炸案八年之後，法蘭克福機場的保安仍然非常失敗：FAA 紅隊總共偷運炸彈四十一次，但保安系統一次都沒發現。

此外，FAA 紅隊針對機場的弱點探查工作，幾乎每次也都發現多種保安漏洞，雖然嚴重程度沒有那麼驚人。FAA 其他部門在日常的安全檢查中，也發現了同樣的問題。一九九九年十一月，美國交通部檢查總長向國會報告其「特別重點評估」團隊的稽核結果，這些稽核是比紅隊作業簡單得多的弱點探查工作。在針對美國八個主要機場的一七三次稽核中，

調查人員有一一七次進入了保安區，然後登上三十五家不同航空公司的飛機。「員工未能盡到保安職責，是門禁控管出現漏洞的首要原因。」[39]

FAA 紅隊雖然成功揭露了許多保安弱點，薩科維奇仍認為隨著時間的推移，紅隊作業本身已經變質。紅隊記錄了一些通風報訊的情況：FAA 管理層把紅隊即將測試 CTX 爆炸物偵測機器的消息洩露給 FAA 的地方安全管理人員。FAA 管理層後來承認他們故意這麼做，目的是確保在紅隊做測試時，CTX 機器能正常運作，並且由符合資格的人員操作。薩科維奇也表示，FAA 管理層曾指示紅隊不要記錄某些保安弱點，例如有關某個較新的 X 光影像軟體的可靠性。[40] 整體而言，紅隊成員逐漸形成這樣的印象：他們正慢慢地令自己變得無事可做，因為他們一旦發現某個機場保安程序或某種檢查技術的弱點，管理層往往便吩咐他們不要再追查下去。

在此同時，紅隊一直沒有得到工作上的反饋。薩科維奇承認：「我不知道管理層做了些什麼，也不知道他們怎麼看這些問題。」紅隊的任務是辨明問題，而他們輕鬆做到了這一點，但他們從不能迫使上級就相關問題做任何事。一九九八年八月，薩科維奇甚至寫了十六頁長的信，具體陳述他的疑慮，經由上司發給了 FAA 局長和美國交通部長。但他後來回顧自己領導 FAA 紅隊那段時間時表示：「我從不曾見過有關方面採取行動糾正保安問題。」

艾爾森結束公職生涯後，和繼續領導 FAA 紅隊的薩科維奇發起行動，力求促使美國政府重視紅隊揭露的航空安全漏洞。在一九九九和二〇〇〇年，他們向交通部檢查總長、GAO 調查人員、負責監督 FAA 和航空安全的國會委員會的資深職員做了一些內容驚人的簡報。艾爾森為此自己花錢從他在紐奧良的家飛到華府，而且經常特地從客服櫃檯後面偷走乘客名單和行李號碼牌，帶到簡報會上，只為了證明這是輕而易舉的事。雖然官員和國會職員聽到艾爾森和薩科維奇提出的驚人警告後，真的感到

震驚，他們也承認自己做不了什麼事，尤其是因為航空業對國會和 FAA 均有巨大的影響力。[41]FAA 官員後來對九一一委員會表示，美國主要航空公司和產業組織實質上限制了航空安全法規，而且會致力說服國會拒絕撥款支持擴大嚴謹、切實的安全評估測試。事實上，FAA 紅隊最初的構想是由十八人組成，但實際上從不曾超過八人，他們可以做的弱點探查作業次數和範圍因此受限。

二○○一年二月，艾爾森和薩科維奇因為無法在 FAA 內部和國會人士那裡得到重視，決定對外公開他們的發現。《美國新聞與世界報導》（U.S. News & World Report）報導了艾爾森如何把有鋸齒的獵刀藏在褲子裡，在紐奧良國際機場順利通過三個檢查站；薩科維奇則以匿名形式提出警告：一九九八至一九九九年間，他的團隊成員九五％的時候能進入主要機場的保安區。[42] 相對之下，在逼真程度較低的測試中，機場檢查人員在一九七八年可以查到一三％的危險違禁品（例如槍枝和爆炸物），一九八七年可以查到二○％。[43]

艾爾森也替波士頓的福斯電視關係企業設計了一項安全評估作業，由另一名剛退休的 FAA 調查員蘇利文（Brian Sullivan）在波士頓洛根國際機場執行。這次調查報導二○○一年五月六日播出，揭露了該機場 B 航站的乘客和行李檢查員未能發現違禁武器，儘管電視台曾事先告訴機場保安部門，那些檢查員在之前的隱蔽測試中未能發現違禁品。薩科維奇親自把相關報告交給麻省參議員克里（John Kerry）的一名高級幕僚，但一直未得到答覆。[44] 那個月稍後，九一一劫機者開始他們的偵察行動，其中一次是他們的領袖艾塔（Mohamed Atta）二○○一年六月底從洛根機場出發。[45] 九月十一日，聯合航空一七五號班機和美國航空十一號班機正是從波士頓洛根國際機場 B 航站起程，然後遭恐怖份子騎劫，撞入紐約世貿中心兩棟大樓。

九一一攻擊造成二九九六人罹難之後，艾爾森和薩科維奇一再揭露的

安全漏洞才終於得到早該得到的重視。九一一劫機者利用了美國航空界懈怠的保安作風，而這種問題是 FAA 紅隊一再明確警告過的，但 FAA 官員卻幾乎毫無作為。九一一事發數天後，FAA 停止了紅隊的運作。不久之後，薩科維奇和艾爾森回到國會，向他們之前一再警告的國會職員報告相關事項。這些國會職員這一次的聽講態度認真得多，仔細地了解必須如何改善航空安全和預防未來的攻擊。這種會面每次結束時，薩科維奇都會問：「你們什麼時候會調查這當中的疏失和追究責任？」這些國會職員每一次都說：「我們的老闆一定會盡力阻止調查的。」[46]

因為擔心當局繼續無所作為，薩科維奇向特別檢察官辦公室（Office of Special Counsel, OSC）爆料，揭發 FAA 的疏失。OSC 是獨立的聯邦政府機構，原則上會保護揭弊者，防止他們遭受報復。薩科維奇向 OSC 提交了逾四百頁的資料，主要是指控 FAA 本身對公共安全造成嚴重的威脅：「FAA 紅隊是整個聯邦政府當中唯一積極防止九一一攻擊發生的單位。但我們受到積極的漠視。」

隨後的調查是交通部檢查總長做的（這很可能涉及利益衝突），未能證實薩科維奇的部分指控，包括民航安全處（CAS）副處長故意掩蓋或隱瞞紅隊的發現。但是，調查發現，雖然 FAA 官員和 CAS 的地方單位有時確實會對航空公司和機場開罰或發出要求糾正的信函，當局並未針對違規情況建立分享資訊和追蹤情況的制度，而這「損害了 CAS 影響協調的補救措施的能力。」此外，「這些跟進措施不容易看見，而且從保安測試結果持續不佳看來，機場保安未能明顯達到持續改善的原定目標。」OSC 在二〇〇三年三月致小布希總統的信函中明確概括了調查結論：「FAA 管理紅隊作業的方式有嚴重問題，結果是製造出重大且明確的公共危險。」[47]

二〇〇三和二〇〇四年，因為九一一委員會召開公開聽證會和發表最終報告，FAA 紅隊曾短暫得到很多媒體注意。薩科維奇二〇〇三年五月

在九一一委員會的聽證會上表示：「九一一事件不是系統的一次失靈，而是系統的設計注定了它將失靈。FAA 煞費苦心地製造出一種險惡的安全假象。」薩科維奇因為指控 FAA 管理不當，有數年時間被安排做一些卑微的工作，如今受雇於美國運輸安全局（TSA）；TSA 二〇〇二年從 FAA 手上接過監督航空安全的職責。薩科維奇後來爭取到調職中西部，在 TSA 的一般航空組當在家工作的「主要保安專家」，但他在保安方面的廣泛技能未能派上用場——他自己的說法是「我是個老經驗的文書人員。」

艾爾森隨後幾年繼續替地方新聞媒體做安全測試，偷運違禁品通過機場的安全檢查站，並發信給可能閱讀的相關官員，以全大寫的英文記錄保安漏洞。他搭飛機時，仍然像積極的恐怖份子那樣思考，非常注意他眼中的不必要保安漏洞。例如他表示，他覺得華府雷根國際機場的以下情況很費解：在幾個航站，任何人都可以在直對著安全檢查站的地方坐下來，觀察檢查人員使用的手段和程序；這對負責偵察安檢工作、了解如何偷運違禁品的恐怖份子來說，真是非常方便。他也注意到，通過檢查站之後，任何人都可以假裝穿鞋，停留很久，趁機觀察檢查人員的作業。他和薩科維奇保持朋友關係。薩科維奇稱讚艾爾森是「我見過的情境意識最強、最冷靜和機警的安全專家」，而且是不畏艱難、挺身揭弊的「真正美國英雄」。艾爾森則稱讚薩科維奇「無畏，忠於國家、家庭和朋友，本能地理解如何保護人們的性命。」

雖然 FAA 紅隊完全證明了它的價值，但美國在九一一之後的國土安全體制改革中，並未恢復嚴格的紅隊作業。運輸安全局二〇〇二年九月在它的檢查處（Office of Inspection）開始做經過調整的隱蔽式測試。檢查處並非以獨立紅隊的形式運作，而是把據稱嚴謹的測試方法標準化，應用到範圍較廣的機場和航空公司上。小型檢查隊在不通知運輸安全局官員的情況下，試圖偷帶危險物品經過檢查站（或利用寄艙行李偷運），

並試圖闖入保安區。測試完成後數天，檢查隊隊長會與相關保安人員實地會面，討論結果和安全漏洞。檢查隊然後提供測試結果給運輸安全局官員，由他們決定是否必須要求額外的補救措施或對違規者處以民事罰款。二〇一三年，運輸安全局長皮斯托（John Pistole）指該局檢查人員是「實地測試方面的超級恐怖份子」，而薩科維奇則嘲笑他們是「粉紅隊」，是「配合官僚需求的一個測試組。」儘管如此，在二〇一五年的弱點探查作業中，國土安全部的稽核人員在多個機場做過七十次測試，共六十七次成功偷運武器和假爆炸物通過運輸安全局的檢查站，結果相當驚人。[48]

航空安全測試無論多嚴謹，確實也無法保證出色的保安系統可以防止富創意的罪犯或恐怖份子所能想到的每一種攻擊手段。此外，保安程序也會根據有關恐怖組織的情報持續更新。例如運輸安全局二〇一四年七月便引進額外的檢查措施，因為情報顯示有一種新的威脅必須防範：一種非金屬炸彈利用電子裝置充當外殼，可以騙過標準的檢查程序。從某些海外機場出發、搭乘飛機前往美國的旅客，如今會被要求在登機前開啟他們的電子裝置。無法啟動的電子裝置不准帶上飛機，乘客也可能被要求接受額外的檢查。[49] 但這種標準也可能是不夠的。二〇一二年，有個叫布思（Evan "Treefort" Booth）的人便在網路上貼出具體示範的影片，說明在機場通過安全檢查之後，利用零售店買到的東西和一件乘客獲准帶上飛機的多用途工具，可以輕鬆製造出致命的武器，包括威力十足、遙控引爆的手提箱炸彈，以及一把可用的「槍」（材料包括一個吹風機、髮圈、磁鐵夾、九伏特電池、雜誌、膠帶、牙線和鋁材，以八・四盎司的罐裝「紅牛」飲料為子彈）。[50]

儘管發生了洛克比爆炸案、多個高層委員會提出重要發現，而且一再有人警告民航客機可能成為恐怖攻擊的目標，但在九一一之前，美國政

府根本不是很重視航空安全。FAA 是負責航空安全的主要機構，但它獲賦予的職權和經費均有限。這是航空業藉由影響國會刻意造成的，也跟航空業與 FAA 高層關係緊密有關（有些人會說這是一種勾結）。

　　FAA 紅隊的驚人發現未必是遭「掩蓋」，而可能是被相關官員忽視，因為他們認為航空安全已逐漸改善，或至少已在 FAA 的能力範圍內盡可能改善了。[51] 九一一委員會便這麼概括 FAA 政策和規劃總監巴特沃思（Bruce Butterworth）對紅隊作業的看法：「巴特沃思暗示，是航空公司和其他利害關係人不大願意接受源自紅隊測試的資料。他們不想知道。」[52] 事實上，航空安全顯然並未進步到足以保護民航客機免遭恐怖份子攻擊。FAA 紅隊在它成立後的頭十年內，一再證明這一點，並且適當地向上級報告，但當局完全未能採取足夠的因應措施。多個級別的官員並不認同這支紅隊的使命，官僚體制因此漠視紅隊一再提出的壞消息。九一一之前的 FAA 紅隊告訴我們，漠視紅隊的發現可能造成極慘重的後果，雖然國土安全方面的多數紅隊作業案例比這正面得多。

如何擊落飛機：評估肩射飛彈的威脅

　　二〇〇二年十一月二十八日，阿吉亞以色列航空（Arkia Israel Airlines）一架波音七五七客機從肯亞蒙巴薩國際機場起飛時，遭與蓋達組織有關的恐怖份子發射兩枚 SA-7 型地對空追熱飛彈。可能因為該客機具有的因應功能，這兩枚飛彈未能命中目標，但這是民航客機在衝突地區以外首度遇到飛彈攻擊。恐怖份子如果得逞，機上兩百七十一人很可能全部罹難。因為這次攻擊，政府當局認為恐怖份子使用的肩射飛彈（也就是「可攜式防空系統」）構成了更大的安全威脅。當時全球各地估計共有七十五萬個肩射飛彈發射器。這種武器只需要五千美元便可以在黑市買到，估計有數萬個落在數十個政府以外的組織手上。[53] 民航乘客因此面臨的生命威脅，以及年收入一千億美元的航空業面臨的心理威脅無

疑相當嚴重。美國國務卿鮑威爾二〇〇三年十月警告：「這是最嚴重的航空安全威脅。」[54]

二〇〇四年十二月，美國國會通過《情報改革和防範恐怖主義法》；該法明確要求國土安全部在美國全部四百四十個商用機場做肩射飛彈威脅評估，並向國會報告結果。[55] 國土安全部指示運輸安全局領導這項作業。國會的初步要求實質上是一項紅隊模擬作業，目的是了解恐怖組織會如何以肩射飛彈擊落民航客機。運輸安全局協調的評估團隊主要由聯邦調查局、特勤局和國防部的代表組成。評估團隊決定優先處理「X 類」和「I 類」機場（美國最大型和客流量最高的機場），以及那些據信最可能遭受攻擊的機場。二〇〇四至二〇〇八財政年度之間，有十個機場接受過兩次評估，其中兩個是紐約的甘迺迪國際機場和拉瓜迪亞機場。[56] 肩射飛彈評估紅隊比九一一之前的 FAA 紅隊幸運得多，其作業發現和糾正建議頗受地方和聯邦執法機關重視。

負責針對紐約市的機場做頭兩次評估的四人紅隊先致力釐清一件事：恐怖組織若想以肩射飛彈攻擊民航客機，會抱持什麼動機和目標？該紅隊的基本假設，是這種複雜的重要行動不會是未經充分準備的衝動行為。最可能犯案的恐怖份子，應該是有明顯的政治動機、理性且有謀略的人。紅隊必須先做這一步，以便縮窄恐怖份子最可能對飛機發射飛彈的範圍。理論上，恐怖份子若使用容易取得的 SA-7 型飛彈，可在數百平方哩的範圍內擊中正在起飛、降落或在機場上方盤旋的飛機。至於比較先進的肩射飛彈，例如 SA-18 型，射擊區則達數千平方哩。[57] 這兩種射擊區都太大了，而且包含太多執法區，無法實際評估威脅和提出防範建議。紅隊因此對最可能犯案的恐怖份子做了四個關鍵假設，大幅縮窄潛在射擊區，以便集中關注最值得加強防範的區域。

第一個假設，是攻擊者將是一個分工合作的小團隊，包括負責保護射擊者的人，以及負責拍攝作業過程的人。實際發射飛彈的人將是受過嚴

格訓練、有獨特價值的組織成員，很可能有豐富的戰鬥經驗，同時機警又靈活，可以潛入美國而不被發現。恐怖組織會希望在行動之後安全救出射擊者，因此會以全副武裝的人員保護射擊者，並且選擇方便逃走的地點發射飛彈。

第二，恐怖份子會有政治目的，因此不會隨便選一個攻擊目標，而是很可能針對以色列或美國航空業者的飛機，同時避開與阿拉伯或伊斯蘭國家有關的航空公司。為此他們必須能夠藉由監控空中交通管理資訊，分辨起飛和降落的飛機之身分。在二〇〇三年時，多數重要機場的空中交通管理即時通話，已經可以透過網際網路收聽。58

第三，攻擊是有計畫的，恐嚇組織會做大量的偵察工作，掌握機場受風向影響的起飛和降落形態。也就是說，恐怖組織成員將必須先花數週以至數月的時間，偵察機場跑道的情況；他們最有可能在一個不容易被發現的地方做這件事。

第四，紅隊假定恐怖份子將以肩射飛彈攻擊起飛而非降落的飛機。這是因為飛機起飛時載著數萬加侖高度易燃的燃料，機翼負載因此較重，不但降低了飛機的爬升率，還顯著限制了飛機的機動性（因此，倘若飛機遭飛彈擊中，機師將很難把飛機轉過來在同一機場降落）。此外，如果恐怖份子用追熱飛彈攻擊正在降落的飛機，很可能會擊中接近引擎的位置；在此情況下，機師仍有可能有效控制飛機，相對安全地降落。對追熱飛彈來說，飛機起飛時排氣凝結尾產生的熱徵（heat signature），遠大於降落時引擎產生的熱徵。

上述四項假設縮窄了紅隊的關注區域，因為根據這些假設，飛彈發射區必須方便進入、隱匿和逃離，而且必須在肩射飛彈可以擊中起飛飛機的範圍內。據此分析，若要攻擊從甘迺迪國際機場起飛的飛機，最好的肩射飛彈發射區是紐約市皇后區的許多墓地，因為它們通常在地勢較高處，與機場跑道之間沒有什麼障礙物，是恐怖份子最可能選擇的發射地

點。至於拉瓜迪亞機場，理想發射點包括停在法拉盛灣開闊水域的高性能快艇上，以及布隆克斯區渡口（Ferry Point）當時正在興建的「川普高爾夫球場」。四人紅隊考察了這些地點和很多其他潛在發射區，標出它們的 GPS 座標，並坐直昇機從高空研究它們。他們接著按照這些地點對恐怖份子的吸引程度替它們排出次序，而這同樣是基於他們對恐怖份子的想法和行動的假設。當然，精明的恐怖份子總是有可能不按常理行事，選擇人口較密集的地區發射飛彈。不過，在這種情況下，評估團隊知道如何判斷某個地方是否曾發射飛彈，跡象包括飛彈留下的焦黑痕跡、無法掩蓋的化學殘餘物，以及拋棄式電池冷卻裝置（用來啟動助推器，把飛彈推出發射管）。紅隊辨明的人煙較稀處，是發射飛彈最理性的地點選擇，因此應得到最多注意。

一如 FAA 紅隊和之前的例子顯示，**紅隊作業的發現必須得到重視，成為制定政策和計畫的重要參考資料，才能產生作用**。肩射飛彈評估紅隊遠比 FAA 紅隊幸運：當局有效地應用其作業結果，擬定且持續更新航空安全危機應對計畫——如果情報顯示恐怖份子正積極準備發起攻擊，紐約地區的聯合反恐任務小組（JTTF）便會啟動該危機應對計畫。JTTF 是聯邦調查局領導的專案小組，由逾五十名聯邦、州和地方層級的特工和探員組成，負責蒐集和分析反恐情報，以及辨明恐怖攻擊威脅並採取因應措施。

至於哪些機構要負責防範和因應攻擊則涉及管轄權問題，危機應對計畫有助釐清這些問題。例如飛彈若是從紐約州牙買加灣發射，負責因應的是海岸警衛隊，其他發射點的因應責任則落在紐約與紐澤西港務局身上。在此同時，私營保安公司負責巡邏基地和高爾夫球場，事發地警局則是執法上的緊急應變機構。當局假定機場控制塔的空中交通管理員將能根據飛彈留下的煙流，指出大致的飛彈發射點。執法人員根據評估團

隊之前的分析，應該可以推測出確切的發射點。此外，因為恐怖份子很可能全副武裝，希望保護發射者撤離，執法人員料將遇到他們的攻擊火力。執法人員將集中注意之前辨明的恐怖份子逃跑路線。

當局二○○○年代中針對紐約市的機場做過頭兩次肩射飛彈威脅評估之後，每年均加以檢視，但並未改變評估，因為對起飛的飛機發射飛彈的地理和物理條件並未改變。此外，至於恐怖份子最可能選擇的發射點和逃跑路線，防範責任和執法權的劃分也並未顯著改變。如果情報顯示紐約市的機場很可能受肩射飛彈攻擊，之前的威脅評估結果將立即引導潛在發射點的設施和安全管理團隊採取額外的防範措施，以及在地執法機關採取因應行動。危機應對計畫也涵蓋其他的類似威脅，例如雷射致盲武器。如果沒有二○○○年代中的這些紅隊評估，聯邦調查局、FAA 和紐約市警察局將沒有切實的應變計畫可以依循，而是必須從零開始，憑直覺做事。這次紅隊作業的好處是持久的，因為它對往後每一次的肩射飛彈防衛規劃均有幫助。現在嚴重得多的威脅，是恐怖份子在海外的機場以肩射飛彈攻擊飛機。近十年間，美國運輸安全局帶頭在兩百七十五個海外機場做過類似的威脅評估，這些機場有直航班機前往美國。

當然，比較全面的紅隊作業可以產生更多發現。聯邦調查局和紐約市警察局的官員表示，紐約市機場的肩射飛彈應變方案，從不曾藉由嚴謹的桌上演練或實地訓練做全面的評估。這種紅隊作業涉及所有相關人士，很可能會發現保安巡邏和事後應變程序上的漏洞或缺點。此外，因為機場保安和地方執法人員常有流動，這種作業可以加強相關人員對長期安全問題的意識。但是，因為可以投入來因應各種威脅的時間和資源是有限的，當局必須根據最新的評估，調整資源分配來因應最嚴重的威脅。美國最初警覺必須防範肩射飛彈，是因為恐怖份子二○○二年差點以這種飛彈擊落一架以色列民航客機，但此後數年，肩射飛彈對美國民航客機的威脅看來減輕了，當局的防範努力也因此相應減少。

但是，美國的機場遭遇肩射飛彈攻擊的可能一如二○○二年時那麼真實，因為數以千計的這種武器仍落在政府以外的組織手上。[59] 此外，非政府人員或恐怖組織以肩射飛彈擊落直昇機和運輸機的案例近年增加了，雖然迄今僅發生在美國以外的衝突地區，例如伊拉克、索馬利亞、敘利亞和埃及。二○一四年某段四個月的時間裡，烏克蘭東部的叛軍以地對空飛彈擊落了十二架烏克蘭軍機，然後在七月十七日擊落馬來西亞航空第十七號班機，殺死機上兩百九十八名乘客和機組人員。這些致命的飛彈多數是用雷達導航、自走式精密飛彈系統發射的，不容易秘密運送，很可能無法偷運進美國。[60]

二○一四年十月，伊斯蘭國在網路上發佈了以肩射飛彈擊落阿帕契直昇機的操作指南：「選一個發射點，最好是地勢較高處。……可以選擇屋頂，或是小山上，最好是地面堅固之處，以免發射後揚起灰塵。」[61] 軍機和民航客機受到的威脅增加，迫使美國國土安全官員在二○一四年七月強調他們之前曾以紅隊作業，致力辨明肩射飛彈對美國國內機場的威脅並採取因應措施。[62] 紅隊作業的一個重要原則是**不要隔太久才做一次，以免目標組織變得僵固和自滿**。考慮到揮之不去的威脅和不斷演化的致命技術，當局有必要持續針對這種威脅，根據最新情況做逼真的模擬。

NYPD 的桌上演練：「絕對不要讓他們認為自己已經解決了問題」

二○○八年十一月二十六日起，印度孟買遭遇三天的恐怖攻擊，共一百七十四人遇害，約六百人受傷。這是一次事先協調的複雜行動，由巴基斯坦伊斯蘭恐怖組織「虔誠軍」（Lashkar-e-Taiba）十名成員執行，攻擊了一個火車站、兩間豪華飯店、一間外國人常去的咖啡廳，以及一間猶太教社區中心。因為混亂和資訊錯誤，印度保安部隊要到事發二十八小時後才與恐怖份子交火，再花了三十小時才逮捕或殺死所有恐怖份子。[63] 槍戰結束後數小時，紐約市警察局（NYPD）的三名高級警

官開始在現場蒐集資料。這些 NYPD 探員與保安部隊人員會面，持續追蹤新聞報導，並在事發現場拍照。數天之後，NYPD 情報部已經整理出四十九頁的「孟買攻擊分析」，包括按時序記錄的具體過程、恐怖份子使用的武器、戰術和手法，以及攻擊者和傷亡者的最新資料。[64]

紐約市警察局長凱利（Ray Kelly）馬上認識到，這種無恥的恐怖突擊是紐約市面臨的一種新恐攻威脅，而 NYPD 對此未有充分的準備。[65] 凱利認為事發現場的天花板完全沒有彈孔，充分顯示孟買攻擊者格外內行和有耐性。使用自動步槍的攻擊者如果過度興奮或未經訓練，往往會浪費子彈和射得太高。但 NYPD 的探員發現，在攻擊過程中，恐怖份子射出的子彈集中在頭部的高度，通常是密集地連射三發；從這種射擊紀律看來，恐怖份子顯然受過嚴格的訓練。孟買攻擊發生後第二天，NYPD 已決定盡快根據孟買事件的分析，辦一場紅隊桌上演練，藉此檢驗 NYPD 高級指揮官的反應和決策能力。

好在 NYPD 的反恐處（Counterterrorism Bureau）已經有一個小組負責設計和執行這種演練。該小組的職責是應局長的指示籌備桌上演練，包括為重要事件做準備（例如感恩節遊行和紐約馬拉松——考慮到波士頓馬拉松炸彈攻擊事件）、因應複雜的威脅（例如高放射性物質失蹤），以及做好應付新犯案者的準備（例如單獨行動的「孤狼」攻擊者）。NYPD 平均每年辦四至八場這種桌上演練。第一場桌上演練是在布拉頓局長（William Bratton）任內辦的，他於二〇一三年十二月獲任命；這場演練模擬二〇一四年二月二日在紐澤西梅多蘭茲體育中心（Meadowlands Sports Complex）舉行超級盃冠軍賽期間，出現了積極的槍手、背包炸彈和放射物質問題。第二場於二〇一四年十月舉行，模擬紐約馬拉松舉辦期間出現了不明的無人駕駛飛機、撞倒參賽者的可疑交通事故，以及中央公園發生炸彈爆炸。紐約市長白思豪（Bill de Blasio）積極參與了這兩次演練。彭博（Michael Bloomberg）二

○○二至二○一三年擔任市長期間，則不曾參與類似的演練。

　　NYPD 的桌上演練，是獨立的預防型紅隊作業的典型例子，根據一種假設的情境做模擬。演練的情境是「鮑伯」（Bob）撰寫的，他已在 NYPD 工作了三十三年；情境撰寫工作由反恐處長監督，往往還會有 NYPD 情報部的一名資深主管提供意見。[66] 演練前幾天，「鮑伯」寫的情境會交給局長。為了確保演練的真實性、避免參與者先有準備，只有三至四名官員事先知道演練的主題或情境。此外，「鮑伯」和反恐處長會事先了解所有參與者的職責範圍和可動用的資源，以免他們在演練中「作弊」，動用自己遇到突發危機時實際上無法動用的資源。參與者包括 NYPD 的高層和指揮官（約十名三星主管和少數二星主管）、NYPD 以外的相關官員（例如消防、緊急應變和交通部門的主管），以及一些民間代表（例如高盛公司的保安人員和紐約路跑者組織的代表便曾參與演練）。所有參與者會在週一或週二獲通知演練將於數天後接近傍晚時舉行。參與者往往會詢問或猜測演練的內容，但他們不可能事先知道。

　　這些桌上演練通常在曼哈頓下城 NYPD 總部大樓十四樓的會議室「執行指揮中心」（Executive Command Center）舉行。雖然每一場演練需要約兩小時，凱利在任期間親自參與每一場演練：「我認為我有必要向我的人證明這件事很重要。」因為警方指揮官的工作「完全投入、全日候命、全年無休」，凱利發現這種演練非常寶貴，因為「那是僅有的**真正考驗我們想像力的時候。**」[67]

　　演練參與者圍繞著會議室主桌而坐，座位表由 NYPD 反恐處長事先擬定，把最重要的角色安排在最接近局長的位置。因為 NYPD 指揮官和相關政府官員事先不知道演練的情境，為免在演練中不知所措或在同儕面前出糗，他們會事先溫習所有的緊急應變計畫，並把備用的資料帶到會議室。這些資料包括所有穿制服和便衣人員的人事資料，包括他們的職級，以及他們實際上可以動用多少輛巡邏車或拖車。反恐處長華特斯

（James Waters）這麼形容會場的情況：「演練開始前，你可以感受到明顯的緊張氣氛，就像〔美式足球〕比賽開始前，大家戴上頭盔和護齒器之後的那樣。」[68]

數年以來，NYPD 桌上演練大致遵循同一模式。NYPD 局長（和白思豪市長）先致辭，歡迎各參與者，並簡述當天演練的策略目標。然後當天的解說員會設定場景，根據最近的事態或對潛在威脅的評估，說明即將發生的盛事或基於事實設計的一個情境，最後啟動演練，例如宣佈警方接獲報告：甘迺迪國際機場有人開槍。二〇一〇年之前，解說員由一名外聘的顧問擔任（一名退役的美國海軍陸戰隊步兵軍官、國土安全專家），他會大聲讀出 NYPD 反恐處提供給他的「劇本」。後來所有演練都由反恐處的人擔任解說員，主要是為了節省成本。

演練精采之處，在於解說員會不時引入一些意外挑戰；它們的複雜或危險程度不一，而且通常只有不完整的有限資料。這些意外挑戰通常以二至四個一組引入，有時會讓問題得以部分解決，有時會讓情況惡化。例如在二〇一四年十月的紐約馬拉松演練中，意外挑戰之一是韋拉札諾海峽大橋附近的起跑線上方出現了一架翼展三呎、來歷不明的無人機，在精英跑手上方盤旋。（二〇一四年 NYPD 曾調查逾四十宗類似事件。）警方立即派出直昇機，希望辨明該無人機的來歷。下一個情節是該無人機飛走了，但很快出現另一架來歷不明的無人機。NYPD 指揮官決定命令巡邏的員警在非跑手當中尋找可疑人物，看是否有人以手機和望遠鏡控制無人機。在最後一個情節中，警方發現史坦頓島上有兩個人在一輛小貨車上放了一架無人機。警方扣留他們盤問，但他們的回應不完整，未能回答桌上演練參與者最關心的問題：這些無人機是航拍愛好者用來拍照的，還是可能危及公共安全？事實上，NYPD 指揮官或其他紐約市官員如何因應一個意外挑戰，很大程度上取決於他們如何理解之前的意

外挑戰。某位官員眼中的普通交通事故，在另一名官員看來可能是恐怖份子有意造成的。

NYPD 官員表示，演練中的緊張情況類似《星艦迷航記》中星艦學院訓練軍官使用的「小林丸號測試」（Kobayashi Maru test），也就是問題會刻意設計成一直無法徹底「解決」。[69] **演練的情節設計，是希望迫使指揮官和政府官員根據他們所知的情況，在永遠不知道接下來將發生什麼事的情況下，在時間壓力下做一些艱難的應變決定，包括如何分配資源。** 精心設計的演練劇本應涉及幾乎每一位參與者至少一次，並在做重要決定時，釐清誰將參與討論和誰有最終決定權。沒有人會因為提出錯誤的方案而受罰，但參與者承認，當所有人都看著他們時，他們會感受到 **必須找出「正確」答案的巨大同儕壓力。** 多數指揮官和其他官員會果斷、迅速地作出反應，但其他人往往會插話批評，或指出他們認為遭忽略的難題。

NYPD 反恐處長華特斯表示：「我們的原則，是絕對不要讓他們認為自己已經解決了問題。我們希望他們離開時感到受挫、不安，並且懷疑自己。」例如有一個情節是測試參與者在對講機和手機都忽然失靈時，會有何反應（結果他們請員警騎機車互通訊息，滿足臨時的通訊需求）。另一個情節是虛構一則 CNN 新聞報導，迫使 NYPD 的公關主管迅速研擬一種簡單的一致說法，以便警方回應外界。二〇一三年紐約馬拉松的演練安排了一個非常戲劇性的情節，果真發生的話可能癱瘓紐約市的緊急應變系統：警方在比賽中途發現，提供給數以萬計參賽者的飲用水遭人下毒。翌年十月的紐約馬拉松演練有來自紐約路跑者組織（NYRR）的比賽組織人員參與，參與者了解到對賽事飲用水下毒實際上很困難，而且果真發生這種事時，賽會備有多種應變方案。此外，賽會也有隨時中止比賽、改變路線，甚至是把終點線轉移到中央公園西邊的緊急應變方案。許多參與演練的 NYPD 高層以前不知道有這些應變方案，這突顯了

這種紅隊模擬獨特的合作和資訊分享元素。

在整個演練過程中，「鮑伯」會把所有出現過的重要建議和構想記下來。演練結束時，他會概括演練期間發生的事，並列出待辦事項；這些事項接下來將成為相關單位的任務。反恐處把待辦事項記錄下來，並持續監督各部門完成相關任務的進度。如果反恐處在下次演練之前發現仍有未完成的待辦事項，將會通知局長，由局長親自過問。二〇一四年馬拉松演練結束時，布拉頓局長便指示高階指揮官，務必事先告知比賽當天的巡邏員警，NYRR 在遇到意外事故時可能執行怎樣的應變方案。

二〇〇八年孟買遭遇恐怖攻擊之後，NYPD 隨即辦了一場桌上演練。十二月四日星期五（孟買恐攻結束後僅一週），逾五百名 NYPD 官員和員警早上十點齊聚參與兩小時的簡報會，主要報告者為三名仍在孟買的資深探員。三小時之後，四十名指揮官、副局長、情報主管和支援人員聚集在執行指揮中心，模擬曼哈頓發生類似孟買那樣的恐怖攻擊。與會者馬上發現，孟買和曼哈頓的地理和交通情況顯然非常相似。NYPD 情報部分析組長席爾博（Mitchell Silber）說：「孟買看起來和曼哈頓島幾乎一樣。」[70] 在這次演練中，恐怖份子在南街海港上岸，分多個小組步行或坐計程車分散到紐約市各處，然後在先驅廣場（Herald Square）的梅西百貨挾持人質，同時在中央車站開闊的大廳引爆炸彈，並對民眾開槍。

演練解說員大聲讀出這些巡邏員警或媒體提供的消息時，NYPD 的霹靂小組（正式名稱為緊急應變組〔Emergency Service Unit〕）正參與實地演習，在布隆克斯區羅德曼頸訓練中心的模擬梅西百貨面對挾持人質的恐怖份子。執行指揮中心的指揮官看著大螢幕上的模擬僵持場面，召來總部大樓八樓指揮控制中心的幾名資深巡邏員警，詢問他們果真發生這種事時，警方實際上可以動用多少人。演練參與者意識到，恐怖份

子對與警方談判釋放人質的條件不感興趣，只是希望拖延時間，以便其他恐怖份子在數十個街區以外的豪華飯店殺人。此外，因為多組受過嚴格訓練的恐怖份子同時在曼哈頓各處發動突襲，警方的霹靂小組很快便顯然在火力和人力上落入下風。[71] 演練安排多個地點同時遭受攻擊，是要迫使特別行動部主管先出動他的重火力部隊，然後承認自己已無兵可用。凱利局長看著記錄特別行動部人力的資料，直率地指出：「除非是我看錯了，你在二十分鐘之前已經無人可用。」

這場演練促使凱利核准兩項重要變革，藉此增強 NYPD 應付孟買式恐攻的能力。首先，演練顯示，一如孟買警方，NYPD 將在火力上遭恐怖份子壓倒。雖然 NYPD 霹靂小組有四百人可以使用重型武器，一旦發生多地點、歷時多天的攻擊，因為員警必須輪替，警方仍將面臨人力不足的問題。NYPD 在隨後數週安排組織犯罪管制處兩百五十名毒品科員警接受特別訓練，包括使用 M4 和 Mini-14 自動步槍，以及守護樓梯間和電梯間，以備不時之需。紐約市各處的警方設施也建立了儲存重型武器的倉庫。最後，警方建立了一個自動化電話系統，以便在發生這種恐怖攻擊時，召回休假的員警。[72]

此外，霹靂小組多數成員對豪華飯店的位置和佈局（或機場航店的情況）不甚了了。NYPD 隨後安排他們參觀市區主要飯店，並建立各飯店的設計圖和影片資料庫，以便緊急應變人員能基本掌握飯店佈局，包括電腦伺服器和電力室的位置。[73]NYPD 官員承認，這當中的一些變革很可能遲早會做，但決策者認識到它們必須馬上推行，是拜孟買演練令高階指揮官留下深刻印象所賜。

孟買桌上演練產生的重要建議，獲當局忠實且迅速地納入 NYPD 為恐怖突襲所做的準備工作中。[74] 此外，當局非常重視這種恐攻威脅，隨後兩年均根據孟買事件安排了額外的演練。[75] 其中一場演練的最後情節，是凱利局長和局總警監（Chief of Department）艾斯波西多（Joseph

Esposito）到表維醫院（Bellevue Hospital）探望受傷員警時，醫院急診室發生炸彈爆炸。演練解說員對他們兩人說：「長官，你們並非死了，只是失蹤而已。」

凱利和他的高級助手表示，NYPD 的監督和評估方法並非總是足以確保桌上演練產生的所有建議都能付諸實行。不過，NYPD 現職和前官員一再強調，**桌上演練光是令他們認識到重要問題和關鍵威脅、熟悉相關情況、提高警惕並加強準備，就已經有非常重要的價值**。這些演練藉由嚴謹逼真的模擬，細究領導高層對嚴重事件的反應。不過，一如所有紅隊作業，這些演練對目標組織能產生多大的持久作用，取決於組織有多重視作業的發現和建議並忠實付諸實行。

資訊設計保證紅隊：把紅隊作業變成一種大宗化工具

帕克斯（Raymond Parks）在他的領英（LinkedIn）自我介紹中寫道：「我不是壞人，但在紅隊作業中扮演壞人。」[76] 無論是以名聲還是經驗衡量，帕克斯都是美國政府最重要的紅隊人員之一。他讀高中時以老舊的電報式介面第一次駭入美國政府的電腦，當時根本還沒有法律禁止這種行為：「我在上面玩《星艦迷航記》玩膩了，想看看自己還能用它做什麼。」[77] 帕克斯從美國空軍學院畢業後，曾負責做洲際彈道核彈的擅自發射分析，目的是辨明防止擅自發射的程序和設計的漏洞與弱點。[78] 他發現做這項工作有個附帶好處：空軍不會派他去當飛彈發射官，因此也就不必去地下的彈道飛彈發射井值每次三或四天的班。「你已經研究過飛彈發射系統的所有漏洞和弱點，空軍自然不想派你負責發射工作，」帕克斯說。他退役後在科特蘭空軍基地（Kirtland Air Force Base）的空軍武器實驗室當後備軍人，專門研究如何確保核武器的安全。「我們做的事，就是研究壞人可能以什麼方法取得或使用核武器，並設法確保這種事永遠不會發生。」[79]

帕克斯後來成為「資訊設計保證紅隊」（Information Design Assurance Red Team, IDART）的創始成員。IDART 是新墨西哥州阿布奎基市桑迪亞國家實驗室的一個特別專案小組，但其工作和意見獲得多方面的重視，常有人尋求其服務；這一點與國土安全界其他紅隊不同，後者是政府強加給目標組織的，例如商營民航業便必須接受 FAA 的紅隊評估其保安工作。桑迪亞實驗室的根源可追溯至「曼哈頓計畫」，該計畫設計和製造出全球首批核子彈，包括迄今在戰爭中用過的僅有兩枚核彈。

　　七十年後，桑迪亞實驗室的首要使命仍然是確保核彈的非核元件和子系統（包括指揮和控制系統）安全有效。桑迪亞十萬呎長的火箭滑道可以時速高達數千哩的速度把彈頭撞入牆壁，藉此模擬核彈在核攻擊中的加速度、速度和撞擊角。桑迪亞的風洞評估 B61-12 核彈尾部組件的效能；美國所有核武將在二〇二四年之前全部換上這種彈頭。[80] 桑迪亞雖然向來肩負國防、國土安全和能源運用方面的多重使命，其核心職責是確保美國在總統決定動用核武時有武器可用，但同樣重要的是確保核武不會遭破壞、竊取或擅用。這包括防止天災如閃電或狂風破壞核武，以及防範更令人擔心的威脅，也就是外國軍方、恐怖份子或罪犯染指核武的企圖（這正是帕克斯在科特蘭空軍基地負責研究的事）。

　　桑迪亞防止核武遭擅自使用的使命，衍生 IDART 這支紅隊。在一九九〇年代初，IDART 創始人史克羅（Michael Skroch）開始看到「桑迪亞有更多人從敵人的角度思考，以求更好地防範威脅，但沒有結構、程序或方法來界定它，因此也就難以改善做法，一切都靠臨時發揮。」[81] 史克羅找來多個領域的人組成核心團隊（最初有五至六個人），整理桑迪亞數十年來累積的各種敵人和風險評估技術。他選了一群技能各有不同的科學家和工程師，包括某些領域的技術專家、分析和建模工具專家，以及創意思考者。史克羅發現，當時的紅隊作業「仰賴剛好出現的某個

人的靈感或才智。」他的長遠目標是「把紅隊作業變成一種大宗化工具，可供技能不一的人使用。」他的做法是研擬可以界定和重複使用的紅隊作業技術，而且這種技術必須夠靈活，以便能與時俱進。

因此，一九九六年在資訊運作中心主任華納多（Samuel Varnado）指示下，史克羅動用桑迪亞的一小筆研發經費（也就是說，桑迪亞實驗室必須自掏腰包），成立了IDART。華納多回想當年的情況時說：「IDART的起源，是我們有一些人高度專注地確保核武不會遭擅用，而他們獲准接觸敏感分類資料（sensitive compartmented information）。」[82] 他指示史克羅整理桑迪亞各種不同的紅隊作業技術，並處理美國面對的最棘手的威脅，尤其是資訊系統和關鍵基礎設施（八五％為私營企業擁有）面臨的威脅。華納多說：「桑迪亞有現成的技術能力，我們只需要把應用目標從核武調整至產業界，便能幫助產業界保護自己。」IDART的活動範圍將集中在三個領域：網路、實體（包括無線電頻率）和人員。IDART 的紅隊作業定義反映了桑迪亞致力培養的知識能力和技術：「一種出於防衛目的，經核准、基於對手的評估。」

打從一開始，IDART 的紅隊作業受三個原則規範。首先，桑迪亞在核武以外的所有工作，都是「投幣式」運作（這是桑迪亞員工的說法）。也就是說，所有的紅隊專案，必須靠外來財源支持。第二，根據法規，IDART 不得與民間部門的紅隊作業公司競爭。因此，如果有人要求IDART 做相對簡單的電腦網絡滲透測試，IDART 會拒絕，因為很多網路安全業者可以提供這種服務。在此情況下，IDART 僅接受利用桑迪亞獨特技術的紅隊作業委託。這種專案主要是針對國安或國土安全相關的複雜系統探查弱點，以及做獨立的另類分析；這些系統一旦失靈，會有嚴重後果。[83] 第三，桑迪亞的主管機關是國家核安全管理局（NNSA），桑迪亞的非核活動必須經 NNSA 核准。[84] 雖然 NNSA 主要核准政府專案（例

如 IDART 大客戶國防部高等研究計劃署的委託），但 IDART 也曾替民間企業的系統和產品做紅隊作業（但這些企業必須有政府機關當保證人，後者通常是想購買這些公司的產品）。

IDART 的第一項任務，來自德州聖安東尼奧的聯合指揮與控制作戰中心（Joint Command and Control Warfare Center）。該中心奉國防部先進技術事務副次長之命，從事資訊系統的「先進概念技術示範」（Advanced Concept Technology Demonstration, ACTD），以求釐清敵人可能用來征服資訊系統的所有方法。該中心發現，IDART 的安全評估作業遠優於其他政府紅隊所做的。這種好評迅速傳了出去，史克羅回想當年的情況：「其他政府紅隊開始把他們做不來的工作轉交給我們。」IDART 的工作量很快便超過起初八至十人的核心團隊所能監督的。IDART 因此被迫擴大核心團隊的規模，而史克羅發現：「紅隊人員的數目相當有限，勝任這種工作的人不多。你很快便會耗掉這方面的人力資源。」他後來注意到，他們主要是尋找具有三方面特徵的人：「掌握特定領域的知識，具有創意思考能力，以及夠狠、能以可能腐化道德的方式做事。」帕克斯補充道，最後一項特徵特別難得：「我們總是可以找到掌握新領域知識的人，但駭客心態重要得多，也罕見得多。」IDART 核心團隊把他們最優秀和可靠的紅隊人員（包括桑迪亞和非桑迪亞的特定領域專家）稱為「**不可能任務部隊**」（Impossible Missions Force）；此名靈感源自一九六〇年代末至一九七〇年代初電視劇《虎膽妙算》（Mission: Impossible；後來改編成《不可能的任務》系列電影）中虛構的兼職特工精英團隊。

IDART 在政府和產業界特別為人樂道的一項專長，是評估「監控及資料擷取」（SCADA）軟體的安全。拜這種軟體所賜，我們可以用遠距方式感測和操作關鍵基礎設施，例如利用遙控功能關掉某個發動機、關掉某個排氣孔或啟動某個加熱器。SCADA 系統因此一直是非常吸引罪犯

或恐怖組織駭客的目標。[85]

華納多發現，雖然在一九九〇年代中，SCADA 系統受到的威脅持續增加，使用這種系統的民間業者根本不想聽人講這種威脅和潛在後果。「我們去休士頓，跟大型石油公司見面，指出它們的煉油廠的安全漏洞，但公司執行長會說：『但我們的電腦都設有密碼！』」華納多說，這些企業高層「根本不把網路攻擊當成一種威脅，因為這種威脅不像十八名民兵手持 AK-47、越過小山而來那麼明顯。」[86] 華納多因此在桑迪亞協助設置一些測試台和安排超級電腦模擬，替美國能源部及核管理委員會評估關鍵基礎設施的保安。IDART 也利用這些安全評估作業開發風險評估方法，以助民間業者了解自身系統的弱點和如何明智地花錢加強保安。美國公共電視網（PBS）二〇〇三年有一集以「網路戰爭！」為題的節目上，主持人問史克羅：「如果你想這麼做的話，你的團隊是否能癱瘓美國整個電力網？」史克羅禮貌地答道：「我不答這個問題。」[87]

IDART 也做其他弱點探查工作，客戶包括跨國金融機構、美國以外的公用事業公司、新加坡地鐵系統、美國的核電廠，以及網路安全業者。後者的一個例子，是 IDART 在九一一事件之前不久，替 Invicta Systems 評估一套採用專利技術的軟體，據稱可以在受到惡意網路攻擊時「反駭回去」。[88] 至於美國政府委託的工作，IDART 曾探查貨櫃保安系統的弱點（這是國土安全部為期多年的貨櫃安全測試和評估工作的一部分），也曾探查國防部高等研究計劃署（DARPA）發起的 Ultralog 專案的弱點（Ultralog 是一個基於網路的物流架構系統，其目的是要經得起針對資訊系統的不對稱網路攻擊，在戰爭時期的混亂環境中有效運作）。[89]

一九九八至二〇〇〇年間，IDART 替政府和商界客戶做過三十五次電腦網絡和資訊系統的滲透測試，每一次均成功侵入系統。每次測試前，IDART 均事先通知客戶以便他們做好防範，有時甚至會具體說明將使用

的侵入方法，但 IDART 仍然可以輕易打敗客戶的防禦系統。[90] 此外，每一次的侵入都僅使用可以公開取得、有相當能力的惡意攻擊者都有能力使用的工具。索維（Dino Dai Zovi）加入 IDART 時才二十一歲，但已經是技術高超的駭客，他回想當年時表示：「他們總是特地使用相對簡單、開放源碼的駭客工具，以求測試逼真可信。我那時還年輕，總是希望把行動升級，但現在我明白他們的做法為何重要了。」[91] 史克羅正確地指出，三十五次侵入均成功的意義難以確定，因為每次作業都不一樣，耗費的工夫也不同；每次侵入僅反映一時的情況，而長期的系統維護狀況是動態的；此外，這種表現也不能反映補強系統需要多少成本或力氣。[92]

　　除了這些具體的專案外，IDART 也積極教導美國的國家和國土安全機構如何利用紅隊作業，並致力在美國政府中普及紅隊作業意識。二〇〇〇年代中，IDART 替一個 DARPA 當保證人的客戶探查該客戶想購置的一個電腦系統的弱點。這名客戶非常忌諱 IDART 駭客的能力，因此把紅隊作業範圍設計得非常窄，僅允許 IDART 評估電腦系統的一小部分。儘管如此，IDART 人員還是找到了「零日漏洞」（zero-day exploit），因此得以進入整個系統。史克羅和他的同事認識到，找出防禦系統的漏洞並不難，但除非目標組織允許 IDART 把紅隊作業設計到能反映敵人構成的實際威脅，這是毫無意義的。IDART 核心團隊認為他們不能只是侵入各種資訊系統，還有責任和義務協助政府和民間部門的專案經理認識紅隊作業的本質，以及如何正確運用紅隊作業。

　　因此，二〇〇六年，IDART 利用 DARPA 某個專案剩餘的經費製作了《專案經理紅隊作業指南》。這本小冊子提供四方面的簡單指引，包括決定何時利用紅隊作業，確定紅隊作業的內容（包括決定紅隊作業的類型，例如設計保證紅隊作業、行為紅隊作業或滲透測試等等），尋找合適的人組成紅隊，以及根據紅隊作業發現提供實用的結果。[93] IDART

把這些小冊子寄給政府機構的專案經理，並要求他們在委託 IDART 評估資訊系統之前遵循這些指引。在那些替政府機構採購高度機密的系統的專案經理中，IDART 迄今仍以服務清晰易用著稱。在此同時，IDART 也於二〇〇五至二〇〇七年間辦了三場關鍵的會議，向政府專家傳授紅隊作業技術和方法。史克羅記得那是各政府機構的科學家、工程師和專案經理首度聚集分享紅隊作業技術和方法，同時引導外行的人認識紅隊作業的應有效能。[94] 這些產品、方法和指示對協調和普及美國政府中的紅隊作業有巨大貢獻——無論之前還是之後，都可能沒有組織比得上。[95]

不過，IDART 的工作重心，一直都是為國家和國土安全機構評估電腦網絡和資訊系統。因為 IDART 的工作內容多數涉及機密，相關資料不易取得，但我們可以提供 IDART 的紅隊作業產生重要作用的兩個例子。

第一個例子發生在二〇〇四年左右：一家民間業者向政府機構推銷據稱可以安全傳送機密資料的可燒錄光碟（只可錄一次）。該公司宣稱，資料如果存在連接網際網路的電腦網絡上，即使是存在受防火牆保護的共用的網路磁碟機上，還是容易遭竊取。該公司建議，為保護特別敏感的機密資料，政府機構應利用「氣隙隔離的」（air-gapped）電腦，把資料燒錄到該公司供應的光碟片上，然後寄給需要這些資料的人。因為這種光碟片據稱受無懈可擊的加密標準保護，即使落後非收件人手上，他們也無法取得光碟上的資料。[96]

美國空軍資訊作戰實驗室（AFIWB）的專案經理在確定這種光碟片與國防和情報機關的電腦相容之後，要求 IDART 探查其弱點。IDART 的兩人團隊幾乎立即找到方法破解光碟的加密系統，取得光碟上的資料。AFIWB 的專案經理因此知道這種光碟其實不安全，政府機構得以避免採用。這種光碟的安全漏洞其實可以輕易修補，但該供應商顯然不想再向政府機構推翻其產品。帕克斯記得一些案例是 IDART 發現了通訊系統的

安全漏洞，但數年之後，同樣的系統並未根據建議加強保安，由其他國防承包商賣給了政府機構。

IDART 紅隊作業另一個重要的成功例子發生在二〇一一年，事因美國勞工部勞動統計局懷疑該局的經濟數據在正式公佈前遭竊取。勞動統計局的數據（包括就業人口和薪資季度報告）備受市場矚目，財經媒體和投資人均迫切希望從中尋找有關未來市場趨勢的線索。如果仰賴演算法的交易者能以非法手段事先取得這些數據，他們將能根據這些數據料將引起的市場反應，預先做好交易部署。自二〇〇七年起，包括證券交易委員會（SEC）和聯邦調查局在內的許多政府機關，一再表達他們對這些經濟數據遭竊取的憂慮。勞工部官員隨後要求 IDART 協助，針對勞工部華府總部大樓地下用來公佈就業數據的房間做一次評估。數據公佈當天早上八點至八點半，勞工部會把主要媒體的記者關在這間房間裡，提供數據讓他們準備相關報導。然後在早上八點三十分整，勞動統計局正式公佈數據：各媒體記者的個人電腦全都連結到勞動統計局的系統，官員一按鍵放行，資料便同時經由各媒體發出。[97]

IDART 多次以事情無關國家安全為由，拒絕了勞動統計局的要求。帕克斯回想當時的情況：「他們一再問是否可能發生某些不好的事，但我們一再跟上級說，這不在我們的工作範圍內。」但是，因為勞動統計局和其他政府機關非常堅持，IDART 成員認識到相關數據的重大經濟價值，同意接受委託。在此之前，IDART 曾為美國社會保險局做過類似的資料安全評估，因為聯邦政府每年有四分之一的經費是經由社會保險局分發出去。

這次紅隊評估代號「一網打盡」（CleanSweep），目的是辨明勞工部地下數據室和數據公佈程序的安全漏洞，提供改善建議，並在必要時協助執行改善建議。IDART 遵循其一貫做法，先做評估前的作業規劃。首先，IDART 專案經理林漢（Han Lin，音譯）和專案隊長丸岡（Scott

Maruoka）與勞工部協商出一份工作説明，載明潛在威脅、最壞的情況、作業目標和紅隊必須提交的東西，以及紅隊作業的範圍和限制。第二個階段是蒐集資料：紅隊檢視所有相關文件和公開資料，訪問勞工部和勞動統計局的官員，實地考察地下數據室和周遭環境，並觀察勞動統計局一次真實的數據公佈作業。IDART 的紅隊有五名成員，具備網路安全、模擬敵人（adversary modeling）、實體安全設計和電子監控方面的專長，獲勞工部提供必要的資料和支援。因為經費和時間有限，這次評估的範圍限定為「敵人可用什麼方法在數據公佈作業期間，從鎖住媒體記者的地下室竊取尚未公佈的經濟數據」，因此不考慮潛在的內部威脅：產生目標數據的勞動統計局資訊系統，以及相關的人員控管。IDART 認為這兩方面的內部威脅最可能洩露數據，紅隊成員也認為作業範圍太窄，實際上無法辨明地下數據室面臨的所有潛在威脅。[98]

IDART 紅隊斷定勞動統計局以外的敵人最可能是「追求利潤、技術成熟、可動用可觀資源的個人或組織」，而最壞的情況是資料或系統遭破壞或濫用，產生負面報導，導致勞動統計局聲譽受損。[99]紅隊成員發現，最令人不安的是媒體管理規則是從記者使用機械打字機的年代演化過來的，而現在的媒體機構則是把通訊線路接入數據公佈室，並使用未經審查的自家電腦、監視器和路由器來傳送資料。此外，媒體機構的員工和承包商可以進入通訊室做設備維護工作。「久而久之，他們形成了一種鬆懈的保安文化，」帕克斯説。紅隊斷定敵人最可能藉由隱蔽的射頻發射器或做過手腳的通訊基礎設施竊取資料。

蒐集完資料之後，紅隊在勞工部完成初步分析工作，向勞工部運作部門和勞動統計局的代表報告分析結果。在二〇一一年八月公佈的最終報告（連同附帶的技術資料）中，紅隊不但報告了他們的發現，還提出了改善建議。這些建議包括一些成本不高的簡單措施，例如禁止在地下數據室使用外來的電腦和資訊科技設備，以及封鎖該房間的射頻通訊。此外，數

家媒體，包括報紙《債券買家》（The Bond Buyer）、Nasdaq OMX 和 RTT News，不再獲准進入地下數據室，因為它們的首要目的是為高速交易者提供資料，而非生產原創的新聞內容。[100] 一年之後，IDART 回到勞工部大樓，評估勞工部這一年間採取的改善措施，發現當局「在改善數據發佈設施的保安上已取得重大進展。」[101] 帕克斯說：「他們努力執行了一些建議，但也有一些建議沒有執行。」例如經認證的媒體仍然可以使用它們自家的電腦，但當局也執行了一些供應鏈防範措施，確保這些設備在就業數據公佈前的半小時之外，被鎖在地下數據室裡。

雖然光碟片和勞動統計局這兩個案例相對成功，IDART 一如所有紅隊，不容易證明自己的努力可以替目標組織確切省下多少錢。此外，IDART 僅應專案經理的要求做事，評估潛在的威脅、代價和後果。史克羅發現，安全防範措施的價值總是難以證明，但他相信 IDART 的紅隊作業已在三個方面證明了自身的價值。

首先，它能提出一些**「天啊竟然是這樣」的洞見**，揭露一些為人忽略的問題，有助目標組織加強防範潛在的威脅。第二，**弱點探查作業可以證明保安上的不足，進而促成重要的討論**，最終成就比較全面周到的防衛系統。第三，IDART 的紅隊作業總是能提供一種**誘人掩護作用**。專案經理可以拿出 IDART 的報告，證明自己已經盡力請來頂尖人才做必要的評估。「如果國會或媒體質疑你，你可以拿出這份報告，然後告訴大家：『我盡力了。』」當然，紅隊作業的發現必須有人認真跟進才能真正產生價值，而 IDART 的成員承認，他們沒有權力迫使客戶這麼做。

帕克斯在自身職涯中力圖證明安全防禦和資訊保障作業的效用，但他發現這種作業的方法是有缺陷的，無法總結出較廣泛的結論。如果紅隊作業發現明顯且容易糾正的弱點，則作業顯然是成功的。但如果紅隊的時間誤用在相對安全和不重要的系統上，則紅隊作業的價值會較難確定，因為這些時間如果用在敵人想攻擊的其他系統上、發現一些重要的弱點，

當然會好得多。紅隊作業總是限於與目標組織議定的活動範圍，而事後要證明這個範圍不恰當並不容易。不過，帕克斯記得自己在二〇〇一年的九一一恐怖攻擊之後不久，看到報紙一篇報導提到華府廣泛採用一種生物感測系統來偵測生物戰劑。三年前 IDART 曾應生物防禦聯合計畫辦公室（Joint Program Office for Biological Defense）的要求，針對那個感測系統做過一次「先進概念技術示範」評估。[102] 帕克斯說：「我們當時建議增加一些感測器，改善該系統的規格，而政府的專案經理非常重視我們的意見。當你知道他們因為你的努力而做好了一些事時，你會有很大的滿足感。」

結論

自史隆（Stephen Sloan）開創這個領域以來，國土安全方面的紅隊作業人員一直必須努力證明自己的工作對防範恐怖攻擊和其他罪案是有用和必要的。FAA 的紅隊很可能是本書闡述的最悲慘的案例，因為該紅隊認真執行弱點探查工作，揭露了機場和航空業者在防範恐怖份子上的嚴重不足（一九八八年的洛克比飛機爆炸案正是源自這種問題，而那次慘劇也促使當局設立 FAA 紅隊），但當局幾乎完全漠視其警告。FAA 紅隊的作用微不足道，因為 FAA 受限於它的國會監督者，本身就很虛弱。FAA 高層收到紅隊的報告，但無法或不願意利用紅隊的驚人發現迫使美國航空業者作出必要的改善。不幸的是，這種紅隊作業欠缺最終目的，而這是最壞的情況，導致紅隊和目標組織無法好好利用紅隊作業的發現。

本章檢視的其他紅隊比較成功，主要是因為它們的工作是政府國會或組織最高層要求的，又或者是為了滿足某項公認的緊急需求。肩射飛彈威脅評估，是二〇〇二年以色列一家航空公司遇到這種威脅促成的。該事件眾所周知，使協助美國的機場應付這種威脅變得非常重要，而評估這種威脅的最佳方法，是設想恐怖份子的動機、戰術和可能採用的手段。

紐約市警察局的桌上演練得到警方最高層的支持，因為當年的局長凱利認為這種作業非常有用，是評估紐約警方在遇到嚴重事件時的應變計畫和指揮官反應的最佳方法。

紐約警方十年來一直做這種演練，因為它有足夠的彈性，可以用來評估警方對新的恐攻威脅的反應，以及警方在預定的大事發生意外情況時的應變方案。

IDART 紅隊能持續運作，則是有賴它最初專注從事核武和關鍵基礎設施的評估工作，以及它應用桑迪亞實驗室的獨特專長，有效地評估政府和產業界面臨的各種威脅。

一如下一章詳述的民間部門，IDART 總是必須努力證明自身的價值。批准建立 IDART 的華納多便說：「要站在商業立場說明紅隊作業是必要的，你必須證明目標組織的潛在弱點、面臨的威脅，以及不做紅隊作業的後果。」[103]

05

COMPETITORS: PRIVATE-SECTOR RED TEAMING

競爭對手──民間部門的紅隊作業

要激起管理層對災難應變計畫的興趣,最好的方法是把公司對面的大樓燒掉。

──艾文(Dan Erwin),陶氏化學(Dow Chemical)保安主管,二〇〇一年 [1]

本書前面幾章已說明美國政府保護國家安全的需求如何促成紅隊作業，但民間部門也會應用這種手段，雖然用得比較有限。

民間最常用的紅隊作業，是旨在**測試某個系統或某項設施的弱點探查作業，以及評估企業策略決定潛在後果的模擬作業**。不過，在本書研究的所有領域中，民間部門的紅隊作業是最封閉、最難探索的。這是因為外部紅隊和它們評估的目標企業都大有理由守口如瓶，不談他們發現的弱點，或甚至故意誤導詢問者。外部紅隊人員通常是顧問業者，他們總是準備好一些精心編排的故事，隨時可以告訴你他們如何明確地改善了客戶的表現。顧問極少會講他們失敗的例子，而即使講，失敗也總是客戶的錯。此外，顧問多數會貶低同業中的對手，即使他們可能承認自己並不直接了解自己與對手有何不同。外部紅隊也往往會簽保密協議，因此有關自己的工作有很多事情不能講，結果我們也就很難驗證他們口中的成功故事。

企業雇用外部紅隊，是希望利用其他公司所沒有的資訊占得相對優勢，增加公司的盈利；因此，多數公司和他們的員工自然不願意與其他人分享這種資訊，甚至匿名分享也不願意。[2] 企業文化一般會強調保密，因為害怕公司的現行和未來計畫落入競爭對手手中，以致公司落入競爭劣勢。此外，不難理解的是，企業會致力隱瞞或淡化自身的弱點，以免嚇跑投資人和引起監理機關的注意。相對於非常重視保密的美國情報系統和軍方，外部顧問和企業甚至更刻意保持神秘，而且會積極散播誤導人的資料，令外界摸不清他們做些什麼和做得有多好。

這種心態除了令人難以描述和分析民間部門的紅隊作業外，也可能令企業對真正的紅隊作業需求視而不見。當公司附近沒有大樓可以燒毀時（見本章開頭艾文那句話），我們將難以促使公司高層考慮可能出現的最壞情況。市場根據企業成長和生存的能力，最終判定企業的策略和計畫是成是敗。如果企業走錯路，又或者不正視惡意駭客或競爭對手的威脅，

市場將藉由損害企業的營利能力、市占率和名譽，「糾正」它們的行為。

　　企業不糾正嚴重的錯誤，早晚將失敗倒閉。美國統計局的最新數據顯示，企業平均退出率（現行企業結束業務的比例）為一〇％。[3] 但是，只看既有的已知結果本身往往會有誤導，因為企業即使執行最好的策略和防衛措施，仍有可能因為無法控制的因素而蒙受巨大損失或直接倒閉。完全無法預期的事件（例如極度惡劣的天氣、監理機關施加的巨大壓力、消費偏好的驟變，或造就惡意攻擊的技術突破），都可能導致最周全的計畫災難性地失敗。另一方面，**最好的策略未必是公司能創造價值的原因，最好的保安措施也未必是敵人不攻擊的原因。**

　　不過，企業還是會設法減輕意外情況和市場正常波動造成的衝擊，包括利用各種紅隊作業（另類分析、弱點探查、模擬）。愈來愈多顧問業者致力提供這種服務，通常是專門服務特定產業。例如矽谷法律顧問公司 Lex Machina 便為面臨智慧財產權訴訟的科技業客戶模擬和預測訴訟結果，以及評估各種和解選擇。[4]

　　芝加哥的席本能源（Sieben Energy Associates）則藉由能源診斷（energy audit）辨明客戶能源管理上的弱點（通常可以找到節能五％至一〇％的方法），以及利用涉及另類分析的能源模擬（energy modeling），評估建築物的能源消耗情況，以求找出最節能的好設計。[5] 英國跨國企業宇航系統應用智能公司（BAE Systems Applied Intelligence）提供遠距和實地滲透測試服務，替客戶評估網絡抵禦敵人侵入的能力。[6] 二〇一四年初，該公司與馬來西亞科技創新部合作執行滲透測試，評估馬國網絡的保安。[7]

　　佛羅里達州坦帕市資訊安全公司 360 Advanced 則為客戶做網絡滲透測試，評估保安弱點並提供改善建議。該公司的目標並非只是確保客戶遵循法規，例如支付卡產業資料安全標準（PCI DSS）和《健康保險可攜性和責任法》（HIPAA），而是還希望客戶能有效抵禦惡意駭客的

攻擊。[8] 這四家公司未必認為自己是在做紅隊作業（可能因為它們的經驗並非源自美國軍方整理出來的紅隊作業指南），但它們做的恰恰是紅隊作業。此外，許多提供此類服務的顧問公司如果能圍繞著紅隊框架調整業務（類似本章將詳述的三種民間紅隊作業），勢必能因此得益。

本章將詳述的第一種民間紅隊作業是外部顧問提供的「**商戰模擬服務**」（business war game）。這種服務是希望幫助**面臨意外挑戰或迫切策略決定的公司了解競爭對手最可能出現的反應，以及評估新策略是否明智**。第二種是演變和擴張中的網路安全評估作業，由**白帽駭客扮演惡意駭客，探查企業的電腦網絡或軟體的弱點**。我們將提供白帽駭客侵入 Verizon 一個毫微微型蜂巢式基地台（femtocell）的案例，說明「責任揭露」駭侵（hacking）如何辨明惡意駭客可以利用的保安弱點，並提出補救方案。第三種是**保安專業人士針對理應安全的實體設施所做的滲透測試**。他們利用欠缺戒備心的員工，或以其他方法智取防衛系統，證明多數建築物存在嚴重的保安漏洞（你每天工作的大樓幾乎也一定有這種問題）。我們將看到一個充滿活力的紅隊作業領域：雖然有時難免因為民間部門的層級制度和偏見而遭削弱，但其從業者顯然非常有創意。

模擬策略決策：商戰模擬

在企業界，紅隊作業最重要的用途，是協助管理層做非常重要的策略決定。策略決定是顯著改變企業經營範圍（例如產品、活動或市場）和投入程度（例如投資、撤資或公開宣示）的決定。[9]

對企業管理層來說，固有的困難在於**如何在面對不確定性時（潛在結果不可知或無法以主觀的機率估測），分析互有衝突的所有資訊，並平衡內外各利害關係人的利益**。澳洲加德士（Caltex Australia）執行長西格爾（Julian Segal）便說：「世界是非線性的。要迅速處理複雜的情況，你必須能很快處理大量資訊，找出有用的部分，趕快做決定。」[10] 企

業明白這種決策不確定性衍生的困難，試圖利用各種內部框架和方法（也就是針對自己做紅隊作業）來克服或減輕問題。數十年來，人們開發出數百種此類方法，包括標竿管理（benchmarking）、顧客關係管理和平衡計分卡，每次提出都說能更有效地協助企業高層做關鍵決定。廣義而言，企業常用三種框架或方法支援內部決策，而它們各有問題和不足。

第一種是**情境規劃**（或策略規劃），也就是設想自己想達成的目標，並辨明達成目標的步驟。這可能極其困難，尤其是因為企業高層每天都有不少必須馬上處理的事，而許多人也誤以為這不過是列出目標。11 一九五八年，社會學家馬奇（James March）和賽蒙（Herbert Simon）把這種問題稱為「規劃上的葛萊欣定律：日常工作排擠了規劃作業」。12 一如第二章那些在指揮參謀部工作的軍官，**企業高層往往忙著完成期限緊迫的日常工作，結果未能挪出時間回顧過去和規劃未來**。大致而言，策略規劃致力釐清如何達成目標，而紅隊作業則較常用來查明某個計畫的問題，或檢討目標是否正確。

第二種是中低階主管可用來輔助策略規劃的「**解放手段**」（liberating structures）。這是托伯特（William Torbert）一九九一年率先提出的概念，而第二章介紹的對外軍事和文化研究大學也有教授這種技術。解放手段是實驗型互動，有助人們自由討論和發揮創意，以求解決問題或探索新機會。13 各種解放手段應用不同的促進方法，以求在團體討論中引發意想不到、特別豐富的意念交流。「**四種視角**」（Four Ways of Seeing）是方法之一，要求應用者站在不同的立場（包括潛在敵人的立場）看問題，藉此協助組織文化、社會系統、權力格局、歷史敘事和經濟運作。另一個例子是「**珍珠鏈分析**」（或「死前分析」），藉由分析計畫各部分背後的假設，辨明計畫中的缺口或弱點。這有助研擬或許能減輕相關風險的措施。這些解放手段也稱為「**定向創造力**」（directed creativity），在商學院的課程之中，大企業的副總裁或部門主管通常熟

知它們的目的和程序。相關的研究和顧問服務成行成市：業者開發各種方法，據稱可助企業突然發現自身盲點、自我診斷現行業務計畫的弱點，以及從事自我批判思考。許多企業因此認為公司內部的情報或策略分析師可以利用這些框架，檢視現行計畫和公司將要做的策略決定（也就是針對自己做紅隊作業）。解放手段雖然有許多用途，組織偏差和內部文化障礙限制了它們的作用。因為內部人士不夠客觀，他們不能只是應用紅隊作業的一招半式，便認為自己的組織已經做過紅隊作業。

第三，策略規劃和解放手段均假定企業可以培養出下情上達的企業文化：所有員工都會注意公司的策略或效能問題，並且積極向上司報告自己的發現。這種行政風格源自管理理論文獻，據稱是希望藉由組織結構扁平化，持續鼓勵員工貢獻好主意以助改善公司策略，免除管理層的直接決策責任。但是，**現實中員工不常誠實地告訴上司自己的想法，因為他們認為自己的意見不得要領，或害怕因此遭受報復**（後者比較糟糕）。員工的這種顧慮是有道理的。一名匿名的企業高層便說：「魔鬼代言人如果偶然講對了，將會遭公司中的『抗體』獵殺。別忘了他們才在爭論中獲勝。也就是說，有人輸了。」[14]

上述三種資訊處理和策略決策方式都有一個問題：層級制度難免都會產生同樣的組織偏差。這些組織偏差導致員工傾向保持沈默，不告訴上司一些他們必須知道的事，也不會公開、誠實地質疑公司高層公開支持的策略或計畫。

有些企業高層表示，他們很相信自己有能力以紅隊作業檢驗自己，或是藉由把所有員工變成紅隊人員，大幅改造公司文化。但是，企業管理層、策略顧問和商學院教授的說法顯示，企業往往無法做逼真的內部紅隊作業，又或者這種作業會被限制到根本無效。米希克在美國中情局當第二把手時建立了中情局的紅色小組（詳見第三章），而她自二〇〇五

年起從事風險控管方面的高階工作。她便表示：「在民間部門，企業都很難以紅隊作業檢驗自己。」[15]

多數老闆並不刻意親近員工當中的「應聲蟲」。他們不必這麼做。假以時日，多數人都學會只說「好」、保持沉默，或把異見淡化到幾乎沒有影響的程度。調查顯示，多數員工不願意對上司暢所欲言，而旨在鼓勵員工表達意見的正式機制（例如熱線、投訴信箱或申訴專員）通常是沒有意義的。[16] 麥康斯商學院（McCombs School of Business）教授伯里斯（Ethan Burris）便說：「如果公司提供匿名意見箱，那只會提醒員工，他們在一個暢所欲言並不安全的地方工作。這會強化公司希望處理的那種觀感。」[17]

二〇〇九年的「康乃爾全國社會調查」（Cornell National Social Survey）訪問一千名美國成年人，發現五三％的受訪者從不向上司談自己想到的主意或看到的問題——四一％認為這只是浪費他們的時間，三一％則擔心自己這麼做可能必須承受某些後果。[18] 此外，人們認為表達異見特別麻煩，因為上司會認為相對於提供「支持意見」的員工，提出「質疑」的員工表現較差，而且較不忠誠。[19] 不令人意外的是，雖然員工常常與同事公開討論公司的缺點（為了驗證自己的想法，或替自己的想法尋找支持意見），他們通常不願向上反映問題。[20] 伯里斯和他的同事便發現：「意見流向領袖有助改善組織的表現，意見在同級之間流傳則會拖累組織的表現。」[21]

在現實中，調查結果和一般人的日常經驗均可說明在企業裡，員工的意見為何及如何難以向上傳達。要理解這件事，你只需要想想自己在公司是否能毫無顧慮地向上級反映意見，還是會因為覺得這麼做不安全或無效而避免這麼做。你如果看到公司某個策略計畫或內部程序中的盲點，很可能只會跟同事公開討論，但不會與上司討論，即使後者有權針對問題做些事，或至少向上反映問題。假以時日，你不但學會如何根據正式

的命令和指引做事，還會根據上司的語氣、與上司的互動和對潛規則的理解，非正式地學會是否要處理迄今無人處理的問題。而如果你對自己夠誠實，你很可能已經發現，一如多數位置的多數員工，保持沈默是最安全、壓力最少和最合理的做法。

我們來看一家跨國高科技公司的例子。該公司藉由內部調查訪問五萬名員工，發現約一半的員工認為暢所欲言或質疑公司的運作方式並不安全。商學院教授迪特（James Detert）和艾蒙森（Amy Edmondson）從該公司五個部門隨機挑選代表所有層級的一百九十名員工，了解他們為何害怕表達意見。[22]

迪特和艾蒙森僅檢視員工避免提出改善建議的情況，發現無論情況和脈絡為何，不願向上表達意見最重要的理由是害怕被開除、欠缺溝通技巧，以及員工之間普遍流傳的、有關高層不喜歡聽這種意見的說法。較高層的員工也自我審查，因為他們認為向上反映意見作用不大，而且以他們身處的位置，這麼做可能造成相當大的損失。最後，員工表示：「高層評估意見的價值，是看它們來自哪裡，而不是看意見本身好不好。」最能證明這一點的是員工的意見常遭漠視，直到高層發現競爭對手採納了同樣的構想。該公司的全球財務總監承認：「員工不會帶著誠實的建議去見高層，因為他們害怕。他們試圖揣測高層想要什麼，而不是考慮高層真正需要知道什麼，結果是問題不斷累積。」[23]

任何公司不斷累積問題都可能面臨嚴重的後果，而當公司面臨意外的挑戰、必須做重要的策略決定時，情況特別嚴峻。在這種時候，根據手頭不完整的資訊小幅調整策略計畫，已不足以度過難關。這種必須做重大決定的情況，要求管理高層選擇新策略或另類策略。但是，因為上述的原因，管理層往往未能力挽狂瀾，而這種失敗通常並非無可避免。學者具體研究一九八一至二〇〇六年間美國七百五十家股票上市公司遭遇的重大商業挫敗，估計這些公司如果對潛在陷阱有更高的警覺，四六％

的挫敗是可以避免的，而頗大比例的其他挫敗是可以減輕的。[24] 從事這項研究的學者強調：「我們發現，商業挫敗往往不是因為執行上的不足，也不是因為時機不對或運氣不好。我們發現，許多真正的嚴重挫敗是因為策略不對。」[25] 企業高層做了策略決定之後，往往也會承認自己並不滿意。顧問公司麥肯錫二○○九年訪問兩千兩百名企業高層，涵蓋多個產業和職能專業，發現他們不滿意自己做策略決定時，未能充分檢視「不利證據」或「異見」。[26]

正是在這種時候，外部紅隊可以藉由商戰模擬發揮重要作用，改善企業的近期表現。[27] 商戰模擬是一系列的有人主持的結構化討論：管理層或一般員工組成小團隊，扮演公司的對手——主要是其他公司，但也包括政府監理機關、保險業者或潛在的顧客。**商戰模擬的首要目標，是模擬各種策略決定的潛在代價和後果**。商戰模擬對目標企業的獨特好處，在於這是一項集體作業，由一名外來的促進者（facilitator）引導完成，而這名促進者並不偏向任何一方，而且在模擬結果中並無利益衝突。認真參與商戰模擬的管理層和員工絕大多數表示起初覺得不舒服，但最終覺得這種作業非常有用，因為他們可以針對新問題研擬出非如此無法想到的解決方案。此外，因為從執行長到基層員工的所有參與者都必須扮演公司以外的角色，這種作業能約束認知偏差和組織弊病。商戰模擬往往能顯著減少創意思考的障礙和組織對新構想的排斥；這兩種問題是充斥著官僚文化和弊病的層級制度無法避免的，也就是幾乎所有現代企業無法避免的。

商戰模擬要成功，兩大關鍵因素是**促進者性格必須夠強，以免參與的經理人和員工退回他們之前的立場，以及公司高層必須已經認同這種作業的好處，決定配合作業需要。**

商戰模擬業者傅德（Fuld and Company）的總裁索卡（Ken

Sawka）表示，最優秀的促進者會充分做好功課：藉由訪問內部人士了解客戶存在已久的偏差和偏見，並藉由研究相關資料，熟悉有關客戶的市場、競爭對手和監理制度的術語。促進者也必須能夠快速思考，引導原本守口如瓶的員工貢獻意見，以及掌握討論中浮現的概念和策略，以簡潔可行的方式記錄下來，以便客戶付諸實踐。索卡表示：「如果客戶在商戰模擬過程中，自行想出四或五個之前沒想到的策略，你便是成功了。」[28]

　　一如其他紅隊作業，商戰模擬必須先獲得公司某位高層（最好是執行長）的支持，才能舉行和產生顯著作用。高層的支持往往不容易取得，主要是因為高層的認知和作業成本這兩大問題。多數執行長是公司內部人士，泡在公司的文化和價值觀中數十年才升上最高位置。[29] 因為上述原因，他們最不可能認識到改革之必要、並被基層員工告知哪裡必須改變，或接受可能損害他們的權威或打擊員工士氣的外部顧問意見。**紅隊作業要逼真和產生作用，管理層必須在某程度上讓出對紅隊作業結果的控制，而這往往是執行長不願意做的。更糟的是，他們傾向在認識到公司的缺點時，把問題歸咎於別人。**[30] 此外，商戰模擬的成本並不低。有嚴密劇本、一次性的商戰模擬可能只需要兩萬美元，而需要多個月研究和設計的商戰模擬則可能耗費超過五十萬美元。一名參加過數十次商戰模擬的金融業高層表示：「不幸的是，公司被逼到牆角、可以受惠於商戰模擬時，恰恰是高層找不到錢做這件事的時候。」[31]

　　企業尋找和委託外部顧問幫忙做商戰模擬，有四種原因。首先，企業常以商戰模擬**支援新產品上市**。商戰模擬有助釐清新產品成功的關鍵要素，例如時機、行銷、定價、差異化和對手的反應。大藥廠尤其如此：開發和測試一種新藥可能耗資逾十億美元，耗時逾十年。新藥能否在本已飽和的市場找到新客源、占得一席之地，有時攸關藥廠高層的成敗；他們因此必須了解新藥上市出錯的所有可能。第二，商戰模擬也可能用

在**公司經歷了突然或慘重災難時**，無論那是名聲或財務上的重大損失、不利的法院判決或監理制度的變革；這種衝擊可能迫使管理層終於承認必須尋求外部協助，研擬和檢驗另類策略。第三，新任副總裁或業務單位主管可能利用商戰模擬**建立新概念或強調某些訊息**，藉此突顯自己與前任的差異。有些管理高層甚至會在公司聘請他們時，明確要求公司提供必要的資源，以便他們上任後辦一場商戰模擬。第四，雖然比較罕見，但**公司董事會有時會命令管理高層做某種商戰模擬，主要不是希望改善績效，而是想告訴管理層：你們正受到嚴密的監督，可能瀕臨被炒。**

最常用的商戰模擬有兩類：**一類主要仰賴統計模型，一類仰賴有人主持的討論**。楚思爾（Mark Chussil）是做第一種商戰模擬的知名專家。他發現，有些企業經理人仍然「對使用數字抱有本質上的懷疑，認為電腦不知怎麼的就是會忽略他們憑直覺知道的某些東西。」許多經理人也固執地認為他們的公司與眾不同，有獨特的複雜性，因此是外人完全無法理解的。但楚思爾發現：「企業大致上都是一樣的：顧客決定購買某些產品，公司有某種成本結構，管理層有各種選擇。」因為多數公司面臨的問題類型相若，楚思爾和他的團隊花幾個月時間，便能設計出模擬公司競爭環境和未來選項的複雜模擬作業。楚思爾表示，不願使用適當數據（並設定適當的脈絡）的公司，會令自己落入明顯的劣勢。他也發現，量化分析的一個額外好處，是參與者「很難在夢遊狀態下完成我的商戰模擬。」[32]

雖然楚思爾喜歡提醒人們「**沒有人掌握未來的數據**」，他認為藉由商戰模擬量化模擬結果是有用的，例如可以解決業務單位之間有關特定產品線未來方向的爭論。數據既可彰顯差異，有時還能發揮中立的第三方調解功能。楚思爾講了一個例子：他曾替一家大型電訊公司主持一場商戰模擬，該公司即將面臨新對手的挑戰，而公司高層對如何因應意見不

一，兩派各支持一種策略。他們無法利用自身的傳統策略工具（主要是趨勢線、標竿分析和試算表）解決爭論，因為那些工具不考慮競爭動態。楚思爾設計了一場模擬，推估出採取不同策略的可能結果，包括對手的行動和反應。無論怎麼做，這家電訊公司都將損失一些市占率，這是有實力的對手進入市場後無可避免的事。不過，這場模擬顯示「在這兩種策略下，公司營收可能有巨大差別，但這是他們靠自己無法辨明的。」[33]

在典型的商戰模擬中，楚思爾希望整個分析和決策過程能至少演練兩次。在第一次演練中，參與者幾乎一定僅微調策略，滿足於僅僅避免公司失敗。他說：「這不是因為他們愚蠢、狹隘或自滿，而是因為他們覺得這樣就夠了。……這也是因為在他們的公司，所有人向來都是這麼做的。」模擬結果顯示，僅微調策略對公司達成目標的作用微不足道，甚至會導致公司在競爭中失利。

在第二次演練中，參與者通常會改變做法，因為他們剛剛看到，微調策略的作用太有限了。他們因此會真的制定策略，積極競爭。楚思爾說：「他們總是能得到大驚喜，發現『**天啊，我從未想到可以這樣！**』他們必須刻意地心不在焉，才會錯過這種驚喜。」刻意心不在焉的情況極少發生，因為楚思爾的客戶一般都有創新精神，希望得到新構想。楚思爾補充：「這種作業不但可產生新構想，而且這還是集體努力的成果。」[34]

吉拉德（Benjamin Gilad）是另一位知名的商戰模擬專家，但他的做法不仰賴量化分析。他主持過數百場商戰模擬，曾替寶僑（P&G）、瑪斯（Mars）、普惠（Pratt & Whitney）和其他《財星》雜誌五百強公司做過多場模擬，並寫了一本比較易讀的商戰模擬專著。[35] 吉拉德大力倡導藉由有人主持的討論做商戰模擬，而他認為商戰模擬的促進者必須務實可靠（許多人應該會期望他這位前以色列警方情報主管展現這種作風）。他抗拒大量仰賴數據的模擬，不是因為他不擅長量化分析，而是因為他不相信這種分析能為企業決策高層呈現準確或完整的局面：「你把

數字輸入電腦，便是從現實進入了幻境。」[36] 吉拉德發現，企業難以自行應用解放手段，原因有兩個。首先，企業的資深副總裁往往有目光短淺的問題，以為自己的公司是宇宙的中心，而其他公司的行動和反應並不重要。第二個問題，是企業高層可能已經想出某種策略，而且對這些策略抱有太強的信心。在此情況下，他們只是希望藉由商戰模擬證實自己的想法。

客戶找上吉拉德，通常是靠口耳相傳，或是因為曾做過商戰模擬，而他們通常是在公司面臨艱難抉擇時找吉拉德幫忙。公司恰恰是在承受巨大壓力時，比較願意經歷往往不愉快的商戰模擬，並根據模擬結果推動必要的變革。自稱「僱傭兵」的吉拉德認識到，一些處境艱難的公司可能難以負擔商戰模擬的費用，而這是「你可以發動一場革命」的時候。[37]

吉拉德做各種類型的商戰模擬，但最常做的一類是對手反應模擬。他做這種模擬時運用哈佛商學院教授波特（Michael Porter）的「**四角模型**」（Four Corners Model）；這是一種解放手段，旨在預測競爭對手對公司策略決定的反應。[38] 吉拉德要求參與者扮演公司的競爭對手，以求藉由壓力測試，了解公司的策略抉擇可能引發對手什麼反應。因為**企業高層和經理人認為自己本質上比對手優秀，他們通常會覺得要理解對手或代入他們的位置，是極其困難的**。為促使他們代入對手的位置，吉拉德會使用一些技巧，例如要求他們穿上印有對手商標的衣服，或把對手的產品帶到商戰模擬現場。這種做法也要求參與者付出一些努力去了解對手在市場中的位置、促使對手高層做決定的要素，以及對手看來存在的盲點。

利用波特的解放手段，參與者得以站在對手的立場看事情，有關對手反應的新見解由此產生。吉拉德為了設計商戰模擬，針對客戶所在的產業做了很多功課；他非常坦白地說，他當促進者的首要任務，是「適時指出參與者在扯淡，尤其是公司高層。」參與者如果未能投入角色，吉

拉德通常會提醒他們：「我代表市場，我希望保住你們的工作。如果你們不認真做這件事，將會失業。」他告訴他們：「你們必須把房間裡的大象放到桌上，認真討論，這是你們可以安全做這件事的唯一場合。」39

　　吉拉德商戰模擬的第二部分，是根據有關對手反應的發現，研擬出一種新策略。這一步也相當困難，而吉拉德服務的多數公司不容易明確擬出這種新策略。無論在什麼領域，企業和組織往往誤把目標（這是幾乎人人都能辨明的）當成策略（用來達成目標的指導原則和行動方案）。商戰模擬來到這個階段，參與者往往已經熟悉了術語和方法，終於能暢所欲言，提出新構想和計畫。吉拉德表示，商戰模擬大功告成是這樣的：「有人提出了簡明扼要、真正傑出的主意，大家驟然都靜了下來。所有人都知道，這就是他們需要的答案。在我主持的每一場模擬中，我努力追求的正是這種『啊哈』時刻。」35

　　吉拉德偶爾會遇到這種情況：**公司高層太自負，結果參與者無法自由討論，「啊哈」時刻也就無法出現。**為了避免這種問題，他要求發起商戰模擬的公司高層當觀察者，最後投票選出他們眼中的最佳策略方案。「我強迫他們具體說明那個最佳策略應該以什麼步驟執行。」41 在理想的情況下，公司高層稍後將要求某個管理團隊根據那些步驟，擬出完整的運作方案，然後向管理審議委員會報告。吉拉德也會寫兩頁長的商戰模擬事後檢討報告，指出客戶公司仍然存在、但高層不願正視的明顯盲點。吉拉德表示，如果不是面臨重大事件或受到意外的外來衝擊，大公司只需要每五年做一次商戰模擬。如果有公司每年都做商戰模擬來檢視策略，那很可能是做得太頻密了。

　　商戰模擬幫助企業經理人和員工集體產生非如此無法產生的洞見。這些洞見促使他們蒐集和研究相關資料，進一步釐清新的業務計畫、具體的任務和工作安排，最終促成新策略。許多商戰模擬專家希望最終能改造目標組織的企業文化，使人人都掌握某程度的策略思考能力。我曾參

與一次簡短的商戰模擬，發現它顯然有助參與者投入策略思考，即使作用可能只是短暫的。這真的不簡單，因為**多數人不會有意識地投入策略思考，又或者根本欠缺這種能力**。不過，雖然商戰模擬對參與者的作用很強，但效力始終是短暫的。員工將回到他們的日常工作中，繼續受制於同樣的行為規範、層級壓力和審慎設計的工作內容。一如其他的外部紅隊，主持商戰模擬的顧問不能強迫雇用他們的公司根據模擬結果改變公司的運作方式。無論是量化還是質化類型，商戰模擬如果失敗，原因往往一如其他領域的紅隊作業。

企業高層往往會試圖限制商戰模擬的範圍，以免公司內部程序或人事問題（有時正是公司的關鍵弱點所在處）成為討論的議題。商戰模擬開始後，公司高層也可能會試圖利用自身的影響力，限制討論，或將理應自由開放的討論引向某種策略結果。商戰模擬的促進者都會遇到完全浪費力氣的模擬，而且他們會告訴你，那些公司的高層往往在之後不久被炒魷魚。楚思爾、吉拉德和其他商戰模擬業者都可以告訴你這種故事：公司管理層找他們主持商戰模擬，只是為了請外部人士協助證明公司最高層已做的某個決定是英明的。為了避免參與這種毫無意義或騙人的商戰模擬，優秀的商戰模擬業者磨練出一項關鍵技能，那就是在討論作業範圍的最初會面中，識破客戶的意圖。商戰模擬失敗，往往是因為公司高層根本不想聽到壞消息。

紅隊作業發現的壞消息是否促使目標組織採取必要的措施，完全取決於掌握決定權的組織高層。企業執行長宣稱，領導能力當中最重要的是創造力，甚至比效能和影響力更重要。[42] 但是，幾乎所有針對商業決策的研究都發現，企業高層明顯欠缺創造力、眼光非常短淺，而且對自己和公司打敗對手（或至少避免失敗）的能力都過度自信。對少數具有自知之明（了解自己的局限，並意識到過度自信的問題）的企業高層來說，商戰模擬非常有用，有助處理資訊超載、商業環境愈來愈複雜、變化速

度愈來愈快、競爭非常激烈等問題。不過，企業也運用其他類型的紅隊作業，尤其是藉由弱點探查作業，了解公司保護重要資產的防衛系統有多可靠。

白帽駭客與倉鼠輪：網路滲透測試

紅隊作業非常符合民間部門的網路保安需求，尤其是因為網路安全漏洞一旦遭利用，代價和後果可能非常慘重。雖然企業相當成功地隱瞞了它們不時遇到的網路攻擊，這種攻擊的頻率和嚴重程度無疑正與日俱增。針對網路保安人員的匿名調查顯示，企業如果不認真做網路滲透測試，因此承受的代價非常可觀，而且正愈來愈大（以金錢和時間損失衡量均如此）。卡巴斯基實驗室（Kaspersky Lab）二〇一四年調查三千九百名資訊科技專業人士，發現員工少於一千五百人的公司遇到一次資料安全事件的平均損失為四萬九千美元，員工超過一千五百人的公司則是平均損失七十二萬美元。[43] 研究機構 Ponemon Institute 在二〇一四年也做過一項類似調查，訪問五十九家美國公司，發現解決一次網路攻擊平均需要四十五天，平均耗費一百六十萬美元，較上一年的平均三十二天和略高於一百萬美元顯著增加。[44] 這些攻擊主要是阻斷服務、惡意的內部人士和網頁式攻擊（web-based attacks），總共占網路安全成本逾五五％；約八六％的犯案者是在公司以外，一二％在公司內部，二％為內外部人士聯手。[45] 員工超過兩千五百人的大公司曾經是多數網路攻擊的直接目標，但如今愈來愈多犯案者轉向從較小型的公司竊取資料，或是藉由攻擊第三方供應商侵入大公司。[46]

讓我們來看近年的三個重要案例。二〇一三年，美國高級百貨公司尼曼（Neiman Marcus）遭駭客攻擊：安裝在該公司系統中的惡意程式蒐集並傳送了二〇一三年七月十六日至十月三十日的付款資料，可能影

響三十五萬名顧客。[47] 因為這次攻擊,這家零售業者在二〇一四會計年度第二季承受的代價初估為四百一十萬美元。[48] 二〇一四年五月,美國中西部超市集團 Schnucks Markets 宣佈,該公司遭惡意駭客侵入,超過四個月才發現,估計因此損失約八千萬美元。[49] 最值得注意的案例發生在二〇一三年:美國零售商 Target 遇到嚴重的資料安全問題,事件始於「黑色星期五」(美國感恩節翌日,聖誕節購物季的第一天),駭客竊取了至少四千萬名 Target 顧客的信用卡號碼。在這次攻擊中,駭客先是偷到 Target 提供給法齊奧機械服務(Fazio Mechanical Services,替 Target 監測商店能源消耗情況的承包商)的網路憑證,然後再侵入 Target 的內部網絡。此次攻擊造成的直接財務代價初估為六千一百萬美元,並導致 Target 執行長和資訊長遭公司開除;事件發生後不到八個月,Target 承受的財務代價達到一億四千八百萬美元。[50]

因為這種攻擊愈來愈多,而且引起企業和其他組織高層的注意,美國的網路安全支出近年暴增。在二〇一四財政年度,美國政府的網路安全支出達一百二十七億美元,而政府要求的二〇一六年度撥款為一百四十億美元,估計到二〇二〇年此類支出每年將增加逾六%。[51] 在此同時,美國民間部門的網路安全支出二〇一四年達七百一十一億美元,到二〇一六年估計將增至約八百六十億美元。[52] 拜網路方面的兩大趨勢所賜,此類支出估計必將繼續增加。

第一個趨勢是「物聯網」:愈來愈多裝置將連上網際網路,為駭客提供更多可以利用的安全漏洞。有人估計這種連網裝置的數目將從二〇一三年的一百三十億,大增至二〇二〇年的逾五百億。[53] 連網裝置近乎無所不在(它們含有晶片、感測器和其他植入物),不但為用戶提供空前的便利,也為駭客提供了無數開放的門戶。這種擴大的「攻擊面」(attack surface)並非僅限於民眾家裡和車裡的便利裝置,甚至還包括維持生命的醫療儀器。安全研究者已一再示範,許多無線植入式醫療儀器,包括

心律調整器、神經刺激器（neurostimulators）和胰島素泵，可以輕易地駭入和控制，甚至遠在三百呎以外也可以做到。54

第二個趨勢是駭侵的商品化和普及化。 網路黑市規模日大，而且愈來愈複雜，跡象之一是市場上出現愈來愈多新的惡意程式和漏洞攻擊包（exploit kits）──這些程式可以執行自動化的惡意攻擊，售價通常介於二十五至兩千美元之間。二〇〇六至二〇一一年間，每年上市的新漏洞攻擊包數目從一增加至十六，但在隨後兩年中，這數目倍增有餘。55 利用現成的惡意程式作網路攻擊最著名的案例之一，是前述的 Target 事件，據稱是利用 BlackPOS 惡意程式犯案，而該程式是俄羅斯聖彼得堡名為「ree4」的十七歲駭客寫的。這名男孩據稱以一千八百至兩千美元的價格（或是從犯罪所得中抽成）賣出他的原始碼。犯案的駭客買了俄羅斯男孩的惡意程式，用它侵入替 Target 服務的承包商，然後再侵入 Target 的網絡。雖然 BlackPOS 不是特別先進的程式，Target 的承包商和 Target 的防毒軟體完全未能偵測到系統遭侵入，而 Target 最終知道此事，是因為獲聯邦調查人員告知。56

儘管這些趨勢令人不安，困擾民間部門的多數網路攻擊其實只需要遵循若干典範做法，不必額外投入許多時間和金錢，便能防止或至少減輕問題。57 但問題是這些措施只能防止或偵測舊型、著名和相對簡單的網路攻擊。在網路領域的攻防中，防衛典範做法最終會被打敗或變得不相關，因為駭客會持續開發出新的攻擊技術。此外，一如本書研究的所有組織，民間組織內部的網路安全作業往往會成為管理高層、員工和資訊部人員日常工作的一部分。企業最終會假定公司現行的網路安全設定和程序是可接受和符合期望的。在未發生有害攻擊的情況下，組織會假定它們的資訊網絡是安全的。因此，積極老練的惡意駭客一再證明民間部門的網路保安系統其實非常脆弱，也就不足為奇。

因應這問題，企業除了以內部的典範做法改善網路安全外，也愈來愈重視紅隊的弱點探查作業。這種作業人稱「**滲透測試**」（penetration tests 或 pen tests），[58] 由「白帽」駭客執行；「白帽」這說法源自好萊塢西部片，片中的「善良」牛仔戴白帽。與白帽駭客相對的是「黑帽」駭客，後者往往是帶著惡意擅自侵入目標組織的電腦網絡和軟體。這種區分可能過度簡化了實際情況，因為所有的頂尖白帽駭客起初都做過黑帽駭侵，後來才把這種活動變成合法的職業。此外，不少駭客在做合法的滲透測試工作之餘，私下也會出於政治或意識形態的原因駭入某些網絡（有時只是覺得好玩）。事實上，駭客圈內身分流動，是這個圈子的關鍵特徵之一，而駭客往往強烈抗拒把人歸類。

根據我與駭客的無數次談話，他們的核心驅動力是一種天生的好奇心，**希望知道自己在得到授權或未經授權的情況下，可以完成哪些新的駭侵**（雖然他們的具體說法略有差異）。這種好奇心一般會隨著駭客年紀漸長而減弱：多數駭客最終會比較重視可靠的薪酬和穩定的生活，而非收入微薄下的自由探索。

有些人認為駭入資訊網絡是迷人和刺激的事，但事實遠非如此。說到底，駭客的本領其實就是能夠坐下來極其細心地盯住電腦螢幕（往往必須仰賴許多能量飲料支持），找出可以利用的形態或弱點。駭客表示，他們做的事類似整理不完整外文手稿的書籍編輯，或把經文抄到羊皮紙上的中世紀修道士。現在有一些功能日強的軟體可以將駭客的部分工作自動化，尤其是自動辨識網絡弱點和逐行檢視原始碼。但是，相對於這種自動化作業，人工駭侵網站和檢視原始碼仍往往可以找到更多重大弱點。[59] 駭客圈也普遍覺得頂尖駭客有某程度的自閉症，因此可以比多數人更專注地投入工作（這說法並不是為了把自閉症說成是小事）。此外，駭客近九成是男性，而許多跟這圈子有關的女性和男性均表示，這個圈子非常不歡迎女性。[60] 一名教了幾年滲透測試（包括專為女性提供的課

程）的網路安全專家觀察到：「女性很明智，因此往往不會成為滲透測試人員。她們接受了嚴格訓練、成為電腦工程師之後，希望自己參與的活動能為組織增值。侵入電腦網絡並指出漏洞，不能做到這一點。」[61]

駭侵與其說是科學，不如說是藝術，因為駭客使用的方法和戰術主要取決於個人的背景和技能。資深白帽駭客估計，如果你請兩名駭客找出某個網站的所有安全弱點，他們找到的弱點大概只有一半相同。如果叫他們檢視軟體原始碼，他們找到的相同弱點會更少。駭客的資歷和背景相當多元，滲透測試人員並無公認的行業標準，但有「道德駭客認證」（Certified Ethical Hacking）：只需要上五天的課，通過一個四小時、一百二十五題的考試，便能取得這資格。在滲透測試界，幾乎所有知名高手都認為這項認證非常公式化，提供的訓練顯然不足和過時；他們甚至多數認為，個人履歷表最好不要列出這項資格。[62]二〇一四年二月，提供道德駭客認證的國際電子商務顧問局的網站遭駭客侵入，首頁貼出了斯諾登（Edward Snowden）的護照和他申請道德駭客認證的信。[63]

駭客攻擊的情況，某程度上可以藉由觀察駭客會議的趨勢來了解。駭客會議曾經只是少數駭客展現自身技術、建立名聲和培養一種社群感的場合，但這種會議的數目和出席人數近年均大增。根據一項估計，美國二〇〇九年專門討論駭侵的會議只有五個。到了二〇一四年，這種會議有三十七個，另有十七個會議是討論網路安全。[64]在此期間，規模最大的兩個會議的出席人數也大增：比較自由的 DEF CON 從一萬人增至一萬六千人，比較專業的「黑帽會議」（Black Hat）從四千人增至九千人。[65]但是，長期出席的人表示，這些會議已變得愈來愈平淡乏味，因為上台報告的人總是在描述他們的最新駭侵特技，希望得到媒體的報導，而不是誠心希望分享有用的資訊。另一個原因，是「零日攻擊」的市場大有成長；零日攻擊基本上就是尚未揭露或目標組織尚未察覺的駭侵。[66]以前駭客會在同業會議上炫耀他們最了不起的駭侵，如今則多數會保

持沈默，把這種資訊賣給易受攻擊的公司或對此有興趣的政府機構或犯罪集團。零日攻擊市場非常不透明，但**可能有用的駭侵估計可賣四萬至二十五萬美元，最大的買家據稱是美國政府**。[67]

DEF CON 和後來的「黑帽會議」，都是綽號「黑暗切線」（Dark Tangent）的莫斯（Jeff Moss）創辦的。[68] 四十歲的莫斯被視為駭客圈的祖宗和良心，是網際網路指定名稱與位址管理機構（ICANN，制定網際網路規則的國際組織）的安全總監。他談到上述的黑市現象時表示：「早年根本不可能拿駭侵換現金。如今駭侵資訊在地下市場很值錢，這種資訊也就比較少公開了。在此情況下，駭客會議也就有點走下坡，因為一些最有意思的駭侵技術和構想不會公開。」此外，因為駭客圈規模快速擴大，分出了一些非常專門的技術領域，駭客會議的社群感隨之變淡，愈來愈少人認為有公認的駭客行為規範。莫斯説：「早年你可以從留言板和駭客會議認識到所有重要人物，現在是無法追蹤所有動態了。我一直覺得網路安全這圈子不可能再擴大和變得更多元，但事實一再證明我錯了。」[69]

企業委託白帽駭客做滲透測試，通常是出於三種原因：它們遇到了代價慘重的駭侵；它們知道一些眾所周知的駭侵如何衝擊其他公司，因此覺得有必要加強保安；它們是應監理機關或保險公司的要求做滲透測試（這種情況愈來愈普遍）。例如美國商品期貨交易委員會（CFTC）便要求金融機構至少每兩年雇用「獨立的第三方測試和監測防衛措施的控管、系統、政策和程序。」[70]《健康保險可攜性和責任法》要求健康照護公司「針對電子保護的健康資料的機密性、完整性和可用性，準確、全面地評估潛在風險和弱點」，而美國國家標準技術研究所（NIST）認為這要求包括「做滲透測試，如果情況合理和適當的話。」[71] 二〇一三年十一月公佈的支付卡產業資料安全標準（PCI DSS）最新要求，也包括新的滲透測試要求。[72] 美國也興起網路安全保險，而且規模日大：二〇一三至

二〇一四年間，此類保險的保費支出近乎倍增。[73] 企業可利用這種保險，避免因為資料、網絡或隱私遭駭侵而蒙受財務損失。這種保單要求投保者維持「有效和不過時的」保安，而有些公司認為這包括委託外部人士做滲透測試。

白帽滲透測試的效力，難免受委託者的動機影響。如果委託的公司是為了滿足監理機關或保險公司的要求，滲透測試往往會淪為機械式的馬虎作業，而且測試範圍會盡可能縮窄。一名白帽駭客表示，他甚至曾被找去僅針對一個 IP 位址、在預定的時間做滲透測試；這對任何一家公司來說，都不可能是逼真的網路安全測試。如果企業是在遇到有害的駭侵或了解到駭侵的威脅之後安排滲透測試，則通常比較願意接受逼真和全面的測試，以及認真跟進測試發現。財星雜誌五百強公司推出軟體應用或網站之前，多數會委託外部人士做滲透測試。例如高盛公司如果推出非常重要的應用程式或網站，會雇用兩家白帽公司分別做獨立的滲透測試。[74] 這種測試的成本差異很大：針對數目有限的 IP 位址做一次型測試，可能只需要一千美元；大公司或大型非營利組織的開放式持續測試，成本則可能超過十五萬美元。[75] 雖然網路攻擊造成的財務和名譽損失愈來愈大，企業仍然必須壓低營運成本。因此，絕大多數公司會盡可能減少預防型保安措施，包括盡可能減少做滲透測試。[76]

白帽滲透測試有多種形式，但可分三大類：**黑箱測試**：測試者除了知道網站或軟體的名稱外，對目標一無所知；**白箱測試**：測試者完全了解網絡組態，也能進入網絡和使用相關裝置；**灰箱測試**：測試者掌握若干資訊和某程度的進入權。企業選擇什麼類型的測試，取決於它最想保護什麼、最擔心什麼類型的敵人，以及它估計敵人會蒐集多少資訊來發動惡意攻擊。

一家公司的電腦網絡接受典型的白帽滲透測試，有四個步驟。

首先，白帽業者會藉由電話、面對面交談和訪問公司資訊長和資訊安全主管，確定滲透測試的範圍和條件。白帽業者了解目標組織委託測試的原因，將為此次作業（包括執行改善建議）投入多少資源和時間，以及最擔心網路攻擊造成什麼後果（財務和名譽損失總是它們最擔心的）。在這個階段，白帽業者將確定這次測試的規則，包括測試的目標（什麼人和什麼系統）、何時測試，以及測試前要通知誰（越少人越好）。測試的類型和範圍決定了白帽團隊的人員組成——可能包括網絡、作業系統、資料庫和行動裝置的專家，以及一名當「指揮」和「壁畫家」（muralist）的經理。

第二步是白帽業者偵察目標組織，利用到處都能取得的軟體勘測目標網絡，了解網絡使用什麼作業系統，並尋找人人可以進入的門戶。白帽業者實際上可以很快找出誰是目標組織的網絡管理者，從領英（LinkedIn）上的個人介紹、社群網站和公開的資料庫蒐集網絡管理者的個人資料，用軟體建立他們可能使用的密碼清單，根據可能性替這些「密碼」排序，然後試用它們登入目標網絡。如果網絡管理者進入網絡需要第二層驗證（例如指紋、聲音或臉部辨識，或眼球掃描），白帽業者會設法避開這種要求，或設計軟體偽造所需的東西來騙過系統。他們也會蒐集所有員工的電子郵件地址和電話號碼、伺服器機房的位置、系統使用的作業系統類型和版本、供應商的資料，以及許多其他資訊（視他們投入多少時間而定）。

第三步是滲透測試本身，而白帽業者幾乎總是可以在某程度上擅自侵入系統，而這往往拜目標組織一些令人咋舌的愚蠢做法所賜。資深白帽業者肯尼迪（David Kennedy）發現，侵入目標網絡有兩種最常奏效的方法。[77] 第一種是使用網絡的預設密碼，因為網絡管理者根本不改這些密碼。第二種是針對目標公司員工的魚叉式網路釣魚（spear phishing），例如寄一些偽造的電子郵件給這些員工，誘使他們點擊有

問題的連結。許多員工接受過辨識這種釣魚手段的訓練，但白帽業者也很清楚這一點，因此早就相應調整做法。康倫（Brendan Conlon）曾經是美國國家安全局「特定入侵行動」的駭客，後來創辦滲透測試公司 Vahna。他曾針對一家小公司做過魚叉式網路釣魚：「我們假裝是富達（Fidelity）公司，寄一封有關退休計畫的電子郵件給一百名員工，有五十人立即打開郵件，並按照指示輸入了他們所有的個人資料。」[78] 這種情況並不罕見。

目標組織的網絡有時設有防火牆和靈敏的侵入偵測機制。在這種情況下，白帽業者可能必須花更多心思和力氣，而他們確實也有比較高級的技術，因此還是能找到方法侵入目標系統。[79] 例如他們可能會侵入資訊部服務台的留言信箱，找出一條求助訊息，把它刪掉，然後立即假裝是資訊部人員，致電那名員工，要求對方提供登入系統的名稱和密碼。又或者你用電子郵件把 PDF 檔案寄到辦公室的打印機，則白帽業者可以利用那台打印機，以木馬程式侵入你的個人電腦。資訊安全業者 Trustwave 的白帽測試者有次在某公司找不到安全漏洞或密碼，他們於是侵入該公司的監視鏡頭，在員工登入電腦系統時集中觀察（這一招叫「肩窺」〔shoulder surfing〕），最後得以徹底進入該公司的網絡。那是二〇一〇年的事，如今要侵入電腦網絡，有許多更先進的方法和管道。此外，如果白帽業者掌握這些技術，則犯罪集團和惡意駭客無疑也懂。[80]

第四步是最後階段，白帽業者會向客戶提交一份報告，內含摘要、詳細說明（以螢幕截圖和文字解說，具體指出他們發現的安全漏洞），以及根據急迫性和成本排序的改善建議。多數白帽業者表示，目標組織的資訊長（有時是執行長）通常只看報告摘要，然後指向建議部分問道：「這些措施需要多少錢？」雖然不常見，但企業高層有時甚至會對白帽業者做到的事嗤之以鼻，因為他們誤以為白帽測試者能力超強，是黑帽駭客無法相比的。莫斯表示：「企業經理人會試圖貶低你做到的事。他們會說，

那只是一時僥倖，又或者剛好他們的系統發生故障。」白帽業者有時為了傳達他們的訊息，會在執行長的電腦上啟動惡意程式，讓他知道自己的電腦被駭了。白帽業者也提供跟進的滲透測試服務，頻率隨客戶喜歡，而多數業者建議，《財星》雜誌五百強公司應該至少每年做一次測試。多數白帽業者表示，四分之三的目標組織會處理最嚴重的安全漏洞，比較次要的問題則通常不理會。81

白帽紅隊作業往往令參與其事的人感到挫敗。白帽人員總是能侵入目標組織的系統，而且刻意以很低的技術、用相對簡陋和容易得到的工具達成目的。事實上，多數白帽駭客因為覺得正職工作太容易了，會在公餘時間做比較需要創意、可能違法的駭侵。滲透測試之後，目標組織資訊部的員工總是士氣低落，不但是因為他們擔心的問題已經證實可能發生，也因為他們知道，公司高層不會提供徹底解決安全問題所需要的支援和經費。最明顯的弱點會以軟體補丁、修改網絡架構或微調資訊部和其他員工的作業程序處理，即使問題可能需要比較全面的保安改革才能解決。網路安全專家、前 IDART 成員索維（Dino Dai Zovi）針對這種常見現象表示：「網路安全就像是在倉鼠輪上〔總是原地踏步〕。」在二〇一四年六月的里奇蒙資訊安全會議 RVASEC 上，一名演講者問在場的三百名資訊安全從業人員兩個問題：「在座有多少人有足夠的資源去保護你們的網絡？有多少人有足夠的人力去保護你們的網絡？」當時完全沒有人舉手。

民間部門的資訊安全紅隊作業如今相當普遍，在許多大公司還是辨明最明顯和嚴重的安全漏洞的必要作業。白帽業者的固有挑戰，是藉由模仿惡意駭客、輕易侵入客戶的資訊系統，說服管理高層認同必須投入更多資源在防衛措施上，儘管這在短期內會損害公司的盈利。資訊安全資深業者溫克勒（Ira Winkler）表示：「你必須證明解決安全問題的商業

價值，必須證明安全漏洞可能遭人利用，這樣客戶才會願意花錢改變組織的整體保安情況。」[82] 爭取到更多經費雖然重要，確保經費用來應付較可能造成危害的威脅同樣重要。

美國國家安全局前駭客、資訊安全業者 CyberIQ Services 的威脅情報副總裁史達西奧（Bob Stasio）發現：「公司最高層有經費可用，但這些錢用在網路安全作業上的方式，往往與公司實際面臨的威脅完全無關。」[83] 因此，一如在其他領域，民間部門的資訊安全紅隊作業是出於多種原因，為多種觀眾所做，但最重要的用途，是為分配或重新分配額外資源給目標組織的資訊部提供理由。因為網路攻擊愈來愈多，而且愈來愈複雜，在可見的未來，民間部門為了保護資訊安全，將非常需要白帽滲透測試，也將繼續委託白帽業者提供這種服務。

當然，不是所有白帽滲透測試都是應企業的要求所做。如我們將看到，有時駭客做這種測試，只是為了滿足他們固有的好奇心，藉此了解理應安全的電腦網絡和基礎設施是否可以用來做一些超出其原意的事。

我能聽見你（和所有其他人）：駭入 Verizon

二〇一一年，Napster 共同創始人、臉書創始總裁帕克（Sean Parker）因為一些事，深信自己的手機通話可能遭人監聽。之前一年，在改編自梅立克（Ben Mezrich）二〇〇九年著作《Facebook：性愛與金錢、天才與背叛交織的祕辛》（The Accidental Billionaires）的電影《社群網戰》（The Social Network）中，賈斯汀（Justin Timberlake）飾演的帕克是個非常自負、超級偏執的人，而帕克偏執顯然並非純屬虛構。帕克把他擔心被竊聽的事告訴一名在 iSEC Partners 工作的朋友，這家資訊安全公司專門提供滲透測試和軟體設計驗證服務。這名朋友考慮到手機通訊的加密標準，對帕克的說法表示懷疑，但帕克懷疑可能有人透過他家裡的毫微微型蜂巢式基地台（以下簡稱「毫微型

基地台」）侵入他使用 Verizon 網絡的手機。

　　毫微型基地台基本上就是微型的行動通訊基地台，看起來像一般的 Wi-Fi 路由器。這種基地台是用來防止農村或辦公大樓中的行動通訊死角；在訊號特別差的地區，用戶可以免費取得毫微型基地台，也可以在通訊業者 Verizon 的商店以兩百五十美元的價格購買。你只要進入毫微型基地台約四十呎的範圍內（也要看你和基地台之間有什麼障礙物），你的手機便會自動連上基地台，不需要你的許可，而你也不會知道。你的手機是藉由蜂巢式無線電接上毫微型基地台，可能使用 CDMA（Verizon 或 Sprint 的用戶）或 GSM（AT&T 和 T-Mobile 的用戶）系統。你的手機連上基地台之後，它將利用寬頻網路建立網路門戶安全通道，接入你使用的電訊業者的內部網絡。如果你在任何一個都會區一棟重要的辦公大樓工作，甚至只是行經該大樓，你的手機幾乎一定會自動連上多個毫微型基地台。

　　帕克的朋友以前沒聽過毫微型基地台這種東西，但他前往帕克的住處取得該基地台，希望能找時間駭入它。帕克並未雇用 iSEC 做任何事，這項研究是該公司一次無償的白帽滲透測試。這案子一擱便是將近一年，直到二〇一二年夏天，iSEC 的員工有時間來研究它，加入研究的還有實習生拉希米（Andrew Rahimi），他對 Verizon 的產品和 CDMA 有扎實的認識。當時 iSEC 的資深安全顧問奎多（Dan Guido）記得這是一次開放式評估：「我們當時主要關心兩個問題：『如果我們總是可以免費上網，那不是很酷嗎？』以及『這東西可以接收到哪些無線電訊號？』」[84] 一如許多網路安全公司，iSEC 在員工有空閒的時候，會贊助他們投入這種開放式研究案件。這一方面是為了滿足駭客天生的好奇心，另一方面也是一種行銷，有助吸引人才加入，因為公司會提供機會給他們探索新領域（在這個案例是硬體逆向研究和嵌入式裝置的安全問題）。這種專案也能向公眾展現公司的技術，有助吸引新客戶。

這項滲透測試必要的第一步，是接上目標裝置。Verizon 的毫微型基地台有一個 HDMI 端口（通常是用來接電視），iSEC 團隊因此必須做一條特別的控制線（console cable），辦法是把一條有 HDMI 接頭的控制線接上一條有 USB 接頭的控制線。（他們在網路上找到一段示範怎麼做的有用短片。）他們相對輕鬆地發現，利用基地台啟動過程內建的延遲設計，便能可靠地取得該裝置的根權限（root access）。該基地台使用 Monta Vista Linux 作業系統，而 iSEC 團隊按照他們的工作計畫研究了幾個月之後，藉由反覆試誤，寫出一個專用程式，可以找到並解讀通過基地台的所有資料包。

他們取得基地台的權限後，可以做到的事令人震驚。他們可以錄下連上基地台的手機之通話，辦法是把截取到的資料流轉換為可播放的音波。他們做這件事時，非常驚訝地發現，手機用戶一按「撥出」，即使電話還沒接通，手機便已開始把致電者的聲音傳送到電訊業者的網絡中。（對許多行動裝置安全專家來說，這個意外發現的意義一如基地台被駭那麼重大：極少人知道，手機會在電話還未接通時，就把接收到所有聲音傳送出去。）最後，他們也能取得手機的文字簡訊，並輕易取得智慧型手機的使用資料，包括上過哪些網站，以及用過的網路銀行的用戶名稱和密碼。也就是說，他們利用毫微型基地台便能徹底掌控一部 Verizon 手機。iSEC 資深顧問、測試團隊成員李特（Tom Ritter）強調，他們做到的事並不特別困難，雖然沒有相關知識的人不可能做得到。這項測試約五人參與，包括至少一名總監級顧問。李特估計，大學生年紀的駭客最頂尖的五％只要投入足夠的時間，也能做到 iSEC 所做的事。

iSEC 的測試者發現，還有三個危險得多的安全漏洞可以利用。首先，因為這台基地台也能取得附近 Verizon 手機的識別碼和電子序號，他們找到方法取得這些手機的這兩個辨識碼，把它們輸入另一支手機，便能複製出一支智慧型手機，不必拿到那支「真手機」，也不會驚動機主。

他們可以用這支複製的手機來打電話或傳簡訊，而收到的人會以為是來自那支「真手機」。

　　第二，他們可以主動出擊，以某個地方為目標，把毫微型基地台放在一個手提包或背包裡（用一個小型電池組供電），站在目標人物附近，便能截取他的手機通話和其他資料。因為手機一連上基地台，他們便能取得手機的辨識碼，他們可以在得手後迅速離開。第三，他們相信自己可以利用基地台進入 Verizon 的內部網絡，甚至可以看到是哪些伺服器允許他們進入。（事實上，兩年前，三名網路研究者利用法國行動通訊業者 SFR 提供的毫微型基地台，恰恰示範了如何做到這件事。85）不過，iSEC 測試者沒有做後面兩件事，因為公司的律師告訴他們，兩者都是違法的。

　　這種自發的白帽滲透測試涉及一種道德難題。駭客發現安全漏洞之後，必須決定如何處理：安全漏洞要向誰揭露？以什麼方式揭露？要收多少錢？駭客可以無償公開自己的發現，迅速獲得宣傳效果，或是藉此令某家公司或政府機關難堪。他們也可以用自己的發現做一些非常惡劣的事，例如監視某些人，或是把相關資料在黑市賣給出價最高的人。這種地下市場規模擴大，已促使愈來愈多社群媒體和科技業者公開提供數百至數千美元的「抓蟲獎金」（bug bounty），報答指出其網絡或軟體安全漏洞的白帽駭客。86白帽駭客也從事所謂的「責任揭露」（responsible disclosure），也就給予受影響的人士足夠時間處理安全問題（把有危險的系統下線，或發佈安全補丁），然後才公開他們發現的安全漏洞（有時是在資訊安全會議上發表）。希望做責任揭露的駭客面臨的一個難題，是許多有重大安全漏洞的軟體或網路公司並未建立有效的制度，去接收安全漏洞報告並分類跟進。87

　　在這個例子中，iSEC 選擇了責任揭露，雖然這麼做沒有任何收入。二〇一二年十二月初，iSEC 團隊聯繫 Verizon，向該公司詳細報告其

毫微型基地台存在的安全漏洞。（他們是經由一名在 Verizon 安全部門工作的朋友，非正式聯繫該公司。這是常見的做法，因為陌生駭客向目標公司報告安全漏洞，對方可能視之為勒索，進而控告駭客。）雖然 Verizon 有內部保安團隊負責在這種設備推出之前和之後找出這種安全漏洞，Verizon 在接獲 iSEC 團隊的報告之前，並不知道其基地台有這種安全問題。此外，Verizon 之前曾委託外部白帽公司針對這種基地台做滲透測試，而且該公司還是行動應用設備方面的專家。那家公司和 iSEC 都是英國控股公司 NCC Group 旗下公司；NCC 收購了十多家小型滲透測試公司，希望能壟斷市場。Verizon 後來私下向 NCC 抱怨，因為該集團一家公司受委託尋找基地台的安全弱點但失敗了，同集團另一家公司公餘研究卻找出了問題。

iSEC 團隊告訴 Verizon，他們將公開自己的發現，但一定會等 Verizon 先解決這些安全問題。Verizon 在三月以空中下載（over-the-air）方式發佈安全補丁，更新了相關的 Linux 軟體。安全補丁發佈後，iSEC 團隊也通知電腦緊急回應小組協調中心（CERT）；這是美國聯邦政府資助一個研究中心，維持有關軟體安全漏洞的資料庫。iSEC 團隊提交的資料列出了安全弱點、他們如何侵入系統，以及五項改善建議（可以降低 Verizon 毫微型基地台未來遭駭侵的可能性）。[88] 出乎 iSEC 團隊意料的是，CERT 完整地公開了他們提供的資料，比他們和 Verizon 選擇公開的資料多了很多細節。

iSEC 白帽駭客做了這些事之後，才在二〇一三年七月公開這次駭侵。在此之前一個月，美國才爆出國家安全局（NSA）監控蒐集美國多數大型網路公司處理的語音、視訊交談、照片和電子郵件的消息。當時媒體正積極發掘新消息，希望進一步報導美國政府和電訊公司可能如何侵害美國人的隱私和公民自由權利。iSEC 聯繫了幾家媒體，他們都對 iSEC 的發現極有興趣，記者對 iSEC 員工示範如何攔截他們的通話和簡訊尤其

著迷。李特對路透社表示：「這件事的重點不在於 NSA 會如何攻擊普通人，而是在於普通人會如何攻擊普通人。」[89]

幾個月後，他們在最大規模的兩個駭客會議 DEF CON 和「黑帽」上報告自己的發現，現場不設座位。[90] 在答問環節，他們事先警告觀眾之後，展示了在場觀眾發出的簡訊（他們的手機在他們不知情的情況下，連上了 iSEC 團隊設置的毫微型基地台）。多數簡訊相當孩子氣，有些是宣傳個人網站，也有一些政治訊息，例如「你講話，我們在聽——NSA」。iSEC 最後發佈了一款名為 FemtoCatcher 的應用程式（連同原始碼），適用於 Verizon 的 Android 智慧型手機，會在偵測到手機連上毫微型基地台時，自動將手機轉到飛航模式。iSEC 認為徹底的解決方法，是電訊商完全捨棄毫微型基地台（因為這種設備總是有遭人駭入的危險），並採用成本較高也較難做到的端對端加密技術。

iSEC 團隊這次公益型弱點探查作業證實非常寶貴。當時 Verizon 在美國有超過一億名用戶。雖然 Verizon 在一篇新聞稿中宣稱不曾有顧客抱怨手機被駭，一些動機沒那麼善良的團體其實已經知道這種安全漏洞。iSEC 員工在駭客會議做完報告之後，一些駭客上前告訴他們，其實他們之前也能一再取得毫微型基地台的根權限（具體說法略有不同）。iSEC 團隊認為這些駭客的說法是可信的，因為他們使用一些非常專門的技術術語，而且能描述他們的具體步驟。[91]

此外，執法機關從不曾有人非正式地和他們討論這次駭侵（有人發現重大的安全漏洞時，執法單位一般會這麼做），iSEC 團隊因此假定執法機關也是早知此事。因此，雖然其他人也發現了 Verizon 毫微型基地台的安全漏洞，iSEC 團隊是唯一通知 Verizon 並公開結果的團體。最重要的是，他們並沒有借機羞辱這家大型電訊公司，而是協助該公司加強保護顧客的隱私。這無疑只是手機許多安全弱點的其中之一，而且很多

弱點是我們還不知道的。如果不是有白帽駭客耗費時間和精力揭發這問題，它肯定仍將是民眾隱私和公民自由權利的潛在威脅。這個案例顯示，即使是 Verizon 這麼重視安全的電訊公司，有時也很難發現自己的弱點。這個嚴重的安全漏洞，結果是靠一支外部紅隊無意中揭發並負責任地報告發現。

安全的大樓為何不安全：實體滲透測試

我為了寫這本書而訪問了很多人，很幸運能爭取到訪問美國政府安全事務方面一名非常高層的官員。[92] 起初我約不到他，後來請一名共同認識的人轉寄一封電子郵件（是用 Gmail 帳戶）給他，信中簡短說明了我的研究計畫，以及我希望問的問題類型。幾個星期後，這名高官的一位行政助理接觸我，告訴我長官同意接見我。我們在電話中約好下週某天早上在高官的辦公室見面。那名助理隨後寄給我一封電子郵件確認約會，當中有辦公室的位置和前往該處的交通資訊，並提醒我要帶政府發出的身分證明文件。

那棟辦公大樓保安嚴密，距離馬路相當遠，以防爆牆圍起來，設有多個控制進入的關卡，有持槍警衛駐守，設有監視系統，並有檢測金屬的設備。通過這些關卡之後，訪客必須出示身份文件，而且大樓的內部資料庫中必須有訪客安排了會面的資料，然後拍照，接過貼有照片的訪客證（原則上必須一直掛在胸前），最後由一名職員陪同穿過大廳。

那天因為有點塞車，我到達該大樓時已經遲到了五分鐘。我排在長長的人龍後面等待通過金屬檢測器時，一名保全人員接聽了一通電話，然後喊出我的名字（發音不大準）。我走出來應她，還沒說任何話，她便說：「好，你往前走，他們在上面等你呢。」我走到人龍前方，以為自己仍需要通過金屬檢測器，但她揮揮手說：「不，不，你繞過去往前走就好。」我走向大樓的接待處（後方站著數名持槍警衛），想出示我的護照，然

後拍照並取得訪客證。但我還沒走到接待處前面,便有一名年輕男性(幾乎肯定是實習生)問我:「你是岑科嗎?」我點頭之後,他便說:「好,我們走。」我不但不用出示身分證明文件,也沒有人查我是否在大樓內部資料庫的訪客登記中,也不用訪客證,而且更神奇的是,在我和年輕人走開之前,接待處後面一名警衛遞給我一張紙條,上面寫著「已檢查」(SCREENED)。我把它放進口袋裡。我們走到電梯間,搭電梯上高官的辦公室。等了兩分鐘之後,我和那名高官在一間小會議室坐了下來。這整個過程中,沒有人核對我的身分,甚至沒有人檢查我是否攜帶武器或爆炸物。

諷刺的是,雖然我當時幾乎完全沒意識到,我其實已經針對那棟大樓的保安做了一次探查弱點的紅隊作業。要知道誰是那名高官和我共同認識的可信任的中間人,瀏覽一些公開的資料庫便不難辦到。侵入這名中間人的 Gmail 帳戶、然後假裝轉寄一封我寄出的電子郵件所需要技術,並不難取得。我也可以到這棟據稱保安嚴密的大樓做簡單的偵察,或許就能發現,遲到的訪客如果約了時間緊迫的高官,他們便會出現保安上的漏洞。此外,我進入大樓後,也可以強迫或賄賂那些實習生掩護我(甚至可以事先安排一名可靠的同謀來當實習生)。我或許也能侵入大樓的內部資料庫,建立我與高官安排了會面的資料。

最後,我可能會知道訪客將收到「已檢查」的紙條;我可以事先做一些帶在身上,必要時向攔住我的警衛出示。在這個例子中,我突破防衛系統進入了大樓,但那是我意外做到的。雖然我對這棟大樓的保安如此粗疏感到不安,這其實完全不值得驚訝。而且在民間部門,多數大樓的保安其實遠不如這棟大樓。

你踏進多數現代辦公或商用建築物時,無論那是企業辦公的摩天大樓、醫院還是賭場,你會期望看到必要的保安措施,也不難看到。這些

保安措施包括建築物的監視系統、門禁設計（有些地方必須拿出員工證，感應特定裝置才能進入）、接待處負責回答詢問和接待訪客的友善人員，以及隨時都在觀察周遭、表情嚴肅的警衛。你看到這些隨處可見的保安跡象時，可能會感到安心，相信大樓已有防範罪犯、恐怖份子或憤怒員工的足夠措施。但是，這種想法含有很深的誤解，因為保安的表象極少與大樓實際得到的保護有關，也極少與大樓裡面有什麼人和東西有關。

多數公司會盡可能壓低自身設施的保安費用，因為這種費用會令公司的利潤立即減少。保安水準極少會超過保險公司或政府法規要求的最低標準，而這種最低標準是根據產業認同的優良準則解讀的結果。一如網路安全，實體設施保安的優良準則雖然值得奉行，但用來應付真正積極和靈活的敵人是完全不足夠的。獲聘和受訓保護實體設施的保全人員會成為所屬環境的一部分，**他們根本不會像敵人那樣思考，也不會設想敵人侵入或破壞設施的所有可能方式**。有心人會蒐集有關目標設施及其員工的資訊，然後擅自進入目標設施；做這種事可用的手法和技巧，很容易在網路上免費找到。[93] 這些手段包括經由貨物裝卸區或員工吸煙區進入大樓；靠內應協助或基本的撬鎖技術突破上鎖的門；緊隨持有門禁感應卡或磁條卡（這些門禁卡本身也容易被駭）的員工進入，他們往往願意為拿著很多東西的人開門；編造理由約一名公司主管，把握他外出的時間在目標設施閒逛，偷拍保安系統；約人在有多名租戶的多層大樓會面，藉機偵察目標辦公室；甚至是假裝來修冷氣的承包商（駭客或許能以遙控方式事先關掉冷氣，熱到煩躁的警衛便會迫切期望有人前來修冷氣）。

前美軍三角洲部隊突擊和實體滲透測試成員、筆名「傅利」（Dalton Fury）的作者表示：「所有人看到臉塗迷彩、手持自動步槍的人，都知道自己的安全可能受威脅。但是，如果一名嫵媚動人的女性在毛衣下藏著炸彈，手提包裡藏著手槍，要辨明威脅便難得多。」[94] 傅利也講過一些闖入受保護大樓的故事，例如在聖誕節打扮成聖誕老人，假裝成著名

披薩連鎖店的送貨員，甚至是在目標大樓前門外面安排可怕的意外事故，誘使警衛離開他們理應駐守的位置。[95] 你一旦了解典型的大樓保安弱點，以及各種老招數總是奏效的事實，你將開始認識到，保安意識薄弱實在是非常普遍的現象。在我意外「闖入」政府大樓的上述例子中，刻意營造出來保安嚴密表象，看在了解類似情況的人眼裡，實際上反而是保安鬆懈的跡象。

相對於保護電腦網絡和軟體，保護大樓和設施應該容易一些，因為它們是有實體的，而且我們可以直接體驗它們，並與它們互動。大樓的管理和保安團隊原則上應該研擬和執行充分的保安措施。事實上，多數保安專業人士錯誤相信他們的組織有充分的綜合防衛策略，能有效應付各種安全威脅，包括內部人士洩密、資產或資料遭竊，以及員工人身安全受威脅。《健康照護設施管理》雜誌（Health Facilities Management）和「美國健康照護工程協會」（American Society for Healthcare Engineering）二〇一二年一項調查顯示，逾六九％的醫院保安專業人士表示，他們有針對「所有關鍵控管區」的「綜合保安方案」。[96] 但是，僅六二％的受訪者相信他們的實體和網路保安是綜合在一起的，儘管這兩個領域如今是不可分開的。員工也普遍傾向持類似看法。二〇一四年美國聯邦公務員意見調查顯示，七六％的員工相信他們的組織已協助員工為應付安全威脅做好充分準備。[97] 這種印象很可能並不反映實際情況。

理應安全的設施不時遭侵入，犯案者是內部人士、駭客、罪犯和競爭對手的某種組合，而且他們往往是相對輕鬆地侵入，造成目標企業重大的名譽和財務損失。例如在二〇〇九至二〇一一年間，韋拉（Amed Villa）和邁阿密某犯罪集團的其他成員多次犯案：他們在目標倉庫的屋頂開洞或利用上屋頂的門進入倉庫，關閉保安系統，利用倉庫的堆高機把價值以百萬美元計的貨物搬上貨物裝卸區的卡車。[98] 最值得注意的是，

韋拉從禮來藥廠（Eli Lilly）在康乃狄克州的倉庫偷走了價值九千萬美元的藥物（這是康州史上最大竊盜案），而事發前一個月，禮來的保安承包商泰科綜合保安（Tyco Integrated Security）才替該倉庫做過弱點評估，並在一份「機密系統建議」中陳述其發現。[99]

企業保安主管表示，如果保安問題導致公司寶貴的資產或商業機密遭竊，管理層往往會選擇保密到底，以致公眾從不知道發生了這種事。受害企業除了經常隱瞞或淡化它們遇到的網路攻擊外，也往往努力隱瞞它們遇到的嚴重竊盜案，以免消息出現在媒體上；它們甚至可能隱瞞監理機關、保險公司或執法機關。安全的假象造成的危害，有時可能比商業機密失竊更大。但如果外界認為公司管理層和保安團隊無法保護替公司賺錢的資產或商業機密，則公司的聲譽和它對投資人的吸引力將受到特別嚴重的損害。這種印象對公司的傷害，可能遠大於竊案本身。數家公司的保安總監表示，即使疑犯的身分已可確認，企業高層還是很可能放棄提告，因為訴訟期間負面消息廣為流傳，很可能令提告得不償失。

醫院和醫療相關設施特別容易出現保安問題，因為這些地方存有大量個人資料，而且有許多臨時員工和第三方承包商進出。二〇一四年六月，加州聖羅莎市的索諾馬郡聖約瑟醫療（St. Joseph Health of Sonoma County）放射科門診近三萬四千名病人的X光記錄遭竊。一名竊賊潛入醫院，從一個未上鎖的員工儲物櫃裡偷走了一個隨身碟，裡面是病人X光記錄的備份資料，包括病人全名、性別、病歷號碼、出生日期、照X光的部位和其他資料。這些資料原本是要轉移到聖羅莎紀念醫院（Santa Rosa Memorial Hospital）作備份記錄。[100]二〇一四年三月，舊金山近三十四萬兩千名病人的個人資料遭竊，因為替舊金山衛生部提供結帳服務的薩瑟蘭醫療方案（Sutherland Healthcare Solutions）八部未加密的HP Pro 3400電腦被偷走。[101]二〇一四年三月，佛羅里達州一名聯邦法院法官核准醫療保險公司AvMed支付三百萬美元的和解金，

了結一宗有關個人資料遭竊的集體訴訟。該案是此類訴訟的里程碑事件，法官裁定，即使是未受到明確損害的原告，也有權分享和解金。此案源自二○○九年十二月 AvMed 在蓋恩斯維爾市一處受保護的設施兩部筆記型電腦遭竊。因為這兩部電腦上存有許多個人資料，雖然它們每部成本僅為七百美元，結果卻使這家中型企業損失三百萬美元和可觀的訴訟費用。102

實體設施的保安問題並非僅限於醫療照護業，而且有多種形式。二○一四年三月，來自紐澤西州的十六歲少年卡斯奎卓（Justin Casquejo）擠過一道柵欄一個一呎寬的缺口，登上紐約世貿中心一號大樓（在世貿雙塔原址重建的大樓）第一○四層。這棟大樓由紐約與紐澤西港務局擁有，港務局負責戶外部分的保安，地產業者達斯特組織（Durst Organization）負責大樓裡面的保安，但兩者均未能阻止卡斯奎卓闖入。這名男孩說：「我繞著大樓工地走，想出了登上大樓屋頂的辦法。我利用鷹架爬上六樓，搭電梯上八十八樓，然後走樓梯上第一○四層。」103 他在那裡花了兩小時拍照，然後在下去途中被一名建築工人攔住，並召來港務局警察。雖然卡斯奎卓並未破壞任何東西或傷害任何人，他能夠闖入大樓並自由走動。他遇到一名電梯操作員，但對方沒有問他任何問題，也未要求他出示證件，就送他上八十八樓（這名電梯操作員因此遭調職）。他也遇到一名在睡覺的達斯特組織警衛（後來遭公司開除），結果順利地登上這棟具指標意義、理應保安嚴密的大樓屋頂。104

為了防止遠比卡斯奎卓危險的人闖入，保安業者雇用紅隊人員做實體滲透測試，藉此從最可能出現的敵人的角度評估大樓的防衛系統，辨明保安弱點並提供改善建議。一如白帽駭客所做的網路滲透測試，實體滲透測試委託往往是因為業者必須遵循政府或產業的某些標準。例如實體滲透測試有助業者滿足《健康保險可攜性和責任法》（HIPAA）、《沙

賓法》（Sarbanes-Oxley Act）或《金融服務業現代化法》規定的審計要求，也有助業者滿足產業標準。美國衛生及公共服務部的「二〇〇三年 HIPAA 安全規則」便建議測試實體設施的保安，以確保病人的記錄沒有遭侵害的危險。美國國家標準技術研究所後來檢視該規則以提供進一步的指引，建議業者做逼真的滲透測試。此外，二〇一三年十一月公佈的支付卡產業資料安全標準（PCI DSS）也含有新的滲透測試要求。舊版 PCI DSS 提供基本的測試框架，要求每年做內部和外部滲透測試，或是在「基礎設施或應用更新或修改」之後做測試。新版 PCI DSS 提供了更清楚和周全的指引，明確指出內部和外部滲透測試應該分開做。105

　　法律要求之外，也有產業標準強烈建議做滲透測試。美國產業安全學會（ASIS International）是推動保安業要求標準化和建立優良準則的主要組織。ASIS 公佈了一份《設施實體安全測量指南》（Facilities Physical Security Measures Guide），提供有關大樓和實體設施的保安標準指引，包括保安策略和措施，並建議在執行策略之前做風險評估以辨明弱點。這份指南也建議三層式保安（外層〔設施周遭〕、中層〔設施外部〕和內層），以及結合實體、資訊科技和其他保安人員以研擬和應用一種全面的策略。保安業另一領導組織保安與開放式方法學會（ISECOM）則為保安業者提供《開源安全測試方法手冊》（OSSTMM）。OSSTMM 最新版比 ASIS 的指南詳細，提供的指引可以使用戶「不必再仰賴籠統的優良準則、零星證據或迷信，因為你已經驗證了和你的需求有關的具體資料，可以據此做你的保安決定。」106 ISECOM 建議實體滲透測試者使用各種工具（包括物理方法和人際技巧），並針對保安的不同面向提供各種測試，例如態勢評估、權限驗證和屬性驗證。這兩個組織均強調實體滲透測試要採用全面的做法（而非只是「突破後進入」），包括考慮多層的實體障礙和進入控管設計。

　　許多提供網路滲透測試的公司也做實體滲透測試，而且愈來愈常利用

實體滲透測試手段（例如闖入大樓或資料存儲中心）來輔助它們的網路滲透測試。[107] 二〇一一至二〇一四年間，實體保安弱點導致的網路安全事件從一〇％增至一五％。[108] 例如外部的黑箱測試（測試者不知道系統的內部結構、設計和執行情況）或許能借助內部的白箱測試（測試者充分知情）；在後者中，白帽駭客獲得網絡的若干行政權限，以便藉由檢視偵測機制和事件反應控管情況，評估潛在的內部人士威脅。白帽駭客的實際做法，可能只是簡單地走進員工的辦公室，告訴對方自己是資訊部員工，必須使用他們的個人電腦。這些員工（包括有行政特權的員工）通常會被這常用的招數騙倒，不問任何問題便答應要求。

實體滲透測試也遵循與網路滲透測試相同的四步驟：與目標組織議定測試工作範圍，蒐集資料（包括偵察大樓或設施），滲透測試本身，以及報告測試發現和排好優先次序的建議措施。白帽駭客和資訊部員工在網路領域感受到的挫折，與實體設施領域的測試者和管理人員感受到的相似。企業若是因為法規或保險公司的要求而委託外部業者做實體滲透測試，通常會盡可能縮窄測試範圍（例如限定在某幾天測試，而且只測試幾個入口）；目標組織也可能作弊，在測試前特地在目標設施周遭增加監視攝影機、障礙物或警衛。

保安業者 Rapid7 的佩科可（Nicholas Percoco）在他的老東家 Trustwave Holdings，便曾遇到目標組織嚴重作弊的一次滲透測試。

一家跨國公司的資訊長委託 Trustwave 替該公司做全面的測試，涵蓋其網路、實體和人員保安系統。Trustwave 團隊發現該公司在美國中西部有一個很大的配送倉庫，決定嘗試闖入以便接觸該公司受保護的網絡和伺服器。測試團隊偵察該倉庫（除了使用 Google 地圖，也到實地偵察），發現一條可用的攻擊路徑（不設周邊保安，卡車和小貨車可開到貨物裝卸區）。該團隊通知客戶的資訊長：他們將在某天評估該配送倉

庫的保安。測試當天,這個倉庫顯然特地加強了保安:Trustwave團隊到達時發現,一名警衛站在目標路徑的入口檢查證件、盤問訪客;這是前所未見的事。Trustwave的亨德森(Charles Henderson)補充道,測試團隊注意到,倉庫的員工隔著窗戶盯著外面,顯然是在等待看起來像保安業者的人。「我們當然沒有按原定計畫闖入,而是用了其他路徑。」該倉庫旁邊是一個住宅工地,遠離前門和裝卸區,與倉庫之間有一道八呎高的柵欄。一名測試者越過這道柵欄,經過卡車司機使用的一個飲食區進入倉庫,很快便找到一個USB端口插入遙控裝置。這整個測試遭嚴重破壞,但那名資訊長還是能證明他委託了外部人士做過實體滲透測試;他的目的顯然僅止而已。[109]

侵入「安全的」大樓往往一如侵入「安全的」電腦網絡那麼容易,但相關報導相對少得多。尼可森(Chris Nickerson)在保安界廣為人知,是因為二〇〇七至二〇〇八年間短命的有線電視節目「虎隊」(Tiger Team);該節目記錄他和兩名同事所做的滲透測試。在節目第一集「攻陷汽車經銷商」中,尼可森的團隊針對南加州一家據稱裝了最先進保安系統的豪華汽車經銷商,做了一次為期兩天、不事先告知的測試。[110] 他們發現,目標建築有個天窗可以打開一部分,而且不受壓板警報器保護。(許多測試者表示,屋頂往往是各種建築物保安最弱的部分。)他們從垃圾堆中發現這家經銷商的資訊科技承包商的一張名片,因此得以假裝成該承包商的技術人員,進入汽車經銷商的伺服器機房。他們刪去經銷商內部硬碟上的汽車識別號碼資料;如此一來,該公司要追蹤和找出失竊汽車,將困難得多。最後,他們假裝顧客,偵察展示廳的監視器和動作偵測器的佈置(後者裝得太高,無法偵測到地上爬行的人;這是常見的問題)。

他們在半夜兩點半侵入經銷商的建築物,未被發現,只花不到一分鐘便撬開內部所有的門和保險箱,取得顧客的社會保險號碼和財務資料,

刪掉監視系統中的影片，把一輛蓮花（Lotus）跑車開到前門，調過頭來停在原位置，貼上一張幽默的警告紙條：「希望這可以驅使你們翻轉你們的保安系統。」該經銷商的營運經理在測試之前宣稱公司已有充分的保安，在看到那張紙條之後承認：「我們不想他們拿到的東西，他們基本上都拿到了。」尼可森的團隊隨後為這名經理提供了一份具體的改善建議，說明他們花了不到兩天便發現和利用的安全弱點可以如何處理。[111]

那一系列的真人秀協助尼可森建立名聲，也替他在創業初期招來一些生意。不過，現在保安界許多人視尼可森為意見領袖和業界良心。他不再覺得例行的保安測試（例如他在汽車經銷商做的那次測試）有挑戰性或很酷。客戶請他評估保安系統，他會視自己為導師或「治療師」。因為他很有名，而且是自創企業 Lares Consulting 的老闆，他可以拒絕那些只想達到某種最低保安標準（例如保安系統稽查要求的標準）的客戶。他也抨擊把保安評估當成例行公事，令客戶誤以為自己很安全的「機械式滲透測試者」。此外，雖然尼可森持有這一行所有的必要證照，他認為這些證照毫無意義，「任何有 Photoshop 的人都可以免費取得」，而且認為保安業的情況令人沮喪。「客戶每年因為保安問題而承受的損失愈來愈大，但保安業的規模愈來愈大；這種情況在各產業之中絕無僅有。」儘管如此，他認為自己有責任藉由業界會議演講、播客（podcasts）和一本即將推出的專著，促使人們關心保安問題，並改變他們的保安觀念。[112] 尼可森認為「**保安意識比知識更重要**」，因為供應商的產品或公司的保安程序最終都將變得過時或可輕易擊敗。[113]

尼可森對於如何利用紅隊作業改善目標組織的保安，有三項總體想法。首先，他認為與目標組織管理高層和保安團隊的最初會談，是紅隊作業最關鍵的一部分。尼可森會要求目標組織說明其基本目標和策略：「**請說明你們正在做的事，以及做這些事的原因。**」這可以促使所有人

就哪些資產最寶貴達成共識，進而凝聚有關如何保護這些資產的共識。

「攻擊者進來時，他們真正的目標將是什麼？」公司執行長（可能還有資訊長）可以明確說出哪些資產最寶貴，但保安團隊卻往往不清楚，因為他們最重視的是遵循那些保安作業優良準則，確保自己能滿足外部保安稽查人員的要求。

但是，在這些最初的會談中，管理層和保安團隊往往會表示不相信有人可以輕易侵入他們的建築物，而且不願意設想以前沒有人做過的事，並且深信既有的保安系統可以防止他們不想發生的事——常有人說：「你要進來必須有門禁卡呢！」即使是《財星》雜誌一百強企業（Fortune 100，尼可森的公司替它們做滲透測試），也無法理解**積極的敵人無疑會有的耐性、深思能力和「壞蛋技能」**。尼可森會問這些公司的管理高層：「你們公司是年營收以十億美元計的這個領域的龍頭，你們為什麼會認為最主要的對手不會設法奪取你們的寶貴資產，藉此打敗你們呢？」[114]

第二，尼可森強調，滲透測試怎麼做直接影響紅隊作業的效力。在偵察階段，尼可森的團隊很快便能測定保安系統的強健程度。如果目標設施的保安系統很落後（例如監控攝影機的電線外露而且沒有金屬保護外層，玻璃破碎感測器顯然失靈，而且使用葉片鎖而非比較安全的 Medco 鎖），尼可森的團隊會暫時不做滲透測試，直到保安系統完成必要的革新。[115]尼可森的團隊實際闖入目標設施時，有時會利用穿戴式攝影機，把測試過程的影音實況直接轉播到客戶的手機上：「他們實際看到我們突破防衛系統，在他們的大樓裡閒逛，受到的衝擊直接得多。」時間較長的測試任務（一年或更長）可能需要利用多種路徑多次侵入目標設施，並利用幾個不同別名來完成任務。曾有項滲透測試需要九個月偵察、利用魚叉式網路釣魚手段，而且尼可森還必須在最後時刻飛到韓國取得數個層級的證書，以便他可以假裝成獲授權的員工，接近中國深圳附近一項寶貴的資產。「這是很長時間以來，我做過的最酷的事情之一。」[116]

第三，尼可森發現，紅隊作業的發現如何呈現，最終決定了目標組織是否將有行動解決新發現的安全弱點。「我必須指出他們失敗的地方，這樣才會有錢從天上掉下來。」為此，測試團隊必須能敏銳地辨明目標組織的學習方式，尤其是可以核准增加保安支出的管理層的學習方式。

　　「我發現，實體滲透測試最有效的做法，是帶一名主管，教他侵入目標設施。我教他撬鎖，示範如何利用 Posi-Tap 免剝線接線端子廢掉警報器，在不被發現的情況下侵入目標設施。」這名主管突然親身體驗到公司的保安是如此不可靠，因為如果他花幾分鐘就能學會如何侵入，那便意味著所有人都可以做到。尼可森心目中的成功，是令組織領導層了解保安威脅和弱點，或爭取到他們對加強保安的支持，進而在目標組織的所有業務單位普及保安意識，激發有關保安的討論。「如果你能令資訊部和設施管理團隊講同種一語言，你便是完成了非常正面的第一步。」但是，整體而言，尼可森對他這一行仍感到失望。「我們不像醫師那樣有希波克拉底誓言，而你會發現，多數人過度貪婪，而且表現不佳。多年來，滲透測試已略有改善，因此現在你不能只賣蛇油〔譯註：沒有實質療效的萬用藥物〕給客戶。業者現在賣的東西，比較像是蛇油混了一點給小孩吃的阿斯匹靈。」[117]

　　如果我們說尼可森深思又謹慎，那麼史崔特（Jayson E. Street）可說是衝動又招搖。

　　史崔特在領英（LinkedIn）網頁上說自己是「《時代》雜誌二〇〇六年度風雲人物之一」。那一年《時代》雜誌年度風雲人物是「你」，史崔特因此搞笑地說那就是他。不過，他自豪地宣稱自己是駭客，而他的副業是做實體滲透測試（他稱之為「社會工程任務」），藉此嚴格評估和改善客戶的保安系統。（史崔特也經營網站 www.awkwardhugs. org，貼出他在網路安全和和駭客會議上，為了打破社交障礙而和別人的

幽默擁抱，包括在二〇一二年的 DEF CON 會議上與當時的美國國家安全局局長亞歷山大上將擁抱。）他在網路安全和和駭客會議上的報告，以幽默、熱情、技術內容一流而廣為人知；這些報告有效地傳達史崔特的最終目標：教育紅隊測試者和藍隊保安從業者，使他們認識到彼此的共同責任——發現網路和實體世界的安全弱點，並設法修補漏洞。史崔特這麼說：「我們令紅隊人員變得像搖滾巨星，人人都想當紅隊忍者，但我現在想幫助藍隊。因此我現在逢人就說我是紫隊。」118

尼可森和他的團隊會做精細的監控和偵察，史崔特則盡可能以簡單的手段完成滲透測試。史崔特表示：「我只給自己兩小時用 Google 搜尋客戶的資料。這是為了證明我對目標組織所做的事，所有人都能做到。」119 他不會為了侵入目標設施而研擬像電影《瞞天過海》那種精密的計畫，而是會用一些簡單的招數，例如大模大樣地從吸煙室的門進入（「就是以我一貫的迷人模樣，經過門口走進去」）。他做這件事時，會偽裝成多種角色，包括前來公司面試的「外人」（借機閒逛以偵察目標設施）、要求檢查某些東西、假裝在平板電腦上做筆記的「權威人士」，以及聲稱前來修東西的「技術人員」（他會穿一件工作服，上面寫著「你公司的電腦技工」）。120 一如多數實體滲透測試者，他成功闖入目標設施的機率是百分百。但史崔特並不仰賴周密的研究或高超的技術，他強調：「我最重要的資產，是不善於控制衝動，以及完全不知羞恥。」121

多數滲透測試者會用比較低調微妙的手段，史崔特則會不斷把行動升級，直到他終於被逮到。一如所有滲透測試者，他會帶著客戶的委託函和客戶資訊長的名片，上面有資訊長的電話，以便警衛致電查證。如果他不能及時出示這些「免死金牌」，他可能會被過度熱心的警衛毆打或施以電擊。他往往會帶兩封委託函，一真一假。他也可能告訴警衛「我在做保安評估」，而警衛往往會就此放他走。有時他會對警衛說：「如果你放過我，我不會在我的報告裡提到你犯的錯。」如果有員工問他在

做什麼，他會說：「恭喜你，我正在做保安評估，你抓到我了。送你一張星巴克禮券。」然後他會繼續做他的事，而大樓的警衛不會獲得通報。這些情況顯然都違反目標組織的保安程序。它們全都會被史崔特身上的隱蔽式攝影機拍下來，並寫在他的最終報告裡。

史崔特有次到牙買加首都京斯敦替某跨國金融公司做事，期間即興做了一次滲透測試；他說這是「我做過的最邪惡的事」。這家非常重視保安的公司聲稱其總部大樓一如「諾克斯堡」（譯註：美國一個陸軍基地，美國金庫所在地）那麼安全，並質疑史崔特是否有本事侵入。史崔特檢視一些電子郵件地址，並利用一種網絡掃瞄工具，了解到該公司總部和它的慈善組織（就在總部大樓對面）使用同一個電腦網絡。史崔特致電該慈善組織，假裝是一名美國電視製作人，正在當地拍有關企業慈善工作的紀錄片。他以自己第二天早上將飛回美國為藉口，完全不必出示證明資料，就約到該慈善組織的主管在該組織辦公室見面。見面期間，史崔特主動表示想向該組織的主管和公關人員播放他的紀錄片片段，而他需要將一個隨身碟插入那名主管的電腦裡。這個隨身碟是「黃色小鴨」（rubber ducky），也就是電腦網絡可以自動偵測到並將它當成一部電腦的一種介面裝置。122

拜此所賜，史崔特稍後得以進入那家金融公司總部大樓的電腦網絡。他後來寫了一份事後報告，記錄他如何突破保安系統，列出該公司可用什麼措施防止類似的攻擊（基本上就是將慈善組織的網絡與公司總部的網絡區隔開），以及具體說明這些措施的成本。

史崔特雖然很喜歡在駭客會議上炫耀自己如何突破各種保安系統，他強調他的主要目標是增強客戶對保安弱點的意識，並提出改善保安的建議。他認為政府和保險公司規定的那種保安標準是必要的，但這種保安水準完全不足以阻止「決心侵入的真實惡人」。「他們不在乎自己必須動用什麼手段，不在乎做法是否難看。他們就是要侵入你的設施，偷走

你的東西，然後逃之夭夭。」他說，除了遵循那些不夠好的標準外，企業還應該請外部人士做逼真的滲透測試，因為「人都不想去想可能發生在自己身上的壞事。」[123] 他最常遇到的問題，是企業的保安團隊仍然「用他們學到的傳統方法砌牆，但**他們真正該做的，是根據敵人最可能採用的攻擊方式來砌牆。**」史崔特發現，增強客戶保安意識最快的方法之一，是製造高效應事件，而這可以非常簡單，例如只是寄一張照片給客戶高層，上面是他坐在辦公室使用自己的電腦。這可以令高層親身體會到公司的保安弱點，比較願意核准改善保安必須投入的時間、經費和培訓。「如果你不能真正打動管理層，他們很可能不會做任何事，又或者他們會問：『我至少要花多少錢才能打發你？』」[124]

最後，一如尼可森（史崔特指他是「這一行最機敏的專業人士」），史崔特認為滲透測試業者以至整個保安業都必須更好地向公眾說明自己的工作，並且真正改善客戶的保安。雖然目前保安專業人士得到的注意和賺錢的能力都是空前的，愈來愈多人認為媒體的報導和一些不擇手段的保安業者扭曲了人們對這一行的認識，他們對此感到沮喪。

「如果你只想完成工作，保安不是很好的職業選擇。你必須有熱情。」史崔特對保安專業人士有一些建議，包括設法令新聞工作者和政府機關更了解駭客所做的事，加強研究上的合作，協助保安專業人士進修（藉此了解哪些做法可行，哪些不可行），辦更多業界會議，以及更多的擁抱（這是一定要的）。[125]

結論

一如在其他領域，可靠逼真的紅隊作業在民間部門也面臨其固有的難題：這種作業無法立即帶給目標組織投資報酬，也無法斷然證明它是必要的。外部顧問為企業做商戰模擬，是協助公司高層了解策略決定的潛在結果，包括競爭對手的反應。企業如果只靠自己，難免會因為層級制

度的現實和組織的弊病,很難針對新的策略計畫展開真正自由的討論和做誠實的評估。

與商戰模擬不同的是,滲透測試通常是為了滿足政府或保險公司的要求,或是配合產業優良準則。雖然幾乎所有大企業都經歷過有害的網路安全事件,很少資訊科技專業人士相信他們的公司已為這種問題做好充分準備。[126] 前資訊設計保證紅隊(IDART)駭客、現從事滲透測試工作的索維指出,企業管理層很難知道保安上的預防工作多少才夠:「如果做太多,會損害系統的開發速度、功能和營利能力。如果做太少,則可能發生嚴重的安全事件,危及公司的營利能力以至生存能力。」[127] 白帽滲透測試者有助解決這種難題:他們辨明保安弱點,同時協助目標組織制定可達成的目標。

iSEC Partners 針對 Verizon 毫微型基地台所做的公益型弱點探查作業顯示,只要投入足夠的時間和工夫,技術一般的駭客也可以駭入幾乎所有東西。此外,iSEC 團隊在公佈測試結果後發現,多個其他團體其實也已經發現那種基地台的安全漏洞。他們之間的關鍵差別,在於 iSEC 團隊奉行責任揭露,通知 Verizon 和美國國土安全部的電腦緊急回應小組,確保業者及時糾正安全問題。另一方面,許多人認為實體設施因為有警衛、監視攝影機和金屬探測器,比透過纜線或大氣傳送的數位資訊來得安全,但事實顯然並非如此。

史崔特便發現,許多公司現在對網路安全沒有信心,但仍然誤以為它們的實體設施是安全的。[128] 為了令企業管理層和保安團隊認識到,他們的保安程序和標準有顯著的不足,積極、聰明的對手可以輕易突破,實體滲透測試是必要的。企業管理層是否根據商戰模擬、網路和實體滲透測試的發現採取行動,取決於他們認為新發現的弱點或漏洞對公司核心業務有多重要。

事實上,**紅隊作業不是企業的一種核心作業,而是一種心態、方法和**

一套具體的手段，藉由質疑未經檢驗的假設、辨明策略盲點、模擬對手的反應，以及揭露保安弱點，改善企業的表現。

MODESTY, MISIMPRESSIONS, AND THE FUTURE OF RED TEAMING

紅隊作業的實際結果、
錯誤印象和未來

我從不曾從意見和我相同的人身上學到任何東西。
——馬隆（Dudley Field Malone），田納西州 v. 斯科普斯一案的
辯護律師，一九二五年 [1]

小兒麻痺病毒是一種急性、易傳染的病毒，攻擊人體的神經系統，目前無藥可治。小兒麻痺症會造成持久的後果，但嚴重程度差異很大：多數病人沒有症狀或只有非常溫和的症狀，不到一％的病人會癱瘓，因為呼吸肌群癱瘓而死亡的個案則更罕見。小兒麻痺症最著名的病人是美國小羅斯福總統，他三十九歲在加拿大新布朗斯威克省坎波貝洛島芳迪灣游泳時感染病毒；不過，這種病毒主要影響五歲以下的兒童。小兒麻痺症可用疫苗預防，美國在一九七九年已經消滅這種疾病。但是，小兒麻痺症在公共衛生條件不好的開發中國家仍是一大禍害，因為這種疾病可藉由人際接觸傳染。

一九八八年，世界衛生大會（WHA）一致支持「二○○○年之前全球消滅小兒麻痺症」的積極目標。[2] 當時超過一百二十五個國家受這種疾病所苦，約三十五萬人染病，主要是兒童。當局隨後擬定「全球根除小兒麻痺症計畫」（GPEI），由一組公共衛生機構領導，包括世界衛生組織（WHO）、聯合國兒童基金會、美國疾病控制與預防中心（CDC）和國際扶輪社。GPEI多管齊下，包括增加經費投入（二○○○年達到逾三‧七五億美元，隨後十年持續增加至逾七億美元）、領導機構之間加強協調，以及更有效地提供疫苗，結果令受小兒麻痺症所苦的國家從一九八八年的一百二十五個減至二○○○年的二十個。[3] 在此同期，染病個案大減九九％，從三十五萬降至三千五百宗，而疫苗估計救了約六十五萬人的性命。[4] 儘管如此，GPEI的使命仍未達成。該計畫相對迅速地減少新症數目之後，在新千年的頭十年裡意外陷入停滯：至二○○九年，新症數目降至一千六百宗，但要消滅最後的一％個案看來仍遙遙無期。[5]

這問題最後有所突破，有賴一個能從紅隊人員的角度看問題的人，他便是第二章提到的在紅隊大學任教的著名溝通專家皮里奧（Gregory Pirio），他是畢業自加州大學洛杉磯分校（UCLA）的非洲歷史博士。

皮里奧在紅隊大學接受過紅隊作業實踐培訓之後，與其他導師合教一個有關改善機構效能的研習班，教過來自許多不同組織的學員，包括美國海關及邊境保衛局、堪薩斯城警察局和美式足球堪薩斯城酋長隊的教練團。二〇一〇年，他為撰寫一篇期刊論文而研究小兒麻痺症根除計畫使用的溝通策略，注意到一些形態，包括團體盲思、停滯，以及關鍵決策者不願質疑工作計畫背後的假設。[6] 領導 GPEI 的官員假定，成功減少九九％新症的做法應該更有力地延續下去，這樣就能消滅最後的一％新症。皮里奧這麼描述這種運作環境：「所有人都為正統做法喝采。沒有人質疑策略或戰術。」此外，在地專家和領導機構中抱持懷疑態度的官員也不大願意質疑傳統觀念，因為他們認為這麼做可能危及他們得到的年度經費。[7]

皮里奧把自己的想法轉告同事奧登（Ellyn Ogden）：「**我看到井蛙之見**（tunnel vision）。」奧登在美國國際開發署長期擔任全球根除小兒麻痺症的協調員。皮里奧因為熟悉紅隊大學所教的紅隊作業方法和技術，所以才能迅速發現小兒麻痺症根除工作是應該應用另類分析的典型案例。奧登起初興趣不大，因為公共衛生界向來不大願意應用軍方研究出來的方法。但奧登見過紅隊大學總監梵特諾等人，了解到解放手段可以如何用來質疑 GPEI 的停滯問題和驗證偏誤後，該同皮里奧的想法。不久之前，紅隊大學三名導師在西雅圖的比爾與梅琳達蓋茲基金會（全球公共衛生計畫的主要贊助者）總部做了兩天的紅隊作業，利用本書第五章提到的解放手段（四種視角和珍珠鏈分析）質疑 GPEI 的每一項假設和目標。第二天，蓋茲基金會與 WHO 開年度會議，檢視新年度的撥款建議。奧登記得蓋茲基金會的員工採用了紅隊人員的語言和觀點，「提出他們以前不曾提出的棘手問題，全面質疑 WHO 的建議。」[8]

這個例子彰顯了一個事實：紅隊作業之流傳，往往出於偶然。皮里奧接觸到紅隊作業，完全是因為他在紅隊大學教非洲和伊斯蘭歷史。他會

研究小兒麻痺症根除工作，完全是因為有人邀請他就這題材合寫一篇論文。最後，他把自己站在紅隊人員立場的想法告訴奧登，完全是因為他們是多年的同事。結果奧登能説服蓋茲基金會請來紅隊大學導師應用他們的解放手段，部分原因在於該基金會對於小兒麻痺症最後一％的新症遲遲未能根除感到沮喪。

　　蓋茲基金會採用紅隊作業手段雖然是出於偶然，但效果相當好。該基金會人員和奧登表示，自此之後，GPEI 的年度策略和工作計畫不再無異議地通過，而是會受到嚴格的檢視和質疑。此外，二〇一〇年底，GPEI 應 WHA 和 WHO 執行委員會的要求，成立了獨立監督委員會，負責獨立地評估 GPEI 策略計畫下達成主要階段目標的進展。該委員會的成員是各領域的專家，由 GPEI 的核心夥伴提名，由 WHO 總幹事任命。9 當局嚴格檢視小兒麻痺症根除策略並成立獨立監督委員會，很難證明和蓋茲基金會總部那兩天的紅隊作業有直接關係，但不少人認為那次紅隊作業對此有重要貢獻。一九九九至二〇一一年間，沒有人獨立檢視 GPEI 的執行情況，藉此辨明不合理的假設、根除計畫的內部障礙和替代執行方案。目前全球每年還有數百宗小兒麻痺症新病例，但不再是因為 GPEI 沒有內部檢討機制，而是因為巴基斯坦部分地區因為局勢不穩定、無法執行疫苗接種工作，以及阿富汗有些家庭不願意讓小孩接受疫苗接種。10 這項複雜的工作取得進展是出於偶然，是拜皮里奧的紅隊作業經驗所賜。

紅隊作業的實際結果

　　根除小兒麻痺症的故事顯示，紅隊作業極少可説是完全成功或徹底失敗。不過，紅隊作業總是可以達成以下兩種結果的其中之一。首先，紅隊作業可以**產生一些新發現或洞見**，而這是目標組織不做紅隊作業無法辦到的。本書檢視的組織全都面對不同程度的結構或文化局限，而這是有效的紅隊作業可以克服的。幾乎所有領袖都宣稱重視開放精神和創造

能力，因為理論上這兩者對組織產生寶貴的新構想和概念非常重要。但是，組織順暢運作所仰賴的要素（例如層級制度、正式的規則、團隊凝聚力和行為規範），恰恰是令組織極難產生重要異見的因素。[11] 這不是批評任何勤奮工作的人；這種情況只是正常的組織結構、人際互動和文化因素造成的，是我們全都會遇到、無法避免的。

本書細述的案例說明了資源、位置和授權均恰當的紅隊可以如何克服這些無可避免的限制，產生令人恍然大悟的洞見或完成非如此無法完成的獨立評估。這種作業可以用在二〇〇二年夏天的「千禧挑戰概念發展作業」中，藉此模擬未指明（但顯然是像薩達姆・侯賽因那樣）的敵人對美軍新作戰策略的反應；也可以用來獨立地估算賓拉登二〇一一年四月住在巴基斯坦阿伯塔巴德市一座宅院裡的機率； 或是由 iSEC Partners 的白帽駭客用來在二〇一二年夏天和秋天尋找 Verizon 毫微型基地台的安全漏洞。在這三個案例中，如果不是採用紅隊作業，美國國防部、白宮和 Verizon 決策高層的知情程度將大大受損，難以了解新作戰策略和技術的可靠程度、賓拉登的確切位置，以及顧客手機通訊的安全程度。

紅隊作業的第二種結果，是在未能對目標組織產生顯著作用時，**或多或少揭露該組織的思考方式和價值觀**。紅隊作業失敗的首要原因，是目標組織的高層認為這種作業是不必要或無意義的，又或者認為紅隊作業的發現不重要。

這些高層（無論是政府官員、軍方指揮官或企業經理人）被追問為什麼他們這麼想時，通常有兩種說法：如果組織中出現了重要問題，他們應該早就知道，又或者他們的下屬應該已經向他們報告問題。前者是假定領袖近乎全知，而這在所有大組織中都是根本不可能的。後者是假定員工有時間和能力去辨明組織的弱點和盲點，而且願意向管理層報告問題。組織高層不能假定他們或他們的員工可以評價自己的表現，或設想競爭對手可能採取的做法。紅隊作業要成功，高層領袖和中層經理人必

須對紅隊開誠佈公並讓出若干權力，但這並不容易，因為他們往往過度自信和盛氣凌人。

　　組織領袖必須重視紅隊的發現。如果因為某種原因，這些發現真的沒有意義，那很可能是因為組織一開始並未正確設定紅隊的任務。一九七六年，美國當局針對有關蘇聯核武能力的國家情報評估，安排分析師做 B 隊競爭式情報分析，但分析結果遭當時的中情局局長布希漠視。為什麼呢？因為當時的總統外交情報顧問委員會希望改變美國對蘇聯的緩和政策，因此主導成立 B 隊，並確保它由有偏見的紅隊人員組成。結果這支紅隊的報告是布希根本不願意公開的。在另一個例子中，在九一一事件之前，美國聯邦航空局（FAA）雖然成立了紅隊，但當局根本沒有設計明確的機制（例如對違規業者發警告信或處以罰款），以便利用紅隊作業發現迫使美國的航空公司和機場改善保安。FAA 紅隊發現並記錄了許多令人不安的安全漏洞——任何有一定技術的敵人只要夠積極，都可以利用這些漏洞造成嚴重的人命傷亡。FAA 紅隊認為負責監督其工作的民航安全處副處長過度限制他們的工作，而且慣常地漠視他們的發現。

有關紅隊作業的錯誤印象和誤用

　　梅特斯基（Mark Mateski）從事紅隊作業和思索這種工作的時間，遠比這領域的多數人來得長。在積極研究和實踐紅隊作業的少數人當中，梅特斯基是有關紅隊作業現況最受敬重的意見來源。他主持作戰模擬時認識到紅隊的功用，這促使他在一九九七年建立線上《紅隊期刊》（Red Team Journal），而該網站至今仍是紅隊作業訣竅和業界動態的最佳公開資料來源。[12] 梅特斯基後來曾在第四章所述的資訊設計保證紅隊工作。他後來掌管水印協會（Watermark Institute），積極教導軍官、資訊安全從業人員和企業經理人正確認識、組織和運用紅隊。他說，紅隊作業的課堂教學和實習至關緊要，因為「**最出色的紅隊人員是直觀型**

系統思考者。你在平地上，他們則是在另一向度運作。這種人是很難找到的。」[13]

　　梅特斯基成了紅隊作業的著名導師和學者，他發現許多人沒有直接應用紅隊作業的經驗，覺得這種作業神秘又了不起。他說：「紅隊作業一方面遭過度吹噓，但同時又有人低估了它的價值。」這種矛盾往往是因為紅隊與客戶未能適當設定紅隊的任務。紅隊往往欠缺清楚說明自身局限（無法有效評估的領域或問題）所需要的自知或謙卑。如果紅隊不清楚自身的盲點或局限，它即使積極投入工作，也可能走錯方向。此外，梅特斯基認為紅隊作業「最有意思的方法可賦予你希望獨享的競爭優勢。這通常涉及敏感或獨有的資訊，因此往往會保密。」[14]

　　因為紅隊作業的典範做法往往不公開，相關概念又欠缺全面說明，人們不了解這些典範做法是可以理解的。此外，紅隊作業一詞無疑有些魅力，部分業者因此用它來推銷自己的服務。第五章提到的保安專業人士尼可森便表示，他那一行愈來愈多人將幾乎所有的保安評估工作稱為紅隊作業，情況令人擔心。「他們說：『滲透測試感覺像二〇〇〇年的事物，紅隊作業則是現在的東西。』他們只要把服務稱為紅隊作業，便覺得自己可以提高收費。」雖然尼可森是比較受敬重的傑出紅隊業者，他說：「我的公司現在不怎麼公開使用這名詞了，因為太多人濫用它了。」[15]

　　即使人們不用紅隊作業一詞，其概念仍往往遭嚴重誤解、盲目擁護或危險地誤用。了解紅隊作業的功用很重要，而同樣重要的是認清紅隊作業對什麼事情無能為力、不應勉強使用。因此，我們值得花一些時間駁斥有關紅隊作業的五項重要的錯誤印象和誤用：馬虎的臨時做法，誤以為紅隊的發現代表組織的政策立場，輕率地安排紅隊作業，射殺傳信人，以及授權紅隊主導決策過程。

一、臨時的魔鬼代言人

在根據布魯克斯（Max Brooks）同名小說改編的驚悚電影《末日之戰》（World War Z）中，布萊德彼特飾演的藍恩（Gerry Lane）與以色列情報特務局（摩薩德）高官汪布朗（Jurgen Warmbrunn，虛構的角色）會面。藍恩問汪布朗怎麼看正在世界各地蔓延的殭屍瘟疫，汪布朗說他們接到印度正在對抗羅剎（「殭屍」，印度教神話中的一種主要魔怪）的通報。藍恩問道：「你們接到一份提到『殭屍』一詞的報告，便因此建起一道牆？」汪布朗向藍恩解釋以色列的「第十人理論」，那是猶太人經歷二戰時期恐怖的大屠殺、一九七二年的慕尼黑奧運屠殺、一九七三年贖罪日戰爭之前的情報失靈之後建立的理論。「如果我們有九個人看過相同的資料，然後得出完全相同的結論，則第十個人有責任提出反對意見。無論其他結論看來多麼不可能，第十人必須假定前面九個人都錯了，並開始思考其他可能。」[16]

這概念有一種浪漫的吸引力：異議者的角色指派一個人扮演即可，而這個人將能夠揭露其他人都無法發現的真相。這名異議者將能發揮他的奇異能力，拯救一個組織、國家以至全人類──至少在《末日之戰》那種殭屍末日世界裡是這樣。

這故事的問題，在於它就只是一個故事。以色列多名前官員和現任官員均表示，摩薩德其實根本沒用什麼「第十人理論」。（有關以色列國防軍如何吸取一九七三年贖罪日戰爭的教訓、開始認真應用紅隊作業，可參考本書第二章。）第十人理論的靈感，可能是《巴比倫塔木德》的一節：如果在一宗可處死刑的案件中，所有法官一致判定被告罪名成立，則被告反而可以獲得無罪釋放。[17] 這概念在美國真的曾有人奉行。羅伯·甘迺迪在他的回憶錄中提到，他曾見過一名內閣官員在向約翰·甘迺迪總統報告時，「非常積極地」講述與自己想法相反的觀點，因為這名官員「相當準確地估計到」，如果他不提出異議，總統會輕易接納他提出的建議。羅伯·甘迺迪說：「此後我建議，在沒有人提出異議時，找人

扮演魔鬼代言人。」他認識到異議極其重要，是因為吸取了豬灣事件（譯註：一九六一年四月十七日，美國中情局協助古巴流亡者入侵古巴，在該國西南海岸的豬灣登陸，但很快遭卡斯楚的軍隊擊潰）的教訓：甘迺迪總統的內閣審議相關計畫時，幾乎完全沒有人提出異議。羅伯·甘迺迪在他的回憶錄中接著指出，在一九六二年十月的古巴飛彈危機期間，顯然沒有必要找人扮演魔鬼代言人，因為總統的內閣已經吸取的豬灣事件慘痛教訓，因此在十三天的飛彈危機期間，一直有人提出嚴謹、真實的異議。[18]

這種認為**組織指派一個人扮演異議者、藉此抑制團體盲思，便能改善決策品質的想法，是有極大問題的**。這種想法假定組織指派的異議者（他會成為「第十人」，只是因為他還未發表意見）是那種能夠自由思考的人，有能力真正質疑支持所有其他人共識的假設和事實。它也假定這個人能夠辨明群體決策過程中的典型問題，或因為經常扮演魔鬼代言人，掌握了必要的敏銳感覺和技巧，能夠確保自己提出的異議得到重視。當然，它也假定這個人可以暫時擺脫他日常體驗到的組織弊病（他在扮演異議者之後，很快將再次體驗到這些弊病，而且很可能會受到某程度的懲罰）。最後，這種想法假定紅隊作業不需要方法和技術上的訓練或指導；這是對真正的異議如何改善組織表現的危險誤解。[19] 事實上，即使是梵蒂岡的魔鬼代言人（見本書引言），也絕非隨便找一名教會幹事來做：這個人必須先接受數年的指導，學習教會律法，在教廷的行政機關實習兩年，最後通過一個特別的考試，才能出任教廷的魔鬼代言人。[20]

組織領袖有時也會耍手段摒棄真實的反對意見，例如宣稱異議者只是出於固執（而非原則）而故意唱反調。我曾遇過數名美國政府和軍方官員提到詹森總統年代的國務次卿鮑爾（George Ball），他們對鮑爾當年提出的針對越南政策的內部異議非常不屑。這些官員表示，有志發揮作用的紅隊人員不應「只是成為另一名鮑爾」，也就是不應成為唱反

調而唱反調的人。一九六五年，鮑爾曾寫了一份備忘錄，建議美國經談判後從越南撤軍，而非深化在越南的軍事行動。這建議與詹森政府長期奉行的策略恰恰相反，而詹森總統對他的高級顧問表示，鮑爾只是在扮演魔鬼代言人而已。[21] 但詹森其實是刻意誤導他的顧問。鮑爾在他的回憶錄中表示，詹森替他貼上魔鬼代言人的標籤，只是為了在鮑爾的備忘錄萬一落入媒體手上時，維持政府對越南問題有共識的假象：

> 為免令人覺得政府高層中有異議，詹森總統宣佈，他將稱我為「魔鬼代言人」。這是為了在非政府中人聽說我反對越南政策時，方便當局提出解釋。雖然這一招可以保護我，但後來有些學界的作家暗示，我長期以來解救我國越南困境的努力不過是扮演內部「魔鬼代言人」的例行公事，便使我深感苦惱。相關謬論便是這麼產生的。[22]

詹森總統一再以紅隊作業為方便的藉口，貶低真正的反對意見。詹森的新聞秘書李迪（George Reedy）後來指出，在白宮的辯論中，「〔魔鬼代言人的〕反對意見和告誡尚未提出，便已遭貶低。掌權者其實歡迎這種異議，因為它們可以證明總統的決定有經過辯論。」[23] 鮑爾從未真正受命以紅隊作業檢驗美國的越南政策，雖然在一九六五年，這種作業可能產生巨大作用，而且有益。鮑爾一九六六年秋離職，詹森的高級幕僚莫耶斯（Bill Moyers）暫代鮑爾在白宮不光彩的魔鬼代言人角色。詹森在討論越南政策的會議開始前，會對莫耶斯說：「啊，『停止轟炸先生』來了。」這舉動相當可惡，後來廣為人知。[24] 在此情況下，莫耶斯當然從未獲授權去提出有意義的異議，而詹森任內也從未停止轟炸越南。[25] 這當中的教訓是：警惕隨便指派一個人當魔鬼代言人這種做法，因為這種臨時刻意產生的異議，往往未能真正制衡決策過程的群體偏差。[26]

二、誤以為紅隊的發現代表組織的政策立場

許多有關紅隊作業的嚴重錯誤印象，因為一些完全抽空脈絡的新聞報

導而擴大；這些報導誇大了紅隊發現的意義。近十年來，一些進取的記者往往能得到軍方或情報系統紅隊撰寫的機密另類分析報告。[27] 但是，記者根據這種報告所做的新聞報導往往是誤導的；它們誤將另類分析說成是常規分析、反映高層的想法或預示即將發生的政策轉變。但是，另類分析本質上就不是這樣的，而且往往是不打算對外發表的。但另類分析報告一旦落入記者手上，就會經由不負責任或必然一面倒的報導，成為公眾議論的話題，引起困惑和誤解。

例如在二〇一〇年，資深國防記者佩利（Mark Perry）便曾報導美國中央司令部一份以〈駕馭真主黨和哈瑪斯〉（Managing Hizballah and Hamas）為標題的「紅隊」報告。佩利指出，中央司令部紅隊逆美國政策而行，建議了一些另類策略，包括在政治上與哈瑪斯和真主黨往來，並促使它們融入巴勒斯坦和黎巴嫩的政治和軍事體制。

佩利寫道：「該報告無疑反映中央司令部總部相當多高官的想法。」在這例子中，佩利完全搞錯了那次紅隊作業的目的；當局委託那次紅隊作業，純粹是為了請人質疑美國外交政策，提出與主流觀念對立的創見。[28] 中東問題學者薩伯（Bilal Saab）為此與中央司令部紅隊會面討論，隨後針對那份報告的產生過程，提供了有用的關鍵背景資料。薩伯指出，佩利「有關紅隊報告內容的敘述大致正確，但對該報告的目的則有誤會。」佩利因為倡導美國與伊斯蘭極端組織談判，看到那份報告的分析支持自己的想法，便以為「他的想法在美國決策高層已得到重視。」但事實上，那份報告僅反映一名分析師的意見，並未引發當局的跟進、討論或進一步的分析。[29]

紅隊作業在美軍的區域司令部相當普遍。二〇〇八至二〇一〇年間，裴卓斯上將掌管中央司令部，期間利用一些「倡議小組」做另類分析；他們的優勢在於可以充分利用司令部的資源，但又不必受制於指揮參謀的組織結構。這些倡議小組僅向裴卓斯報告他們的發現，通常是提交五

或六頁長的報告；他們曾分析二〇〇七年美國增加伊拉克駐軍（以及預計四年後將執行的增加駐軍計畫）可能導致的最壞情況。[30] 二〇〇五年八月，中央司令部紅隊曾為當時的指揮官凱西上將（George Casey）寫過一份很長的報告，而記者戈登（Michael Gordon）說這是「美國在伊拉克戰爭中錯失的最重要的機會之一，而且事情至今不為人所知。」[31] 凱西則指戈登的說法是「沒有根據的揣測」；他指出，那支紅隊的任務是提出另類觀點，而這只是美國軍方和非軍方高層檢討伊拉克政策時參考的多種資料之一。[32] 在夏威夷檀香山的太平洋司令部，曾有多年時間，其情報處的分析師撰寫以「源自金正日的日記」為題，撰寫一系列的另類分析報告。[33] 這些報告的目的，是協助太平洋司令部的官員和參謀人員想像北韓領袖金正日可能怎麼看北韓和世界，為理解他不可預測的行為提供線索。

上述紅隊報告沒有一份是必然反映軍方指揮官或政府高官的想法，而且也未必代表當局可能將改變政策。事實上，真正突破既有框架的分析必然大幅偏離決策高層的想法，因為後者日復一日地埋首於旨在記錄和解釋現實的常規分析報告中。此外，另類分析幾乎從不直接造成具體的政策轉變；那種轉變必須經由各方人士大量討論、制定新計畫，並且協調行動以確保計畫順利執行。

因此，下次再有媒體報導軍方、政府或民間部門的紅隊報告（例如一九七六年的中情局 B 隊報告，或二〇〇二年的千禧挑戰作業），不要輕信把它們說得非常重要的記者和不知情的評論者。他們幾乎肯定不了解相關紅隊的結構、作業範圍或目的，也不清楚紅隊的書面報告是希望替目標組織達成什麼目標。

三、輕率地安排紅隊作業

二〇一四年一月，密蘇里州聖路易市 KSDK 新聞台做了一項秘密調查，評估當地五個地區五間學校的保安標準。在科伍高中（Kirkwood

High School），KSDK 一名攝影師從一道未上鎖的門進入學校，在無人查問的情況下穿越走廊，經過教室，數分鐘後問一名老師如何前往學校辦公室。到達辦公室後，這名攝影師表示希望與學校資源部人員見面，但職員表示當時沒有人可以和他見面。攝影師留下一張名片，上面有他工作用的手機號碼，然後因為想知道是否會有人送他離開，問職員廁所在哪裡。職員除了告訴他之後，沒有任何表示，攝影師於是經原路離開學校。校方很快致電攝影師的手機，但被轉到留言信箱，學校公關主任凱希（Ginger Cayce）於是直接致電 KSDK。但是，該新聞台不知為何拒絕證實或否認那名攝影師與 KSDK 的關係。凱希說：「我告訴他們，如果你不能證實這是一項測試，我將必須緊急封鎖（lock down）學校。當我們無法證實或否認安全威脅時，我們別無選擇。」[34] 結果科伍高中封鎖校園四十分鐘，而此事自然引發有關媒體倫理的熱烈討論。

攝影師的身分無法證實引發家長、教師和學生的恐慌，校內的人被迫鎖上門窗，關掉電燈，擠在一起，貼近牆壁，等待警察完成搜索。一名家長知道電視台涉及此事後憤怒地表示：「如果是其他人這麼做，他們會遭逮捕。想想我們國家發生過的種種事情，你就知道這種做法很蠢。」[35] KSDK 在當天傍晚的新聞報導中承認測試者是他們的一名記者，並聲稱這次調查是因為他們關心一個重要問題：「聖路易校區建立的保安系統，真的能有效保護學生安全嗎？」主播承認他們接到許多憤怒的來電，並為科伍高中封鎖校園導致一些人承受「情緒壓力」而道歉。但是，KSDK 也表示，「在涉及學校和孩子安全的事情上，我們將繼續保持警惕。」[36]

這次測試雖然揭露了學校保安上的明顯漏洞，但也暴露了 KSDK 的臨時紅隊作業有嚴重問題。攝影師留下名片是希望學校能聯繫電視台討論測試發現，但電視台接到學校電話後卻反應遲鈍，結果引發恐慌，擾亂了學校的運作。凱希說：「我們從這件事中學到了一些東西，但他們事後不來電告訴我們這是測試，則仍令我們感到不悦。我們本來是可以避

免此事造成家長、學生和員工恐慌的。」[37] 雖然事後該校區全面檢討了學校保安標準，因為電視台與相關學校欠缺基本的溝通，加上保安測試立即成為新聞事件，學校高層因此十分尷尬，自然也就難以接受電視台一些有意義的發現。

這種輕率安排的紅隊作業既未事先了解目標組織，也沒有適當的機制能避免引發恐慌，通常不會有好結果。KSDK 新聞台不但沒有做任何研究或偵察去了解學校的保安系統，甚至在接到詢問時，未能說明攝影師在做什麼。KSDK 其實花數千美元，便可以雇用經驗豐富的實體滲透測試專業人士，替它執行保安評估工作。這些專業測試者會事先聯繫相關校區的官員，也會準備好處理因此產生的所有狀況和詢問。事實上，媒體經常請外部專家協助他們做弱點探查工作。例如在二○一二年，全國廣播公司（NBC）便請來保安專家史蒂克利（Jim Stickley）測試 Onity 電子鎖；當時全球有約四百萬道飯店的門使用這種鎖。史蒂克利拿出一個藏在馬克筆裡面、像小型螺絲起子的電子裝置，插入電子鎖下方的一個接口，便打開了門。這個裝置是用一些隨處可以買到的硬體，根據 YouTube 影片的指示做出來的。Onity 公司多個月前已經知道這問題，並且表示：「一百四十萬個鎖的安全問題，以及所有的相關顧客要求，都已經妥善處理或正在處理中。」但史蒂克利發現，多數飯店的電子鎖安全問題完全未解決。此外，史蒂克利當著數名飯店經理的面，輕易撬開客房門鎖，好讓他們明確看到客人的安全是多麼沒保障。[38]KSDK 魯莽的做法令科伍高中和自己都尷尬不已，NBC 則示範了負責任的媒體可以如何利用紅隊作業服務公眾，同時避免造成不必要的恐慌和混亂。紅隊作業，尤其是未獲目標組織同意的弱點探查作業（像 KSDK 做的測試），應務必避免造成間接傷害或不必要的恐慌。

四、射殺傳信人

二○○九年，一名出身自步兵團的美國海軍陸戰隊上校和兩名陸軍少

校（均畢業自精英雲集的高級軍事研究學校）被安排到阿富汗工作，他們組成一支名為「效應小組」（effects cell）的小型紅隊。[39] 這三名軍官在當地的軍方指揮鏈以外工作，針對北約國際維和部隊（ISAF）與阿富汗國民軍的合作情況做實地考察。當時實地「合作」是當局建立阿富汗專業軍隊的首要手段，最終目標是阿富汗軍隊可以獨立運作，保衛他們所在的地方。二〇〇九年，美國國防部長蓋茲在眾議院一場委員會聽證會上表示：「要促成此一轉變，我們必須藉由與國際維和部隊的密切合作，尤其是一起作戰，加快扶植一支規模大得多的阿富汗軍隊和警隊。」[40] 如果戰場上的合作任務不成功，整體戰略也不會成功。

效應小組三名軍官到十多個前哨陣地考察，發現情況幾乎都一樣壞，惡劣程度令他們深感不安。他們發現，國際維和部隊理論上要訓練阿富汗國民軍，但兩者完全分開住，而此時甚至還未發生二〇一二年開始的「綠打藍」事件（真假阿富汗軍警暴力攻擊國際部隊人員）。[41] 效應小組尤其注意到，國際部隊周圍的機關槍掩體位於地勢較高處，重火力機槍直接對著下方阿富汗部隊吃住的地方。此外，兩軍每天的安全巡邏嚴重欠缺協調，而某些日子根本就沒安排任何訓練或輔導活動。效應小組的陸戰隊上校發現，當地的國際部隊連長和排長都養成一種「前線基地心態」──這是一個貶義詞，指國際部隊人員消極地待在前線基地，「無所作為地數日子，期待下一群人來接替他們。」

陸戰隊上校負責報告效應小組的發現，先是向國際部隊的高級參謀人員，最後是向指揮駐阿富汗全體美軍和國際部隊的麥克里斯托上將（Stanley McChrystal）報告。陸戰隊上校一直是個粗魯和有話直說的人；國際部隊一名參謀官表示，上校的表達方式和報告內容「完全與麥克里斯托上將所樂見的背道而馳。」[42] 上校具體描述效應小組認為國際部隊並未遵循指揮官戰略指引的地方。為了強調他的觀點，上校生動地說：「長官，如果他們沒有在同一個地方拉屎，他們就不算是並肩合作。」

麥克里斯托的幕僚表示，上將厭惡上校的語氣和報告內容，甚至一度不客氣地斥責上校：「現在像是你在教我打我的仗似的。」

報告隨後很快便結束，而麥克里斯托對報告的不屑態度很快便在軍中廣為人知。國際部隊的策劃和作戰參謀人員最終並未接受陸戰隊上校的意見，也並未根據上校的發現調整戰役計畫。效應小組隨後在阿富汗的幾個月，也很難有所作為。二〇〇九年的這次效應小組作業，是紅隊作業嚴格執行以評估某項計畫，但作業結果遭領導高層及其幕僚漠視的一個例子。這是無意義的紅隊作業，而其結果遭漠視的原因之一，是它不符合國際部隊司令部的期望。

遺憾的是，陸戰隊上校報告作業發現的直率態度，無疑令國際部隊司令部高層更不願意聽壞消息。射殺傳信人的唯一作用，是向所有員工示意：組織高層不想聽也不歡迎異議。紅隊的存在是為了協助目標組織改善表現，而掌權者（無論是老闆、上將或領袖）應該以開放的態度看待紅隊的宗旨和傳達的訊息。

五、紅隊應提供決策參考資料而非主導決策

公眾對紅隊的錯誤印象，與政府或企業高層故意誤用紅隊的傾向有關。內行的紅隊會藉由質疑傳統觀念、辨明盲點和弱點、提出另類預測，以及思考最壞的情況，為決策者提供重要的參考資料。如本書所述，組織領袖表示紅隊作業有助他們「設想失敗」、「拓展想像」、「思考『萬一』的情況，並質疑假設和事實」。但是，組織不應授權紅隊超越這種支援角色，自行替組織做最終決定。

組織有時會因為黨派僵持、高層內訌而無法做出必要的及時決定，此時會想把決策責任交出去是可以理解的。但這種做法是不對的，而值得慶幸的是，現實中並無紅隊主導決策過程的重要例子，雖然有人說紅隊必須有這種影響力。科技業新聞媒體 TechCrunch 二〇一四年有篇文章指出，魔鬼代言人這角色應指出某個策略將失敗的所有原因，而且他必

須「有能力取消或延後推出一項新產品。」[43] 雖然魔鬼代言人或其他形式的紅隊應肩負指出弱點的責任，但組織不應授權他們決定策略或政策。

除了向所有人保證紅隊人員將不會替組織做決定外，組織領袖委託紅隊做事也必須是合理和務實的。過去十五年來，美國國會議員要求聯邦政府機構或防衛系統接受紅隊評估的情況大有增加。這一來是反映聯邦政府機構向國會報告的要求大幅增加。一九六〇年，美國國會僅要求四七〇份報告，這數字到一九八〇年時已增加近四倍至二三〇〇，到二〇一四年時再倍增至四六三七，而這些報告大部分都不會有人看。[44] 不過，這種情況也反映近年來更多人認識紅隊作業這概念，並且被它吸引。二〇〇一年的九一一事件之前，美國國會不曾要求政府機構做紅隊作業。自此之後，國會曾十三次要求聯邦政府機構設立紅隊，當中三次寫進了法律。

例如二〇〇三年的國防法案要求能源部實驗室建立紅隊，以便質疑實驗室內部評估和從事實驗室之間的同儕審查。法案最終版本刪除了這項要求，因為當局認為既有的年度審查已經足夠。[45] 二〇〇四年，國會辯論非常重要的《情報改革和防範恐怖主義法》（IRTPA）時，有參議員引進條款，要求尚未成立的國家情報總監辦公室（DNI）建立另類分析室。[46] 這個另類分析室將必須針對每一份國家情報評估，以及國家情報總監要求檢視的情報報告做紅隊評估。[47] 參眾兩院領袖閉門協商 IRTPA 的多個版本時，刪除了上述條款，代之以一項較低的要求：DNI 將把情報另類分析的責任指派給一個人或單位。[48] 二〇〇五至二〇〇九年間，國會至少曾八次嘗試要求國土安全部針對一些關鍵的基礎設施做紅隊弱點探查作業。這些要求只有一次寫進法律，餘者多數是應國土安全部的要求而作罷；[49] 這些官員表示，這種安全評估和審查已經有重複的情況，而且國土安全部的資源也已經相當吃緊。

國會指定紅隊作業更有意思的一個例子發生在二〇一三年五月，當時

金恩（Angus King）和盧比奧（Marco Rubio）兩位參議員共同提出《二〇一三定向攻擊監督改革法》（Targeted Strike Oversight Reform Act of 2013）。該法案希望針對美國以無人機攻擊「故意從事針對美國的國際恐怖活動」的美國公民，引進額外的審查機制。DNI 在接獲美國公民成為攻擊目標的十五天內，必須「完成相關資料的獨立另類分析（也就是許多人講的『紅隊分析』）。」金恩宣稱，該法案將「確保獨立的團體（「紅隊」）審查相關事實，並將審查的具體情況通知國會的情報委員會。」50 該條款獲納入《情報授權法》（Intelligence Authorization Act）的機密附錄中，二〇一四年七月成為法律。51 兩位參議員聲稱，這種紅隊作業將「為決策過程引進額外的一層問責。」52 但是，這種另類分析幾乎肯定無法顯著影響被懷疑從事恐怖活動的美國公民是否遭當局擊殺。國會情報委員會的職員表示，委員會成員本來就已經可以取得有關任何紅隊作業的資料，也經常這麼做，而新要求對他們可以取得的資料數量和具體程度並無影響。他們也承認，他們永遠都不知道 DNI 的內部審查用什麼人和方法、做得多嚴謹，也不能得知完整的審查發現。53 因此，這種紅隊的效力將相當有限。

對政府紅隊的建議

我們在之前數章已經探討了紅隊作業的優缺點，稍早也講過有關紅隊作業的一些關鍵教訓。不過，有關紅隊作業的應用，我還有一些比較具體的建議。以下建議是針對美國政府的紅隊而言，因為多數紅隊作業仍是發生在這裡，相關教訓當然也是源自這裡。不過，以下五項建議經適當調整，當然也可以應用在民間部門。

一、以最重大的決定為紅隊作業目標

在軍事介入某個國家之前，白宮官員會找來一些分析師和記者作不公開的討論；官員會分享他們對總統將做的重要決定的想法和相關的戰略

指引。不過，這種活動的主要目的，是與分析師和記者建立良好關係，希望藉此影響他們對即將展開的軍事行動的觀感。政府高層被問到重大決定是否應接受嚴謹的批判評估時，通常會說他們曾有長時間的討論，期間與會者全都可以「自由」發表意見。但是，如果與會者是花了多個星期研擬策略、在當中有重大利益的官員和職員，請他們轉換角色、尋找戰略計畫中的漏洞，不能算是有效的批判評估。

　　白宮該做的是建立一支臨時紅隊，由前官員、學者和專家組成（他們必須有審閱最新情報的權限），由他們與相關的軍方和非軍方策劃者一對一討論，評估和批判這些人研擬的戰略方案。這只需要花一至兩個星期，結果直接向總統報告，也可以分享給總統認為有必要知道的人。例如在二〇一四年夏天，美國匆忙決定對伊斯蘭國展開空襲；在八月二十八日決定性的國家安全首長會議和九月十日歐巴馬總統的戰略演說之間，白宮其實可以安排一支紅隊評估此一戰略。總統作為三軍統帥，當然有權視情況決定是否針對重大決定做另類分析。但是，因為開戰是總統所做的代價最高、影響最深遠的一種決定，安排紅隊獨立檢視相關資料和戰略提案是值得慎重考慮的。54

二、彙編政府的紅隊作業資訊

　　我訪問美國政府的現任和前任紅隊成員時，一再聽到他們說不清楚政府的其他紅隊作業，以及他們真的很想知道可以從其他政府紅隊作業中學到什麼。事實上，美國軍方、情報系統和國土安全機構雖然做過很多紅隊作業，有成功也有失敗的例子，但政府從不曾全面研究和評估這種管理工具，總結有關如何建立紅隊和適當運用紅隊的經驗教訓。美國國防科學委員會二〇〇三年曾做過一份紅隊作業報告，但僅檢視當時國防部的紅隊作業。55 政府紅隊偶爾也會利用巧遇的機會、電子郵件和臨時安排的視訊會議交流工作心得，但這些洞見不曾有人有系統地記錄下來、加以整理和傳播。

整理和傳播相關資訊，是非常重要的事。國防科學委員會那份報告應擴大和更新，藉此評估美國政府所有常設和半正規紅隊的工作。因為許多紅隊的工作涉及機密資料，這份報告很可能必須有一個保密的內部版本，以及一個非保密的「僅供官方使用」或公開的版本。這項研究應該由美國政府問責辦公室負責，或者由負責政府和監督改革事務的某個國會委員會去做。政府建立有關現行紅隊作業的資料庫（包括相關的經驗教訓）之後，政府員工成立自己的紅隊時，將比較能夠向其他紅隊學習。當局最好能建立維基百科式的分享平台，盡可能納入各政府機構，以便持續更新和使用相關資料。

三、擴大紅隊作業教育

政府應該為非軍方政府機構提供充分的紅隊訓練和教育機會。因為所有政府機構都有訓練和教育安排，當局不必為此建立新組織或額外投入大量經費。我訪問過多個美國政府機構的官員和員工（包括國務院和國際開發署），從他們的反應看來，如果政府提供紅隊作業方面的事業發展機會，員工的反應將非常積極。當前的公務員教育機會往往相當狹隘，致力協助學員取得稍微更新過的技術或行政能力認證。這種東西對官僚有用，但對提升中層官員的批判思考能力沒有幫助；美國聯邦政府得以運轉，實際上正有賴這些中層官員所做的許多小決定。人事和管理高官應設法為公務員提供為期兩週的紅隊作業課程，滿足這方面的巨大需求。為員工提供紅隊作業訓練非常重要，而同樣重要的是為他們的上司（無論是專案經理還是更高層的官員）提供簡短的兩小時課程，而且這種課程應該是必修的，以便這些上司了解紅隊作業的功能和運用方式。

四、檢討軍方的紅隊作業訓練

雖然美國的對外軍事和文化研究大學和海軍陸戰隊大學已提供紅隊作業教育超過八年，至今沒有研究測量這種教育對學員、其職涯及從事紅隊作業後的地位有何影響。針對陸軍和海軍陸戰隊畢業學員的調查一面

倒地顯示，他們非常滿意自己學到的紅隊作業方法和技術，而且樂見其他人接受這種訓練。但這些只是個人觀感，當局應該做一項全面的調查，了解這種紅隊作業訓練對學員隨後的工作有多大的作用，尤其是了解學員後來加入紅隊後是否應用他們之前所學的方法和技術，如何應用和多常應用。調查結果可用來微調和修訂上述兩家大學提供的相關課程，而陸軍和海軍陸戰隊也可以藉此調整他們對軍事紅隊作業的期望。[56]

五、勿讓紅隊作業淪為橡皮圖章

政府機構的紅隊必須有思想真正獨立且富創意的人，而非只是由很可能反映目標組織標準觀念的前官員組成。美國國防審議小組（National Defense Panel）便曾發生後一種問題。自一九九六年起，美國國防部長為決定未來的防衛方案，每四年會針對國防策略、兵力結構計畫和預算提案做全面的檢討。這種四年期「國防總檢討」（QDR）佔用國防部高層大量時間，因為它提供有關各軍種和其他國防事務的廣泛指引。

二〇一〇和二〇一四年，美國國會要求利用國防審議小組針對QDR做額外的獨立審查。審議小組接到國會針對其結構和活動範圍的明確指引：「評估QDR的假設、策略、發現和風險。」[57] 這個審議小組的缺點，在於它的人員組成。國防部長任命小組的主席和副主席，二〇一四年的那一次為前國防部長裴利（William Perry）和退役陸軍上將阿比薩德（John Abizaid）；國會的監督委員會任命小組其他成員，他們是軍方或國防部前官員，還有一位前參議員——全都與國防或航空航天產業有關係。[58] 此外，這個小組的諮詢對象全都是軍方和政府的現任或前任官員。[59]

結果二〇一四年的國防審議小組並未質疑美國軍事策略的任何關鍵假設，這並不令人意外。該小組的首要建議是大幅增加國防支出，但在兩大黨均大致支持維持國防預算不變或削減支出的情況下，審議小組並未提供可以大幅增加國防支出的路線圖。小組的報告對其目標組織（國防

部）幾乎毫無影響，因為它不過是支持美國軍方已經在做的事。這個小組的審議結果和建議非常接近目標組織的傳統觀念，是可以預期的事。未來的國防審議小組必須注意人員組成，不應再有那麼多在事業或財務上與國防部或國防產業有密切關係的政治策略和軍事規劃專家。60

紅隊作業的未來

我花了五年時間，訪問散佈多個不同領域的逾兩百名紅隊人員，從他們身上學到很多東西。經過這段美好又滿足的日子之後，我最大的難題是抱持合理的懷疑，盡可能誠實地評估紅隊作業的效用；也就是說，我必須在深入認識紅隊作業之餘，像紅隊人員那樣與評估目標保持適當的距離，同時維持開放的態度。

本書一開始便警告讀者，**組織本質上難以辨明自身的弱點，也難以客觀地了解競爭對手或敵人可能採取的做法；簡而言之，組織不能替自己的表現評分。**這個警告對本書作者同樣有效；我這幾年沈浸在紅隊人員的個性、經歷和秘密中，這些人本質上特立獨行，對自己高超的職業技能有某程度的主人意識，對試圖替他們的職業分類的外人有戒心。本書轉述他們的故事和評估其本質時，力求客觀和誠實。不過，我的總結論是：紅隊人員非常有意思，也很有魅力，根本不必渲染其故事，也不必神化他們。事實上，這一行幾乎人人都排斥外界過度跨大他們的獨特技能或影響力。英國國防部開發、概念與原則中心主任、退役准將龍蘭（Tom Longland）便說：「有些人對紅隊作業有誤解，以為這種工作很神奇或神秘。我常向人們說：『這不過是換個角度應用常識。』」61

不過，紅隊確實可以對目標組織產生顯著貢獻，尤其是如果他們可以有合適的條件去執行工作的話（也就是能設定適當的作業範圍、在組織結構方面獲得適當安排，以及得到充分授權、不會受到過度的干預）。我在此重申：紅隊作業是一種結構化的流程，藉由模擬、弱點探查和另類

分析等手段，增進對目標組織（或潛在對手）的利益、意圖和能力之了解。政府高官、軍方將領和企業高層承認，他們愈來愈難在有限的時間內，為了重要的決策處理手上大量的複雜資訊。每一個決定都有太多因素、太多角色（可能是外國的軍隊、產業中的對手，或惡意駭客）要考慮。

紅隊作業有其局限，有時應避免採用。紅隊作業不能（也不應）取代組織本有的規劃和營運職能。但是，如果沒有紅隊，組織將因為固有的局限而較難做出明智的策略決定，也較難建立妥善的防衛系統；紅隊的價值，正在於協助組織擺脫這種局限。

一如所有管理工具，紅隊作業必須獲得目標組織接受、賦予必要的資源，並適當調整以配合目標組織的需求，才能奏效。為此，我們必須了解紅隊作業的優缺點。紅隊如果能選擇自己的任務，應拒絕問題不明確的委託（與目標組織再三會面討論作業範圍，但一直無法釐清問題），以及目標根本無法達成的委託。紅隊作業不是解決所有問題的萬靈丹，而是一套概念和具體手段，可以協助組織預防、減輕或因應某些困難。[62]

組織領袖和專案經理沒有可以採用的紅隊作業單一藍圖，因為紅隊作業本質上不可能有可行的固定做法。不過，根據我為本書所做的研究，紅隊作業是否成功，大致上取決於紅隊在多大程度上奉行以下六項典範做法：

一、老闆必須支持

組織領導層必須重視和想要紅隊作業，並為紅隊提供充裕的資源，同時令整個組織都清楚知道這一點。若非如此，整個紅隊作業過程很可能將孤立無援，而紅隊的發現也將遭漠視。

二、若即若離，客觀又明事理

紅隊人員必須至少是半獨立的，才能有效執行評估工作。建立紅隊時，必須考慮目標組織的結構、程序和文化。

三、無畏且有技巧的懷疑者

優秀的紅隊人員通常思想開通、富創意、自信和有點奇特，而且有能力與目標組織建立關係和溝通，不會予人抱持敵意的印象。

四、足智多謀

紅隊作業本質上非常需要多樣的技能。紅隊作業方法不能變成是可預料的，也不能成為體制固有的一部分；紅隊人員因此必須能夠隨機應變，而且總是有新手段和技術可用。

五、願意聽壞消息並據此採取行動

組織如果真的無法聽取紅隊的意見，無法忠實地執行紅隊的建議，則根本不應該採用紅隊作業這種手段。

六、適可而止，不多不少

紅隊作業不應該是僅此一次的事，因為組織難免會出現新的盲點，而且未辨明的弱點也很可能不會有人處理。但是，紅隊作業做得太頻繁，則會擾亂組織的運作、造成員工的困擾，而且組織將不會有足夠的時間去根據之前的紅隊作業發現做必要的調整。

我們在第五章提到，商戰模擬業者楚思爾喜歡說：「沒有人掌握未來的數據。」不過，我們已經開始看到有關紅隊作業發展方向的線索。一如許多必須投入大量人力的事，紅隊作業也將以日益廉宜和普及的感測器、通訊線路、演算法和自動化技術取代一些人手（既昂貴又有顯著的物理局限）。網路滲透測試者已在宣傳他們有能力以較低的成本做大致自動化的滲透測試。大學和私營部門的研究者已經鑽研自動化紅隊作業逾十年，而這涉及結合計算智能、演化演算法和多主體系統增進對競爭的認識。為支援組織的決策和規劃作業，電腦模型和方法被用來做紅隊作業，以助探索另類策略、辨明網路和實體設施的弱點、揭露對手或敵人演變中的戰術，以及暴露各種偏見。63

當然，自動化技術應用在網路弱點探查上是有局限的。[64] 前美國國家安全局官員、現從事網路安全工作的韋斯納（Samuel Visner）表示，範圍有限的獨立滲透測試無法揭露較大型、融合程度更高、愈來愈複雜的數位環境的弱點。因此，未來的網路弱點探查將利用更多持續和自動化的測試與分析，但只有人類可以決定測試所用的模型和演算法是怎樣的，也只有人類可判斷這些工具是否有效。[65]

麥基（Raphael Mudge）領導的 Cortana 開發工作值得注意；這是一種手稿語言（scripting language），滲透測試者可用它建立 bot（也就是網路機器人）來模擬虛擬的紅隊人員。Cortana 是美國國防部高等研究計劃署（DARPA）網路快道計畫（Cyber Fast Track）資助的項目，是 Armitage 項目的延伸；Armitage 是一種駭侵管理程式，可替一群滲透測試者建立一個中央伺服器，利用一個連接點侵入某個網絡，然後分享相關資料。[66] 另一方面，資訊系統教授保思查（Philip Polstra）甚至寫了一份具體的指南，教人如何利用便宜、小型和低功率的裝置，以遠距方式執行網路和射頻滲透測試。[67]

數家保安業者的研究人員也正利用他們預留的研發時間，致力計算出較準確的「對手工作因子」（adversary work factor）；該指標測量一支紅隊必須付出多少時間和精力，才能突破一個防衛系統的不同組態。[68] 保安主管如果能較準確地量化潛在敵人侵入系統必須耗費的力氣，便能大幅改善系統防衛的規劃，知道應該投入多少人力和資源防止系統遭侵入。此外，紅隊也能累積經驗，更好地調整弱點探查計畫以配合防衛系統的情況，而且也能較方便地比較不同領域和產業的類似防衛系統。

美國情報系統的研究機構「情報先進研究計劃署」（IARPA）也贊助一些測量認知偏差的項目，希望藉由「遊戲化」來減少這種偏差。[69] 二○一二年，相關研究促成了電玩平台 Macbeth（Mitigating Analyst Cognitive Bias by Eliminating Task Heuristics，意思為「藉由消除

任務捷思減輕分析師的認知偏差」），利用電子遊戲協助玩家辨識和減輕認知偏差，並測量自己的進度。Macbeth 以桌上遊戲「妙探尋兇」（Clue）為原型，玩家利用多名嫌疑犯的資料找出犯案者。他們必須判斷手上的資料是否受認知偏差（例如定錨效應、投射作用或代表性偏誤）影響。[70] 一名資深情報官員表示，該項目可以顯著減少分析師的認知偏差，並且可用後續測試測量效果可維持多久。[71] 情報分析師的認知偏差若能永久減少，情報機關對另類分析的需求將可減少，因為這些分析師的產品（備忘錄、書面和口頭報告）將不像一般分析師的產品那麼受限於定錨效應等偏差。

人類在紅隊作業中的功能總有難以取代之處。雖然電腦或許能通過圖靈試驗（Turing Test）、模仿人類的行為，但電腦在可見的未來估計無法掌握解讀緊張情況、隨機迅速調整行動方案所需要的技能、創意思考和即時反應能力。只有海軍陸戰隊的少校掌握必要的直覺能力，了解作戰規劃團隊承受的壓力，而且內化了軍中規則的術語和俚語，因此能針對演變中的作戰計畫提出會得到重視的批評；只有技術高超的白帽駭客能夠根據他們對目標網絡的偵查，知道如何分配時間和精力，才能完成對客戶最有幫助的測試；只有人類去做實體滲透測試，才能模擬可能攻擊目標設施的人類，並且不受產業法規和優良準則約束。

最後，紅隊作業奏效、建議獲目標組織採納，很大程度上**取決於紅隊人員的表達能力：他們最好能利用引起組織高層共鳴的故事，解釋紅隊的發現**。各領域的紅隊人員均強調，根據目標人物的特徵，藉由講故事和個人軼事維持住他們的興趣，是非常重要的。資深保安專業人士佩科可（Nicholas Percoco）便說，若想紅隊的發現得到重視、建議獲採納，你必須「把報告個人化」（make it personal）。例如佩科可如果發現某種行動裝置有關鍵的安全漏洞，他不會報告技術細節，而是會告訴客

戶：「我正是這麼做，便從你的手機偷走你的照片，下載了你的行事曆。」相對於大量螢幕截圖和多頁的惡意程式碼，利用目標人物有切身感受的事例說明網路滲透測試的結果，同時避免提到艱澀的技術資料，可大大提高測試結果獲得目標組織重視的機會。72

紅隊作業的未來走向，最終取決於政府、軍方和企業領導層認為這種作業可以帶給他們的組織多大的價值。隨著從事紅隊作業的人增加、紅隊意識逐漸普及，以及了解這種作業的人升上高位，組織利用這種管理工具的情況無疑將更普遍，而且它的應用範圍也將更廣泛。

本書已經告訴我們，模擬、弱點探查和另類分析若應用得當並得到高層重視，對組織領袖處理所有競爭環境中必有的挑戰和威脅大有幫助，而且此類作業的意義正愈來愈大。紅隊作業並不是可以解決所有問題的靈丹妙藥，但現實中也沒有這種東西。不過，人人都可以藉由學習紅隊人員的思考方式，加強批判和創意思考能力，而這有助我們解決工作和日常生活中的難題。

美國天文學家沙根（Carl Sagan）講過這段有力的話：「反對批判思考符合掌權者的既得利益。……如果我們不增進對批判思考的認識，不培養這種能力，使它成為類似我們第二天性的東西，則我們不過是一些傻瓜，等著被下一名路過的騙子欺騙。」73

紅隊作業可以產生類似批判思考的好處，甚至可以令我們充滿力量，但我們必須願意學習相關技術並了解它的作用。

致謝

　　本書得到許多熱心人士的支持，多到我難以全部記得和一一道謝。
我非常感激外交關係協會（CFR）提供的機會和協助，總裁 Richard
Haass 和研究總監 James Lindsay 在我提議撰寫本書和書寫的過程中，均
提供了寶貴的意見。預防行動中心（Center for Preventive Action）總監
Paul Stares 及國際機構與全球治理項目（International Institutions and
Global Governance Program）總監 Stewart Patrick 也都鼓勵我，並提供
了許多洞見。我也感謝提供寶貴意見和支持的 CFR 同事，包括 Elizabeth
Economy、Adam Segal、Shannon O'Neil、Michael Levi、Isobel
Coleman、Steven Cook、Gayle Tzemach Lemmon、Laurie Garrett、
Robert Danin、Julia Sweig、John Campbell、Sheila Smith、Matthew
Waxman、Max Boot 和 Richard Betts。我也很榮幸能得到六年的 CFR
軍事和情報研究員和五年的 Stanton 核安全研究員提供極有價值的意見。

　　CFR 大衛洛克菲勒研究項目的同事對本書也有貢獻，尤其是出版部
的 Amy Baker、Patricia Dorff 和 Eli Dvorkin。我也想感謝協助宣傳本書
的同事，包括全球傳播和媒體關係團隊（尤其是 Lisa Shields、Kendra
Davidson 和 Jake Meth）和全國項目與外展工作副總裁 Irina Faskianos。
本書的研究和書寫階段，得到史密斯理查森基金會（Smith Richardson
Foundation）的慷慨資助。

　　若非我的經理人 Geri Thoma 專注投入，撰寫本書的計畫甚至不
會啟動。我當然非常感謝 Basic Books，尤其是副總裁暨發行人 Lara
Heimert 和我最初的編輯 Alex Littlefield。此外，在稍後的編輯階段，編
輯 Brandon Proia 和文字編輯 John Wilcockson 大幅改善了本書的品質。
我也希望向原文出版者 Basic Books 其他團隊成員致意，包括 Elizabeth

Dana、Sandra Beris、Betsy DeJesu、Rachel King 和 Leah Stecher。

本書的原始資料源自兩百多位受訪者，他們慷慨付出時間，非常坦率，並且大力鼓勵我。特別感謝以下人士：對外軍事和文化研究大學的 Gregory Fontenot、Steve Rotkoff、Mark Monroe 和 我 的 朋 友 Kevin Benson；無數的美國海軍陸戰隊軍官；英國國防部開發、概念與原則中心的紅隊；美國情報系統無數的現任和前官員；Stephen Sloan；Bogdan Dzakovic；許多紐約市警察局和聯邦調查局官員；資訊設計保證紅隊，尤其是 Raymond Parks 和 Michael Skroch；商戰模擬業者 Mark Chussil 和 Benjamin Gilad；駭客和保安研究者，包括 Dan Guido、Jeff Moss、Chris Nickerson、Catherine Pearce、Nicholas Percoco、Jayson Street 和 Dino Dai Zovi；美國國際開發署的 Ellyn Ogden；以及 Mark Mateski，他在誠實評估和負責任地推廣紅隊作業方面的貢獻無人能比。

我永遠感激朋友和家人的愛與支持，尤其實惠的是我兄弟 Adam Zenko 一再提供的周到的編輯協助和建議。

我也非常感謝協助研究、編輯、起草和改善本書的 CFR 同事，尤其是表現傑出的實習生 Julia Trehu、Priscilla Kim、Julie Anderson、Sara Kassir、Elena Vann、Sean Li、Aliza Litchman、Eugene Steinberg 和 Samantha Andrews。

最後，我將本書獻給三位優秀的研究夥伴 Rebecca Friedman Lissner、Emma Welch 和 Amelia Mae Wolf。可以和她們每天共事並向她們學習，是我的榮幸。如果沒有她們，我根本不會開始撰寫本書，也無法完成本書，而且整個過程也將無趣得多。

各章注釋

|引言|

1. Andre Vauchez, Sainthood in the Later Middle Ages, trans. Jean Birrell (Cambridge, UK: Cambridge University Press, 1997); and Robert Bartlett, Why Can the Dead Do Such Great Things?: Saints and Worshippers from the Martyrs to the Reformation (Princeton, NJ: Princeton University Press, 2013), pp. 3–56.

2. Eric W. Kemp, Canonization and Authority in the Western Church (Oxford, UK: Oxford University Press, 1948), p. 35.

3. Nicholas Hilling, Procedure at the Roman Curia: A Concise and Practical Handbook, second ed. (New York: John F. Wagner, 1909).

4. John Moore, A View of Society and Manners in Italy, vol. 1 (London, UK: W. Strahan and T. Cadell in the Strand, 1781), pp. 454–455.

5. Matthew Bunson, 2009 Catholic Almanac (Huntington, IN: Our Sunday Visitor Publishing, 2008).

6. Alan Riding, "Vatican 'Saint Factory': Is It Working Too Hard?" New York Times, April 15, 1989, p. A4.

7. Melinda Henneberger, "Ideas & Trends: The Saints Just Keep Marching In," New York Times, March 3, 2002, p. C6.

8. George W. Bush, Decision Points (New York: Random House, 2010), p. 421.

9. 同 上，pp. 420–421; Dick Cheney, In My Time: A Personal and Political Memoir (New York: Simon and Shuster, 2011), pp. 465–472; Robert M. Gates, Duty: Memoirs of a Secretary at War (New York: Knopf Doubleday, 2014), pp. 171–177; and David Makovsy, "The Silent Strike: How Israel Bombed a Syrian Nuclear Installation and Kept it Secret," New Yorker, September 17, 2012, pp. 34–40.

10. 哈德利受訪，2014 年 6 月 12 日。

11. 海登上將受訪，2014 年 1 月 21 日。

12. 同上。

13. 一名前中情局資深官員受訪，2014 年 5 月。

14. 海登上將受訪，2014 年 1 月 21 日。

15. 哈德利受訪，2014 年 6 月 12 日。

16. 蓋茨受訪，2014 年 6 月 24 日。

17.Bob Woodward, "In Cheney's Memoir, It's Clear Iraq's Lessons Didn't Sink In," Washington Post, September 11, 2011, p. A25; and Gen. Michael Hayden, "The Intel System Got It Right on Syria," Washington Post, September 22, 2011, p. A17.

18.Bush, Decision Points, p. 421.

19. 一名中情局前資深官員受訪，2014 年 5 月。

20. 中情局局長 2013 年 6 月致參議員 Dianne Feinstein 和 Saxby Chambliss 的備忘錄，標題為「CIA Comments on the Senate Select Committee on Intelligence Report on the Rendition, Detention, and Interrogation Program」，第 25 頁。

21. 同上，第 24 頁。

22.David Dunning, Self-Insight: Roadblocks and Detours on the Path to Knowing Thyself (New York: Psychology Press, 2005).

23.Thorstein Veblen, "The Instinct of Workmanship and the Irksomeness of Labor," American Journal of Sociology, 4(2), 1898, p. 195.

24.Adam Bryant, "Bob Pittman of Clear Channel on the Value of Dissent," New York Times, November 16, 2013, p. BU2.

25. 艾蒙森受訪，2014 年 6 月 3 日。

26.Mike Spector, "Death Toll Tied to GM Faulty Ignition Hits 100," Wall Street Journal, May 11, 2015 [www.wsj.com/articles/BT-CO-20150511–710130]; and GM Ignition Compensation Claims Resolution Facility, "Detailed Overall Program Statistics," updated June 26, 2015 [www.gmignitioncompensation.com/docs/programStatistics.pdf].

27.Michael Wayland, "Deaths Tied to GM Traced to 'Catastrophic' Decision: Report Finds Automaker Lacked Accountability," MLive.com, June 6, 2014.

28.Anton Valukas, "Report to Board of Directors of General Motors Company Regarding Ignition Switch Recalls" (Jenner and Block, May 29, 2014).

29.Massimo Calabresi, "A Revival in Langley," Time, May 20, 2011.

30.Warren Fishbein and Gregory Treverton, "Rethinking 'Alternative Analysis' to Address Transnational Threats," Sherman Kent Center for Intelligence Analysis, Occasional Paper 3(2), October 2004; and Central Intelligence Agency, "A Tradecraft Primer: Structured Analytic Techniques for Improving Intelligence Analysis," March 2009, publicly released May 4, 2009.

31. 中情局紅色小組獲賦予從事另類分析工作的空前權責，它與僅從敵方立場思考的軍方紅色小組不同，不應混為一談。美國海軍陸戰隊作業原則指出：「紅色小組的宗旨，是協助指揮官站在敵方的角度評估行動方案。視組織的規模而定，紅色小組可以是一名情報官的一人團隊，也可以是多名特定議題專家組成的任務型團隊。紅色小組的主要職責是行動方案研擬和模擬，但也參與重心分析，並在初步設計階段協助指揮官了解問題。」資料來源：美國海軍陸戰隊，"MCWP 5–1: Marine Corps Planning Process," 2010, pp. 2–6。

32. McKinsey & Company, "Red Team: Discussion Document," presentation to the Center for Medicaid and Medicare Service, undated, p. 2.

33. 美國眾議院能源暨商務委員會監督調查小組委員會 2013 年 11 月 19 日「聯邦健保網站安全問題」(Security of HealthCare.gov) 聽證會，以及 Sharon LaFraniere and Eric Lipton, "Officials Were Warned About Health Site Woes," New York Times, November 18, 2013, p. A17.

34. 皮里奧受訪，2013 年 7 月 18 日。

| 第 1 章 |

1. Gregory Fontenot and Ellyn Ogden, "Red Teaming: The Art of Challenging Assumption," presentation at PopTech Annual Ideas Conference, Camden, ME, October 21, 2011.

2. 梵瑞柏中將受訪，2013 年 5 月 31 日。

3. 吉拉德受訪，2013 年 12 月 20 日。

4. Mark Chussil 受訪，2014 年 4 月 9 日。

5. 裴卓斯上將受訪，2014 年 2 月 19 日。

6. 米希克受訪，2012 年 5 月 21 日。

7. 裴卓斯上將受訪，2014 年 2 月 19 日。

8. 麥馬斯特中將受訪，2014 年 12 月 4 日。

9. 一名美國陸軍上校受訪，2013 年 6 月 13 日。

10. 索卡受訪，2014 年 5 月 9 日。

11. 艾爾森受訪，2013 年 6 月 12 日。

12. 麥艾爾萊受訪，2013 年 8 月 23 日。

13. Jayson Street 受訪，2013 年 9 月 23 日。

14. 馬偉寧中校受訪，2014 年 5 月 1 日。

15. 亨德森受訪，2014 年 3 月 12 日。

16. 蓋森霍夫中校和一名海軍陸戰隊上校受訪，2014 年 3 月 15 日。

17. Scott Eidelman, Christian Crandall, and Jennifer Pattershall, "The Existence Bias," Journal of Personality and Social Psychology, 97(5), 2009, pp. 765–775.

18. 法拉翁受訪，2014 年 5 月 27 日。

19. 米歇爾受訪，2013 年 10 月 7 日。

20. 貝克上校受訪，2014 年 1 月 14 日。

21. 中情局紅色小組成員受訪，2014 年 3 月 14 日。

22. 尼可森受訪，2014 年 6 月 12 日。

23. 對外軍事和文化研究大學的《解放手段手冊》(Liberating Structures Handbook)，第 27 頁。該手冊列出了 43 項紅隊作業手法、技巧和程序。

24. 帕克斯受訪，2014 年 6 月 10 日。

25. 格林伯中校受訪，2014 年 3 月 10 日。

26. 奧登受訪，2013 年 7 月 10 日。

27. 門羅上校受訪，2014 年 3 月 10 日。

28. 華特斯受訪，2014 年 3 月 31 日。

29. 莫斯受訪，2013 年 9 月 24 日。

30. 米勒受訪，2014 年 3 月 27 日。

31. 蓋茨受訪，2014 年 6 月 24 日。

32. Nuclear Regulatory Commission, "Frequently Asked Questions About Force-on-Force Security Exercises at Nuclear Power Plants," updated March 25, 2013 [www.nrc.gov/security/faq-force-on-force.html].

33. 史崔特受訪，2013 年 9 月 23 日。

34. 皮雅思受訪，2014 年 6 月 3 日。

|第 2 章|

1. Karl Moore, "The New Chairman of the Joint Chiefs of Staff on 'Getting to the Truth'," Forbes, October 20, 2011.

2. Office of Management and Budget, U.S. Fiscal Year 2016 Budget of the U.S. Government, February 2, 2015, p. 134; Defense Manpower Data Center,

"Department of Defense Active Duty Military Personnel by Rank/Grade," updated May 31, 2015 [www.dmdc.osd.mil/appj/dwp/dwp_reports.jsp]; and Defense Manpower Data Center, "Department of Defense Selected Reserves by Rank/Grade," updated May 31, 2015 [www.dmdc.osd.mil/appj/dwp/dwp_reports. jsp].

3. 可參考美國公共廣播電台 WGBH 1986 年 3 月 4 日對蘭德公司經濟學家、諾貝爾經濟學獎得主謝林 (Thomas Schelling) 的訪問。謝林生動地描述了他在這段時期主持的藍對紅核戰模擬。

4. George Dixon, "Pentagon Wages Weird Backward Inning Game," Cape Girardeau Southeast Missourian, dist. King Features Syndicate, May 31, 1963, p. 6.

5. Robert Davis, "Arms Control Simulation: The Search for an Acceptable Method," Journal of Conflict Resolution, 7(3), September 1, 1963, pp. 590–603.

6. 米勒受訪，2014 年 3 月 27 日。

7. Joint Chiefs of Staff, Joint Publication 2–0: Joint Intelligence, October 22, 2014, p. 1-28.

8. 同上。

9. US Department of Defense, Department of Defense Base Structure Report FY2014 Baseline, 2015, p. 6.

10. Spiegel staff, "Inside TAO: Documents Reveal Top NSA Hacking Unit," Der Spiegel, December 29, 2013.

11. 康倫受訪，2014 年 4 月 15 日。

12. 一名陸軍上校受訪，2014 年 12 月 1 日。

13. Nellis Air Force Base, "414th Combat Training Squadron 'Red Flag'," updated July 6, 2014；一名空軍上校受訪，2014 年 11 月 24 日。

14. Mark Bowden, Guests of the Ayatollah: The Iran Hostage Crisis: The First Battle in America's War with Militant Islam (New York: Grove Press, 2007), pp. 452–461.

15. David C. Martin, "New Light on the Rescue Mission," Newsweek, June 30, 1980, p. 18.

16. Bowden, Guests of the Ayatollah: The Iran Hostage Crisis: The First Battle in America's War with Militant Islam, pp. 137 and 229.

17. Department of Defense, Rescue Mission Report (Washington, DC: Government Printing Office, August 23, 1980), p. 22.

18. 一名美國陸軍少將受訪，2014 年 11 月 19 日；以及 Stephen J. Gerras and Leonard

Wong, Changing Minds in the Army: Why It Is So Difficult and What to Do About It (Carlisle Barracks, PA: U.S. Army War College Press, 2013), p. 9.

19. 海軍陸戰隊中校 Daniel Geisenhof 受訪，2014 年 3 月 15 日。

20. 倫斯斐忽略八名陸軍現役四星上將，請舒梅克回到陸軍工作。倫斯斐曾邀請另一位現役四星上將、代理陸軍參謀總長基恩上將（John Keane）出現參謀總長，但基恩以家庭理由拒絕了。舒梅克是美國陸軍兩百三十八年以來唯一出任參謀總長的退役軍官。Donald Rumsfeld, Known and Unknown: A Memoir (New York: Penguin, 2011), p. 653；舒梅克上將受訪，2014 年 2 月 4 日；基恩上將受訪，2006 年 9 月 27 日；Paul Wolfowitz, Remarks as Delivered by Deputy Secretary of Defense Paul Wolfowitz, Eisenhower National Security Conference, Washington, DC, September 14, 2004。

21. 舒梅克上將受訪，2014 年 2 月 4 日。

22. 同上；以及美國參議院軍事委員會 2003 年 7 月 29 日聽證會。

23. 同上。

24. 洛科夫上校受訪，2014 年 3 月 3 日。

25. 美國參議院軍事委員會戰略武力小組委員會 2004 年 4 月 7 日聽證會，"Hearings on Fiscal Year 2005 Joint Military Intelligence Program (JMIP) and Army Tactical Intelligence and Related Activities (TIARA)"。

26. 梵特諾上校受訪，2014 年 2 月 14 日。

27. 紅隊大學的《解放手段手冊》（Liberating Structures Handbook）。

28. UFMCS, The Applied Critical Thinking Handbook 7.0, January 2015 [usacac. army.mil/sites/default/files/documents/ufmcs/The_Applied_Critical_Thinking_ Handbook_v7.0.pdf].

29. 絕大多數學員來自美國三軍，但現在美國官員在陸軍指揮參謀學院（位於萊文沃思堡，鄰近紅隊大學）進修時，也可以選修紅隊大學的課程。

30. 紅隊大學利用財星雜誌五百強公司和顧問業者推廣的淨推薦者分數（Net Promoter Score）來衡量顧客的意見和忠誠度。

31. 洛科夫上校受訪，2014 年 12 月 4 日。

32. 一名美國陸軍官員受訪，2014 年 4 月。

33. 洛科夫上校受訪，2012 年 5 月 21 日；門羅上校受訪，2014 年 3 月 10 日。

34. 美國國防部一名非軍職高官受訪，2014 年 3 月。

35. 一名 J 七部紅隊成員在電子郵件中表示，2014 年 3 月。

36. 洛科夫上校受訪，2014 年 3 月 3 日。

37. US Marine Corps, 35th Commandant of the Marine Corps Commandant's Planning Guidance, 2010, p. 12.

38. Maj. Ronald Rega, MEF and MEB Red Teams: Required Conditions and Placement Options, thesis for master of military studies, US Marine Corps, 2012–2013, p. 17–18；拿破崙和他的參謀人員討論作戰計畫時，會帶一名下士替他擦靴子。他知道這名下士會聽他們的討論內容。會議結束後，拿破崙會問這名下士是否明白作戰方案。如果下士說明白，拿破崙便採納該計畫，否則便會重新擬訂計畫。見 Dale Eikmeier, "Design for Napoleon's Corporal," Small Wars Journal, September 27, 2010。

39. Rega, MEF and MEB Red Teams: Required Conditions and Placement Options, pp. 16–20.

40. Gidget Fuentes, "Amos Forms Front-Line Groups to Study Enemy," Marines Corps Gazette, December 21, 2010.

41. US Naval Institute Proceedings, "'We've Always Done Windows': Interview with Lt. Gen. James T. Conway," 129(11), November 2003, pp. 32–34.

42. 一名海軍陸戰隊退役上校受訪，2014 年 3 月。

43. 馬偉寧中校受訪，2014 年 5 月 1 日。

44. 曼迪上校受訪，2014 年 5 月。

45. 杜蘭中將受訪，2014 年 6 月 25 日。

46. 海軍陸戰隊一名上校受訪，2014 年 11 月 20 日。

47. 蓋森霍夫中校和一名海軍陸戰隊上校受訪，2014 年 3 月 15 日。

48. 第二遠征軍紅隊成員和參謀人員受訪，2014 年 2–4 月。

49. 阿爾馬桑少校受訪，2014 年 3 月 11 日。

50. 作者與 Dan Yoao 准將、第一遠征軍紅隊成員和參謀部人員的電子郵件通訊，2014 年 5 月。

51. 杜蘭中將受訪，2014 年 6 月 25 日。

52. 司令紅隊前成員和現職成員，以及海軍陸戰隊官員受訪，2013 和 2014 年；美國海軍陸戰隊第 36 任司令的規劃指引，2015 年 1 月 23 日。艾摩斯的司令紅隊最終被放在有「司令智庫」之稱的戰策倡議小組（Strategic Initiatives Group），但實際工作地點被安排在維吉尼亞州匡提科鎮的海軍陸戰隊戰鬥研究司令部（MCCDC），直到 2013 年夏天才搬到位於五角大廈的海軍陸戰隊參謀主任辦公室。司令紅隊在 MCCDC 工作時，有如被埋了起來，與陸戰隊司令幾乎毫無接觸，因此也就很難影響司令的決策。搬到五角大廈後，司令紅隊針對政策決定（包括是否安排女兵加入地面作戰部隊）做

事的能力大增。亦請參考 US Marine Corps, "Strategic Initiatives Group (SIG): 'The Commandant's Think Tank'," [www.hqmc.marines.mil/dmcs/Units/ StrategicInitiativesgroup(SIG).aspx]。

53. 艾利斯中校受訪，2014 年 11 月 25 日；作者與艾利斯中校的電子郵件通訊，2015 年 1 月 30 日。

54. Ron Rega 少校在海軍陸戰隊當過三年紅隊人員，在海軍陸戰隊大學寫過一篇有關紅隊作業效能的碩士論文，當中提到，紅隊作業「需要組織領導高層決定把紅隊放在組織的哪個地方、紅隊將集中關注哪些領域，以及紅隊將如何與組織其他部分互動。」Rega, MEF and MEB Red Teams: Required Conditions and Placement Options, p. 43.

55. Melchor Antunano, "Pilot Vision," Federal Aviation Administration, 2002, p. 3.

56. 拉斯哥謝中校受訪，2014 年 11 月 17 日。

57. P.L. 106–398, Floyd D. Spence National Defense Authorization Act for Fiscal Year 2001, sec. 213, "Fiscal Year 2002 Joint Field Experiment," October 30, 2000.

58. Roxana Tiron, "'Millennium Challenge' Will Test U.S. Military Jointness," National Defense Magazine, August 2001, p. 20; Maj. Gen. H.R. McMaster, "Crack in the Foundation: Defense Transformation and the Underlying Assumption of Dominant Knowledge in Future War," US Army War College, November 2003; and Hearing of the Senate Armed Services Committee, Subcommittee on Emerging Threats and Capabilities, "Special Operations Military Capabilities, Operational Requirements, and Technology Acquisition in Review of the Defense Authorization Request for Fiscal Year 2003," March 12, 2002.

59. Department of Defense, "Media Availability with Defense Secretary Rumsfeld and Norwegian MoD," July 29, 2002.

60. Department of Defense, "General Kernan Briefs on Millennium Challenge 2002," July 18, 2002.

61. 克南上將受訪，2014 年 6 月 24 日。

62. 伊拉克作戰計畫的資料，請參考 Bob Woodward, Plan of Attack (New York: Simon and Schuster, 2004), p. 97。

63. Joint Warfighting Center, "Commander's Handbook for an Effects-Based Approach to Joint Operations," February 24, 2006, p. viii.

64. 梵瑞柏中將受訪，2013 年 5 月 31 日。

65. Department of Defense, "General Kernan Briefs on Millennium Challenge 2002," July 18, 2002.

66.Thom Shanker, "Iran Encounter Grimly Echoes ' 02 War Game," New York Times, January 12, 2008, p. A1.

67. 梵瑞柏中將受訪，2014 年 5 月 23 日。

68. 貝爾上將受訪，2014 年 5 月 19 日。

69. 克南上將受訪，2014 年 6 月 24 日。

70. 同上。

71. 梵瑞柏中將受訪，2013 年 5 月 31 日。

72. 同上。

73. 梵瑞柏中將受訪，2014 年 5 月 23 日。

74.Sean D. Naylor, "Fixed War Games?" Army Times, August 26, 2002, p. 8；梵瑞柏後來承認：「我知道這封電子郵件會被洩露給媒體，因為假想敵同仁非常生氣。」梵瑞柏中將受訪，2014 年 5 月 23 日。

75.Department of Defense, "Gen. Kernan and Maj. Gen. Cash Discuss Millennium Challenge's Lessons Learned," September 17, 2002.

76.Naylor, "Fixed War Games?"

77.Department of Defense, "Pentagon Briefing," August 20, 2002.

78.US Joint Forces Command, "U.S. Joint Forces Command Millennium Challenge 2002: Experiment Report," undated.

79. 同上，p. F-11。

80.Department of Defense, Defense Science Board Task Force on the Role and Status of DoD Red Teaming Activities, September 2003, p. 18.

81.Sandra Erwin, " 'Persistent' Intelligence Feeds Benefit Air Combat Planners," National Defense Magazine, October 2002, pp. 20–21.

82. 貝爾上將受訪，2014 年 5 月 19 日。

83. 克南上將受訪，2014 年 6 月 24 日。

84. 齊拉少將的證詞，阿格拉納特委員會（Agranat Commission），1974 年。

85.Barbara Opall-Rome, "40 Years Later: Conflicted Accounts of Yom Kippur War," Defense News, October 6, 2013.

86. 戴揚的證詞，阿格拉納特委員會，1974 年。

87.Aryeh Shalev, Israel's Intelligence Assessment Before the Yom Kippur War: Disentangling Deception and Distraction (Portland, OR: Sussex Academic Press, 2010), p. viii.

88. 以色列政府的阿格拉納特委員會網頁 [www.knesset.gov.il/lexicon/eng/agranat_eng. htm]。

89. Lt. Col. Shmuel, "The Imperative of Criticism," Studies in Intelligence, 24, 1985, p. 65. This was originally printed in IDF Journal, 2(3), May 1985.

90. 該部門有時也被稱為是「研究組」(Research Unit) 或「內部稽核組」(Internal Audit Unit)，但以色列國防軍官員和內部文件均稱之為「控管部」。

91. Zach Rosenzweig, "'The Devil's Advocate': The Functioning of the Oversight Department of [IDF] Military Intelligence," Israeli Defense Forces, April 10, 2013, trans. by Uri Sadot.

92. 作者與一名前以色列軍官的電子郵件通訊，2014 年 6 月 25 日；Yosef Kuperwasser, "Lessons from Israel's Intelligence Reforms," Saban Center for Middle East Policy, Analysis Paper no. 14, Brookings Institution, October 2007, p. 4; and Interview with a former CIA official, November 13, 2014.「控管部」的另類分析報告也會分享給美國情報人員，但通常是在事情過去之後。

93. Bruce Riedel 受訪，2014 年 11 月 13 日。

94. United Kingdom Ministry of Defence, Red Teaming Guide, second ed., January 2013, pp. 4–2.

95. Air Chief Marshal, Sir Jock Stirrup, Chief of Defence Staff, "RUSI Christmas Lecture," January 4, 2010.

96. DCDC 紅隊人員受訪，2015 年 4 月 20 日。

97. 龍蘭准將受訪，2014 年 11 月 25 日；United Kingdom Ministry of Defence, Red Teaming Guide, pp. 1-4, 2-2。

98. 龍蘭准將受訪，2014 年 11 月 25 日；DCDC 紅隊人員受訪，2015 年。

99. United Kingdom Ministry of Defence, Red Teaming Guide, p. 2–2.

100. 當局在諾福克成立這個小組時，軍官和參謀人員有意識地棄用「紅隊」或「紅色小組」的名稱，選擇用「另類分析小組」，以求明確強調「批判分析的重要性，而非『紅隊』所隱含的敵對心態。」見 North Atlantic Treaty Organisation, "Bi-Stratetic Commands Concept for Alternative Analsysis (AltA)," April 23, 2012, p. 5；北約官員受訪，2015 年 5 月 22 日。

101. 德奈斯受訪，2014 年 6 月 20 日。

102. 瓊斯中將受訪，2014 年 6 月 20 日。

103. 同上。

104. 本森上校受訪，2012 年 5 月 21 日。

105. 作者與本森上校的電子郵件通訊，2014 年 7 月 15 日。

106. Defense Manpower Data Center, Department of Defense Active Duty Military Personnel by Rank/Grade, accessed July 17, 2014; and Congressional Budget Office, Long-Term Implications of the 2013 Future Years Defense Program, July 2012, p. 14.

107. 杜蘭中將受訪，2014 年 6 月 25 日。

108. Malcolm Gladwell, "Paul Van Riper's Big Victory: Creating Structure for Spontaneity," in Blink: The Power of Thinking Without Thinking (New York: Little Brown and Company, 2005), pp. 99–146.

|第 3 章|

1. Robert Gates, "The Prediction of Soviet Intentions," Studies in Intelligence, 17(1), 1973, p. 46.

2. Office of the Director of National Intelligence, "DNI Releases Requested Budget Figure for FY 2016 Appropriations for the National Intelligence Program," February 2, 2015; and US Department of Defense, "DoD Releases Military Intelligence Program Base Request for Fiscal Year 2016," February 2, 2015.

3. Richard Helms, A Look over My Shoulder: A Life in the Central Intelligence Agency (New York: Ballantine Books, 2003), p. 237.

4. Paul Pillar, Terrorism and U.S. Foreign Policy (Washington, DC: Brooking Institution Press, 2001), p. 114.

5. 多數情報產品原則上必須遵循國家情報要務框架（NIPF）詳列的形式要求；NIPF 是白宮和國家情報總監辦公室（負責監督美國情報系統另外十六個機構）設定情報蒐集和分析任務優先順序的機制。其他情報產品則是分析師在上司許可下自創的，又或者是因應迫切的問題特別製作的。

6. 美國某高級情報官員受訪，2014 年 3 月。

7. 2015 年 3 月，中情局局長布瑞南（John Brennan）宣佈重組中情局。截至 2015 年 6 月，重組後的最終架構仍未公佈。見 Central Intelligence Agency, Unclassified Version of March 6, 2015, Message to the Workforce from CIA Director John Brennan, "Our Agency's Blueprint for the Future," March 6, 2015.

8. Central Intelligence Agency, The Performance of the Intelligence Community Before the Arab-Israeli War of October 1973: A Preliminary Post-Mortem Report, December 1973, p. 22. 1973 年，中情局局長赫姆斯也曾建議美國情報系統「建立由國家情報官（National Intelligence Officers）負責執行的常規制度，確保重要的異議和有矛盾的資訊並未因為管理層的命令或強化共識的機制而遭埋沒。……這種制度也

將負責建立方法提供『魔鬼代言人』的觀點、對立操作程序和情報獲取手段。」赫姆斯的建議從未付諸實行。

9. 美國國家情報總監辦公室 2015 年 1 月更新的指示這麼說:「分析師執行工作時必須保持客觀,並且意識到自己的假設和論據。分析師必須採用能揭露和減少偏差的推理方法和可行手段。」本書作者訪問過的數十名情報分析師表示,分析師日常草擬分析報告時,根本不可能遵循這種正式指引。見 Office of the Director of National Intelligence, Intelligence Community Directive 203, updated January 2, 2015, p. 2.

10. 立培曼受訪,2014 年 7 月 23 日。

11. 梅迪納受訪,2014 年 6 月 2 日。

12. 崔渥頓受訪,2014 年 1 月 6 日。

13. 海登上將受訪,2014 年 4 月 30 日。

14. 一名情報系統高官受訪,2014 年 4 月。

15. 莫瑞爾受訪,2014 年 4 月 16 日。

16. Hearing of the House Permanent Select Committee on Intelligence, "Worldwide Threat Hearing," February 10, 2011.

17. 美國情報系統的分析師和官員受訪,2011–2014 年;Paul Lehner, Avra Michelson, and Leonard Adelman, "Measuring the Forecast Accuracy of Intelligence Products," Mitre Corporation, December 2010.

18. CIA, "Estimate of Status of Atomic Warfare in the USSR," September 20, 1949, p. 1.

19. CIA, "Declassified National Intelligence Estimates on the Soviet Union and International Communism," updated October 5, 2001, accessed March 17, 2015.

20. Albert Wohlstetter, "Is There a Strategic Arms Race?" Foreign Policy, 15, 1974, pp. 3–20; and Anne Hessing Cahn, Killing Detente: The Right Attacks the CIA (University Park, PA: Pennsylvania State University Press, 1998), pp. 11–13.

21. CIA, NIE 11–3/8–74, Soviet Forces for Intercontinental Conflict Through 1985, November 14, 1974, pp. 10–11.

22. Memorandum of Conversation, White House, August 8, 1975.

23. Memorandum for Secretary of Defense, Deputy Secretary of State, and Director of Central Intelligence "Trial Modification to the NIE Process," undated.

24. 中情局局長(科比)1975 年 11 月 21 日致福特總統的信。

25. 總統外交情報顧問委員會主席(Cherne)1976 年 6 月 8 日致中情局局長(老布希)的信。

26. George A. Carver, Note for the Director [of Central Intelligence], May 26, 1976.

27.Cahn, *Killing Detente: The Right Attacks the CIA*, p. 139.

28. 蓋茨受訪，2014 年 6 月 24 日。

29.Cahn, *Killing Detente: The Right Attacks the CIA*, p. 153.

30.Richard Pipes, "Team B: The Reality Behind the Myth," *Commentary*, October 1986, pp. 25–40.

31.韋爾奇少將受訪，2014 年 7 月 1 日。韋爾奇當年是美國空軍研究和分析事務助理參謀長，領導一項有關蘇聯空防支出遠高於必要水準的研究。他的空軍上司問他是否想當 B 隊成員時，他說：「當然想，我要加入空防小組。」但他得到答覆是：「不，你將加入戰略目標小組。你必須這麼做。」

32.Cahn, *Killing Detente: The Right Attacks the CIA*, p. 159, citing Interview with Adm. Daniel Murphy, November 9, 1989.

33.CIA, "Intelligence Community Experiment in Competitive Analysis: Soviet Strategic Objectives an Alternative View Report of Team B," National Archives, December 1976.

34.Melvin Goodman, "Chapter 6," in *National Insecurity: The Cost of American Militarism* (San Francisco, CA: City Lights Books, 2013).

35.Anne Hessing Cahn 的 *Killing Detente: The Right Attacks the CIA* 是記錄這場 B 隊實驗歷史的傑作，她為撰寫此書訪問了這場實驗的幾乎所有參與者。她記得這些人幾乎全都堅決反對美國與蘇聯改善關係。她說，即使是在冷戰結束後訪問他們，「我可以根據他們的職涯和意識形態聯繫，百分百準確地預測他們對多數問題的答案。他們仍然痛恨蘇聯，也都不信任中情局的分析。」Anne Hessing Cahn 受訪，2014 年 6 月 2 日。

36.CIA, "Intelligence Community Experiment in Competitive Analysis: Soviet Strategic Objectives an Alternate View Report of Team B," pp. 1 and 14.

37.Memorandum from the Director of Central Intelligence (Bush) to Recipients of National Intelligence Estimate 11-3/8-76, undated.

38.See Murney Marde, "Carte to Inherit Intense Dispute on Soviet Intentions," *Washington Post*, January 2, 1977, p. A1. Also see Cahn, *Killing Detente: The Right Attacks the CIA*, p. 179; and ibid., p. 182, citing interview with Richard Pipes, August 15, 1990.

39.Senate Select Committee on Intelligence, Subcommittee on Collection, Production, and Quality, "The Nation's Intelligence Estimates A-B Team Episode Concerning Soviet Strategic Capability and Objectives," February 16, 1978.

40.中情局局長（老布希）致總統外交情報顧問委員會主席（切尼）的備忘錄，1977 年 1 月 19 日。

41. 韋爾奇少將受訪，2014 年 7 月 1 日。

42.Cahn, Killing Detente: The Right Attacks the CIA, p. 160.

43. 蓋茨受訪，2014 年 6 月 24 日。

44.Office of Rep. Pete Hoekstra, "Hoekstra Calls for Independent Red Team on Iran Nuclear Issue," October 6, 2009. 事實上，2007 年的 NIE 有做過紅隊作業，因為它的關鍵論點和以前的 NIE 大不相同。這種紅隊作業構想 2015 年 4 月再有人提出：前美國司法部長 Michael Mukasey 和眾議院國土安全委員會前資深法律顧問 Kevin Carroll 呼籲「兩大黨的參眾兩院領袖要求前國家安全高官研究有關伊朗的原始情報，必要時並以立法手段命令政府提供必要的資料，以便他們能做出知情的判斷。這支『B 隊』必定定期報告他們的發現，不但是向政府報告，還必須向國會領袖和兩大黨提名的總統候選人報告。」見 Michael Mukasey and Kevin Carroll, "The CIA Needs an Iran 'Team B'," Wall Street Journal, April 14, 2015, p. A13.

45.Richard Clarke, Against All Enemies: Inside America's War on Terror (New York: Free Press, 2004), p. 184.

46. 一名美國情報系統前官員受訪，2014 年 5 月。

47.National Commission on Terrorist Attacks upon the United States (herein 9/11 Comission), The 9/11 Commission Report: The Attack from Planning to Aftermath, 2004, p. 117.

48. 同上，第 116 頁。

49. 瑞戴爾受訪，2007 年 1 月 23 日。

50.Bill Clinton, My Life (New York: Knopf, 2004), p. 803.

51. 西法事件發生時的不擴散中心主任 John Lauder 受訪，2014 年 6 月 20 日。

52. 米希克受訪，2014 年 6 月 9 日。

53. 麥卡錫受訪，2014 年 5 月 15 日。

54. 奧克莉受訪，2014 年 4 月；James Risen, "To Bomb Sudan Plant, or Not: A Year Later, Debates Rankle," New York Times, October 29, 1999, p. A1.

55. 一名美國情報系統前官員受訪，2014 年 5 月；Vernon Loeb, "U.S. Wasn't Sure Plant Had Nerve Gas Role; Before Sudan Strike, CIA Urged More Tests," Washington Post, August 21, 1999, A01.

56.Risen, "To Bomb Sudan Plant, or Not: A Year Later, Debates Rankle," p. A1.

57. 西法事件發生時的中情局反恐中心副主任 Paul Pillar 受訪，2006 年 9 月；決策小團體的成員受訪，2013–2014 年。

58. 津尼上將受訪，2008 年 2 月。

59. 薛爾頓上將記得在攻擊了西法製藥廠之後，「情報開始變得對我們不利，結果發現那個土壤樣本不是在藥廠收集的，而是在距離藥廠三百碼的地方。對了，現在還發現，那四分之一茶匙的土壤樣本原來是兩年前取得的。」見 Gen. Hugh Shelton with Ronald Levinson and Malcolm McConnell, Without Hesitation: The Odyssey of an American Warrior (New York: St. Martin's Press, 2010), p. 350.

60. 一名前白宮官員受訪，2014 年 5 月。

61. Daniel Pearl, "New Doubts Surface over Claims That Plant Produced Nerve Gas," Wall Street Journal, August 28, 1998.

62. George Tenet, with Bill Harlow, At the Center of the Storm: My Years at the CIA (New York: HarperCollins, 2007), p. 117.

63. Statement of William S. Cohen to the National Commission on Terrorist Attacks Upon the United States, March 23, 2004, p. 14.

64. 米希克受訪，2014 年 6 月 9 日。

65. 皮克林受訪，2014 年 4 月 21 日。

66. 這一節的主要資料來源，是中情局和其他情報機關的現職和前官員與職員，以及其他政府官員接受的訪談，見 Tenet, with Harlow, At the Center of the Storm, pp. 194–195。

67. 同上，第 185 頁。

68. 裴卓斯上將受訪，2014 年 2 月 19 日。

69. 梅迪納受訪，2014 年 6 月 2 日。

70. 米希克受訪，2012 年 5 月 21 日。

71. 方丹諾受訪，2013 年 6 月 18 日。

72. 穆德受訪，2014 年 4 月。Rodney Faraon 在紅色小組成立初期於泰內特辦公室擔任分析師，他回想當時紅色小組的三頁長備忘錄：「有些挺有用，有些則有點無聊，但所有報告都有人看。」Rodney Faraon 受訪，2014 年 5 月 27 日。

73. 方丹諾受訪，2013 年 6 月 18 日。

74. 海登上將受訪，2014 年 1 月 21 日。

75. 貝克上校受訪，2014 年 1 月 14 日。

76a. CIA Red Cell Memorandum, "Afghanistan: Sustaining West European Support for the NATO-led Mission," Maarch 11, 2010. 維基解密（WikiLeaks）2010 年 3 月 26 日公佈。

76.P.L. 108–458, Intelligence Reform and Terrorism Prevention Act of 2004, sec. 1017, "Alternative Analysis of Intelligence by the Intelligence Community," US Congress, December 17, 2004.

77. 裴卓斯上將受訪，2014 年 2 月 29 日。

78. 哈德利受訪，2014 年 6 月 12 日。

79. 資訊揭露：本書作者是《外交政策》的專欄作者。

80. 蓋茨受訪，2014 年 6 月 24 日。

81. 情報系統一名資深官員受訪，2014 年 2 月。

82. 海登上將受訪，2014 年 1 月 21 日。

83. 哈德利受訪，2014 年 6 月 12 日。

84. 中情局紅色小組一名成員受訪，2014 年 3 月 26 日。

85. 莫瑞爾受訪，2014 年 4 月 16 日。

86.Joby Warrick, The Triple Agent: The Al-Qaeda Mole Who Infiltrated the CIA (New York: Vintage Books, 2011), p. 206.

87.Gates, Duty: Memoirs of a Secretary at War, p. 539.

88. 美國情報系統官員受訪，2014 年 3 月和 4 月；Mark Owen, with Kevin Maurer, No Easy Day: The Firsthand Account of the Mission that Killed Osama Bin Laden (New York: Penguin, 2012), pp. 15–26.

89.Michael Morell with Bill Harlow, The Great War of Our Time: The CIA's Fight Against Terrorism From Al Qa'ida to ISIS (New York: Twelve, 2015), p. 160.

90.Tim Starks, "Femstein: Tip on Bin Laden May Not Have Come from Harsh Interrogations," Congressional Quarterly Today, May 3, 2011.

91. 有關迪安德烈的資料，請參考 Greg Miller, "At CIA, a Convert to Islam Leads the Terrorism Hunt," Washington Post, March 24, 2012；和 Mark Mazzetti and Matt Apuzzo, "Deep Support in Washington for C.I.A.'s Drone Missions," New York Times, April 26, 2015, p. A1.

92. 莫瑞爾受訪，2014 年 4 月。

93.Mark Bowden, The Finish: The Killing of Osama Bin Laden (New York: Grove Press, 2012), p. 163; and Seth G. Jones, Hunting in the Shadows: The Pursuit of Al Qa'ida Since 9/11 (New York: W.W. Norton, 2012), p. 424.

94.Morell with Harlow, The Great War of Our Time: The CIA's Fight Against Terrorism from Al Qa'ida to ISIS, p. 160.

95. 雷特（Michael Leiter）受訪，2014 年 1 月 21 日。

96. 一名白宮高官受訪，2014 年 4 月。

97. 雷特受訪，2014 年 1 月 21 日。

98. 立培曼受訪，2014 年 7 月 23 日。

99. 莫瑞爾受訪，2014 年 4 月 16 日。

100. Jeffrey Friedman and Richard Zeckhauser, "Handling and Mishandling Estimative Probability: Likelihood, Confidence, and the Search for Bin Laden," Intelligence and National Security, May 2014, pp. 12 and 20.

101. 雷特受訪，2014 年 1 月 21 日；立培曼受訪，2014 年 7 月 23 日。

102. Bergen, Manhunt: The Ten-Year Search for Bin Laden from 9/11 to Abbottabad, p. 196.

103. Bowden, The Finish: The Killing of Osama Bin Laden, p. 161. 美軍擊殺賓拉登三天後，歐巴馬接受《60 分鐘》時事雜誌節目記者 Steve Kroft 訪問時表示：「總而言之，這仍然是個五五／四五的情況。我的意思是：我們不能斬釘截鐵地說賓拉登就在那裡。」

104. 歐巴馬假定機率只有一半，是人們面對有矛盾的複雜資訊時常見的反應。見 Baruch Fischhoff and Wandi Bruine de Bruin, "Fifty-Fifty = 50%?," Journal of Behavioral Decisionmaking, (2) 1999, pp. 149–163。

105. 美國情報系統高層官員受訪，2014 年 3-4 月；Leon Panetta, Worthy Fights (New York, Penguin Press, 2014), pp. 314–315。

106. 莫瑞爾受訪，2014 年 4 月 16 日；一名美國政府高官受訪，2014 年 2 月。莫瑞爾自己估計機率為 60%，但他仍然建議海豹部隊執行突襲任務，因為鏟除賓拉登是非常重要的目標。見 Morell with Harlow, The Great War of Our Time: The CIA's Fight Against Terrorism from Al Qa'ida to ISIS, p. 161。

107. 蓋茨受訪，2014 年 6 月 24 日。

108. Bergen, Manhunt: The Ten-Year Search for Bin Laden from 9/11 to Abbottabad, p. 196.

109. 雷特受訪，2014 年 1 月 21 日。

110. 一名美國政府高官受訪，2014 年 2 月。

111. 立培曼受訪，2014 年 7 月 23 日。

112. 蓋茨受訪，2014 年 6 月 24 日。

113. 哈德利受訪，2014 年 6 月 12 日。

114. 一名白宮高官受訪，2014 年 4 月。

|第 4 章|

1. 薩科維奇受訪，2013 年 6 月 11 日。

2. 史隆受訪，2014 年 7 月 9 日；Stephen Sloan, "Almost Present at the Creation: A Personal Perspective of a Continuing Journey," Journal of Conflict Studies, 24(1), 2004, pp. 120–134.

3. 史隆的論文題目是 "An Examination of Lucian W. Pye's Theory of Political Development: Through a Case Study of the Indonesian Coup of 1965" (University of Michigan–Ann Arbor, 1967)。

4. 該系列文章 1974 年 7 月 28 日開始刊出，第一篇標題為〈忍受緊張狀況的以色列人〉（Israelis Live with Tensions）。

5. Stephen Sloan, "'International Terrorism' Being Taught in OU Classroom," ADA Evening News, May 5, 1977, p. 7C. 在這篇文章中，史隆提出了有先見之明的警告：「一群暴動者殺死一名農村官員固然可怕，但一小群人癱瘓某個現代大城市的電網或許更可怕。」

6. 「莉拉」這名字指向莉拉‧哈立德（Leila Khaled），解放巴勒斯坦人民陣線的女成員和著名劫機者。她的著名事跡包括參與 1969 年 8 月的環球航空 TWA 840 號班機劫機事件，以及 1970 年黑色 9 月的約旦道森機場劫機事件。史隆這句話源自他 2014 年 7 月 9 日受訪。

7. 同上。諷刺的是，美國聯邦和國際執法人員觀察此次演習的辦公大樓，正是四分之一個世紀後穆薩維（Zacarias Moussaoui）接受模擬飛行訓練的地方。穆薩維是蓋達組織成員，九一一事件之前不到一個月遭美國聯邦調查局逮捕，後來被裁定密謀殺害美國人等罪名成立。賓拉登 1990 年代的私人機師納華威（Ihab Ali Nawawi）也是在同一學校接受訓練。

8. US Department of State, Office of Combating Terrorism, Terrorist Skyjackings: A Statistical Overview of Terrorist Skyjackings from January 1968 Through June 1982, 1982.

9. Six-part series in The Oklahoman, July 28, 1974, September 30, 1974, October 2–4, 1974; six-part series in The Oklahoman, November 12–19, 1975; Stephen Sloan and Richard Kearney, "An Analysis of a Simulated Terrorist Incident," The Police Chief, June 1977, pp. 57–59; and Stephen Sloan, "Stimulating Terrorism: From Operational Techniques to Questions of Policy," International Studies Notes, 5(4), 1978.

10. Stephen Sloan, "Almost Present at the Creation: A Personal Perspective of a Continuing Journey," The Journal of Conflict Studies, 24(1), 2004.

11. Stephen Sloan and Robert Bunker, Red Teams and Counterterrorism Training (Norman, OK: University of Oklahoma Press, 2011), pp. 91–101.

12. 美國國土安全部（DHS）一名官員受訪，2014 年 3 月 12 日；DHS, U.S. Department of Homeland Security Annual Performance Report: Fiscal Years 2014–2016, February 2, 2015, p. 119.

13. DHS 一名官員受訪，2014 年 3 月 12 日。

14. Jason Miller, "DHS Teams Hunt for Weaknesses in Federal Cyber Networks," Federal News Radio, July 11, 2012.

15. Hearing of the Senate Committee on Commerce, Science, and Transportation, "Are Our Nation's Ports Secure? Examining the Transportation Worker Identification Credential Program," May 10, 2011.

16. GAO 特別調查處主任 Wayne McElrath 受訪，2013 年 8 月 23 日。GAO 和所有美國政府的弱點探查作業標準，可在「黃皮書」(yellow book) 中找到。見 GAO, "Government Auditing Standards," December 2011。

17. GAO, "Border Security: Summary of Covert Tests and Security Assessments for the Senate Committee on Finance, 2003–2007," May 2008, p. 3.

18. GAO, "Border Security: Additional Steps Needed to Ensure that Officers Are Fully Trained," December 2011, p. 4.

19. GAO, "Border Security: Summary of Covert Tests and Security Assessments for the Senate Committee on Finance, 2003–2007," May 2008, pp. 8–12.

20. GAO, "Combating Nuclear Smuggling: Risk-Informed Cover Assessments and Oversight of Corrective Actions Could Strengthen Capabilities at the Border," September 2014, pp. 14–15.

21. GAO, "Border Security: Additional Steps Needed to Ensure That Officers Are Fully Trained," December 2011 [www.gao.gov/products/GAO-12–269]. See, "Recommendations."

22. 同上，第 2 和第 10 頁。

23. Mark Holt and Anthony Andrews, "Nuclear Power Plant Security and Vulnerabilities," Congressional Research Service, January 3, 2014, p. 9.

24. Christine Cordner, "PG&E Offers More Details on Substation Attack, Tallies Up Recovery Cost at over $15M," SNL Federal Energy Regulatory Commission, June 25, 2014.

25. Richard Serrano and Evan Halper, "Sophisticated but Low-tech Power Grid Attack Baffles Authorities," Los Angeles Times, February 11, 2014, p. A1.

26. "PG&E Announces Request for Information on Metcalf Substation Attack," Pacific Gas and Electric, April 10, 2014.

27. David Baker, "Thieves Raid PG&E Substation Hit by Snipers in 2013," Sfgate. com, August 27, 2014.

28. Rebecca Smith, "Assault on California Power Station Raises Alarm on Potential for Terrorism," Wall Street Journal, February 5, 2014, p. A1.

29. Cordner, "PG&E Offers More Details on Substation Attack, Tallies Up Recovery Cost at over $15M."

30. Rebecca Smith, "Federal Government Is Urged to Prevent Grid Attacks," Wall Street Journal, July 6, 2014.

31. 艾爾森受訪，2013 年 6 月 12 日。

32. Report of the President's Commission on Aviation Security and Terrorism, May 15, 1990.

33. 同上，第 ii 頁。

34. P.L. 104–64, Federal Aviation Reauthorization Act of 1996, sec. 312, "Enhanced Security Programs," October 9, 1996; and 9/11 Commission, Memorandum for the Record, Interview with Bruce Butterworth, former Director for Policy and Planning at the FAA, September 29, 2003, p. 5.

35. 1993 至 2000 年的民航安全副處長是海軍少將弗林（Cathal Flynn）。被問到他在監督 FAA 紅隊上的角色和責任時，他令人費解地答道：「FAA 的安全作業從不使用紅隊。」這顯然是錯的，但弗林不記得 FAA 紅隊，可能反映紅隊在民航安全處的影響力微不足道。資料來源：本書作者與海軍少將弗林 2014 年 5 月 20 日的電子郵件通訊。

36. GAO, "Aviation Safety: Weaknesses in Inspection and Enforcement Limit FAA in Identifying and Responding to Risks," February 1998, pp. 7–8, 24, and 61–62.

37. 弗林對九一一委員會調查人員表示：「紅隊作業因為在發現明顯的缺失時，可以幫助 FAA 從航空公司身上得到民事罰款，這種作業變得比較『容易』。」但是，雖然 FAA 紅隊發現許多明顯的缺失，沒有記錄顯示 FAA 基於紅隊作業發現對違規機構處以民事罰款。資料來源：9/11 Commission, Memorandum for the Record, "Interview with Rear Admiral Cathal 'Irish' Flynn, USN (ret)," September 9, 2003.

38. 艾爾森受訪，2013 年 6 月 12 日和 2014 年 6 月 11 日。

39. US Department of Transportation (DOT), Office of Inspector General, Semiannual Report to the Congress, October 1, 1999–March 31, 2000, p. 17.

40. Letter from [Special Counsel] Elaine Kaplan to the President, "Re: OSC File No. DI-02-0207," March 18, 2003, p. 4.

41. 例如 1993 至 1996 年間的 FAA 局長為 David Hinson，他是航空公司 Midway Airlines 的共同創始人。接替他的是 Linda Daschle，1996 至 1997 年間在任，之前

是美國航空業主要遊說團體 Air Transport Association 的核心人員。然後是 1997 至 2002 年在任的 Jane Garvey，她之前是波士頓洛根國際機場的總監。見 Public Citizen, Delay, Dilute and Discard: How the Aviation Industry and the FAA Have Stymied Aviation Security Recommendations, October 2001;和 Doug Ireland, "I'm Linda, Fly Me," LA Weekly, January 16, 2003。

42. Jim Morris, "Since Pan Am 103 a 'Facade of Security'," U.S. News & World Report, 130 (7), February 19, 2001, p. 28.

43. GAO, Aviation Security: Long-Standing Problems Impair Airport Screeners' Performance, June 2000, p. 7. FAA 在 1997 年宣佈，機場檢查人員表現如何此後將是敏感的保安資料，因此將不會公開。

44. Deborah Sherman, Investigative Report, Fox 25, May 6, 2001. 薩科維奇提交的報告包括蘇利文寫的一封信，當中提出了非常有知見之明的警告：「考慮到伊斯蘭教的聖戰概念，你認為有決心的恐怖份子登上飛機，然後毀掉自己和所有其他乘客會很困難嗎？……想想恐怖分子聯合行動，同一天騎劫數架國內線飛機，會造成什麼後果。問題是以我們現在的檢查系統，這並非只是有可能發生而已。根據眼下的威脅，假以時日，這幾乎是很可能發生的事。」克里辦公室把薩科維奇送來的整份資料交給交通部檢查總長，而接收報告的官員之前曾一再直接聽薩科維奇表達他的憂慮，但決定不予跟進。

45. The 9/11 Commission Report: The Attack from Planning to Aftermath, pp. 242–245.

46. 911 委員會要到 13 個月後才成立。911 事件是美國史上造成最嚴重傷亡和經濟損失的恐嚇攻擊事件，但小布希總統起初強烈反對實質調查，直到 2002 年 11 月才改變立場，宣佈成立由季辛吉（Henry Kissinger）擔任主席的 911 委員會。

47. Office of Special Counsel, "U.S. Office of Special Counsel Sends Report Confirming Gross Management of FAA's Red Team, Resulting in Substantial and Specific Danger to Public Safety," March 18, 2003.

48. 美國眾議院國土安全委員會運輸安全小組委員會 2014 年 1 月 28 日聽證會 "Examining TSA's Cadre of Criminal Investigators"，以及 2013 年 3 月 14 日聽證會 "Transportation Security Administration's Efforts to Advance Risk-Based Security";薩科維奇 2013 年 6 月 11 日受訪。這些暗中進行的偷運測試，被媒體誤稱為「紅隊」測試。它們事實上是由「沒有特別資歷或未接受特別訓練」的稽核人員所做，包括會計師。見參議院國土安暨政府事務委員會 2015 年 6 月 9 日聽證會 "Transportation Security Administration Oversight"。這些廣為人知的保安漏洞直接導致運輸安全局代理局長 Melvin Carraway 遭調職。

49. "Press Release: Enhanced Security Measures at Certain Airports Overseas," US Department of Homeland Security, Transportation Security Administration, July 6, 2014.

50. Evan Booth, "Terminal Cornucopia," presentation at SkyDogCON 2013, Nashville, TN, October 26, 2013 [www.youtube.com/watch?v=PiGK2rk5524].

51. 美國參議院撥款委員和預算委員會交通運輸小組委員會 2000 年 2 月 3 日聽證會 "Federal Aviation Administration: Challenges in Modernizing the Agency"。

52. 9/11 Commission, Memorandum for the Record, "Interview with Bruce Butterworth, former Director for Policy and Planning at the FAA," September 29, 2003, p. 6.

53. Federation of American Scientists, The Menace of MANPADS, 2003.

54. 鮑威爾 2003 年 10 月在泰國曼谷亞太經濟合作論壇的發言。

55. P. L. 108–458, Intelligence Reform and Terrorism Prevention Act of 2004, US Congress, December 17, 2004.

56. GAO, Aviation Security: A National Strategy and Other Actions Would Strengthen TSA's Efforts to Secure Commercial Airport Perimeters and Access Controls, September 2009, p. 21.

57. James Chow et al., Protecting Commercial Aviation Against the Shoulder-Fired Missile Threat (Santa Monica, CA: RAND Corporation, 2005), p. 15.

58. Paul May, "Going Gaga for Online Radio," Guardian, January 8, 2003, p. 5.

59. US Department of State, Bureau of Political-Military Affairs, "MANPADS: Combatting the Threat to Global Aviation from Man-Portable Air Defense Systems," July 27, 2011.

60. Office of the Director of National Intelligence, Press Briefing with Intelligence Officials, July 22, 2014.

61. Kirk Semple and Eric Schmitt, "Missiles of ISIS May Pose Peril for Aircrews in Iraq," New York Times, October 27, 2014, p. A1.

62. John Pistole, "TSA: Toward a Risk-Based Approach to Aviation Security," presentation at the Aspen Security Forum, Aspen, CO, July 23, 2014; and Rory Jones, Robert Wall, and Orr Hirschauge, "Attacks Spur Debate on Antimissile Systems for Passenger Jets," Wall Street Journal, July 24, 2014, p. A8.

63. Cathy Scott-Clark and Adrian Levy, The Siege: 68 Hours Inside the Taj Hotel (New York: Penguin Books, 2013); and Angela Rabasa et al., "The Lessons of Mumbai," Occasional Paper, RAND Corporation, January 2009.

64. NYPD Intelligence Division, "Mumbai Attack Analysis" (Law Enforcement Sensitive Information as of December 4, 2008).

65. 紐約市警察局長凱利受訪，2014 年 1 月；美國參議院國土安全暨政府事務委員會 2009 年 1 月 8 日聽證會 "Lessons from the Mumbai Terrorist Attacks"。

66. 華特斯（James Waters）和「鮑伯」受訪，2014 年 3 月 31 日。

67. 紐約市警察局長凱利受訪，2014 年 1 月。

68. 華特斯和「鮑伯」受訪，2014 年 3 月 31 日。

69. Star Trek II: The Wrath of Khan, directed by Nicholas Meyer (Paramount Pictures, 1982).

70. 席爾博受訪，2014 年 3 月 6 日。

71. NYPD 官員受訪，2014 年 1–3 月。

72. 2015 年 1 月，這種安排因為 NYPD 建立戰略應變組（Strategic Response Group）而 正式化。此舉增加了警方專門應付多名槍手發動的恐怖攻擊（例如三週之前法國查理 週刊遇到的那種攻擊）之人力。見 "Police Commissioner Bratton's Remarks at the 'State of the NYPD'," Police Foundation, January 29, 2015.

73. 同上。因為這次桌上演練，NYPD 也研發出在危機狀況下，精確干擾恐怖份子手機通 訊的方法，並且付諸實行。這些方法屬高度機密資料。

74. 同 上；Patrice O'Shaughnessy, "NYPD Learns from Mumbai Terrorist Attack that Killed 174," New York Daily News, February 15, 2009, p. 16.

75. Sean Gardiner, "NYPD Trains for New Type of Attack," Wall Street Journal, December 20, 2010, p. A21.

76. "Raymond Parks," LinkedIn [www.linkedin.com/pub/raymond-parks/6/566/ a75].

77. 帕克斯受訪，2014 年 6 月。

78. US Air Force, Air Force System Safety Handbook, Air Force Safety Agency, July 2000, p. 121.

79. iMPERVA, "Red Teaming, an Interview with Ray Parks of Sandia National Labs (SNL)," 2009.

80. Kevin Robinson-Avila, "Sandia Shows Off New Testing Complex," Albuquerque Journal, May 9, 2014；美國眾議院軍事委員會 2013 年 10 月 29 日聽證會 "Nuclear Weapons Modernization Programs: Military, Technical, and Political Requirements for the B61 Life Extensions Program and Future Stockpile Strategy"。

81. 史克羅受訪，2014 年 6–7 月。

82. 華納多受訪，2014 年 7 月 15 日。

83. Sandia National Laboratories, "Assessment Choices: When Choosing Sandia

Makes Sense," undated.

84. 在實務上，一旦政府保證人與 IDART 談好工作內容，NNSA 總是核准紅隊作業。桑迪亞國家實驗室由美國政府委託洛歇馬丁（Lockheed Martin）的子公司 Sandia Corporation 負責管理和營運，而該公司每年因此賺得約 2,700 萬美元，包括從每一個 IDART 專案獲得一小筆收入。Dan Mayfield, "New Lockheed Sandia Contract Finalized Today," Albuquerque Business First, April 30, 2014.

85. 「監控及資料擷取系統」（SCADA）與「工業控制系統」（ICS）是可交替使用的詞組。前美國國家安全局（NSA）駭客 Bob Stasio 表示，IDART 以特別擅長評估關鍵基礎設施資訊系統的安全著稱；Stasio 在 NSA 工作期間，曾與 IDART 合作。Stasio 受訪，2014 年 6 月 30 日。有關 SCADA 惡意攻擊案例的增加情況，見 Department of Homeland Security (DHS), National Cybersecurity and Communications Integration Center, "Internet Accessible Control Systems At Risk," ICS-CERT Monitor, January–April 2014。

86. 華納多受訪，2014 年 7 月 15 日。

87. 該集節目 2003 年 4 月 24 日播出。史克羅表示，他希望他當時能這麼回答：「哈！你覺得一家國家實驗室無法影響一項基礎設施嗎？重點不在這裡。重點在於了解哪些類型的敵人有這種能力！」史克羅受訪，2014 年 6-7 月。

88. IDART 成員表示，Invicta 值得注意之處，在於其老闆為 Victor Sheymov，而員工則是前美國國家安全局的駭客。Sheymov 1980 年背叛蘇聯投靠美國，之前在蘇聯管理類似國家安全局的組織。

89. GAO, "Supply Chain Security: DHS Should Test and Evaluate Container Security Technologies Consistent with All Identified Operational Scenarios to Ensure the Technologies Will Function as Intended," September 2010, p. 3; and Mark Greaves, "Ultralog Survivable Logistics Information Systems," PowerPoint presentation, Defense Advanced Research Projects Agency, September 2002, slide 37.

90. Sandia National Laboratories, "Keep Telling Yourself: 'The Red Team Is My Friend . . .'," 2000.

91. 索維受訪，2014 年 7 月 18 日。

92. 作者與史克羅的電子郵件往來，2014 年 7 月 17 日。

93. Sandia National Laboratories, "Red Teaming for Program Managers" [www.idart.sandia.gov/methodology/RT4PM.html].

94. 史克羅受訪，2014 年 6 月 4 日。

95. 2005 至 2008 年間在 IDART 工作的 Mark Mateski 觀察到，IDART 致力開發一套程序導向（process-oriented）和非專家能輕易明白的紅隊作業方法。這種大宗化方法

的缺點，是它不容許紅隊人員在探查弱點時發揮創意或利用計謀。Mark Mateski 受訪，2014 年 7 月 25 日。

96.IDART 成員受訪，2014 年 5–7 月。

97.美國眾議院監督與政府改革委員會 2012 年 6 月 6 日聽證會 "Addressing Concerns about the Integrity of the U.S. Department of Labor's Jobs Reporting"。

98.Scott Maruoka, CleanSweep Red Team Report, Sandia Report SAND2011, Sandia Laboratories Information Design Assurance Red Team, August 2011, p. 9.

99.同上，第 11 頁。

100.Denny Gulino, "US Labor Department Told 'Adversaries' Could Steal Data," Market News International, July 11, 2012.

101.Scott Maruoka, "CleanSweep Mitigation Measures Acceptance Testing," Sandia Laboratories Information Design Assurance Red Team, November 2012.

102.Department of Defense, Joint Service Chemical and Biological Defense Program, FY00–02 Overview, September 2001, p. 64.

103. 華納多受訪，2014 年 7 月 15 日。

|第 5 章|

1.Dan Verton, "Companies Aim to Build Security Awareness," Computerworld, November 27, 2000, p. 24.

2. 參與紅隊作業的企業主管和員工當然也會簽內部的保密協議。

3.US Census Bureau, Center for Economic Studies, "Business Dynamics Statistics 1976–2012," updated 2012; and US Department of Labor Bureau of Labor Statistics, "Business Employment Dynamics: Establishment Age and Survival Data," updated

4.November 19, 2014.

5.Business Wire, "Lex Machina Releases First-Ever Patent Litigation Damages Report," June 25, 2014.

6.H. Lee Murphy, Saving More by Using Less: Efficiency Investments Can Pay Off over Time," Crain's Chicago Business, vol. 35, March 26, 2012, p. 23; and Sieben Energy Associates, "Strategic Consulting" [www.siebenenergy.com/services/strategicconsulting.aspx].

7.BAE Systems, "Testing and Lab Services," 2014 [www.baesystems.com/solutions-rai/cyber-security/cyber-security-solutions/penetration-testing].

8.John Gilbert, "Cyber Security 'A Must' for Telcos, Banking Institutions," Malaysian Reserve, April 21, 2014.

9.PR Newswire, "360 Advanced Warns About Insider Threats: Is Your Data Already Out There and You Don't Know It?" June 10, 2014.

10.Ram Shivakumar, "How to Tell Which Decisions Are Strategic," California Management Review, 56(3), 2014, pp. 78–97.

11.International Business Machines, Chief Executive Office Study, 2010, p. 54.

12.Henry Mintzberg, The Rise and Fall of Strategic Planning: Reconceiving Roles for Planning, Plans, Planners (New York: The Free Press, 1984); Kees van der Heijden, Scenarios: The Art of Strategic Conversation, second ed. (West Sussex, UK: John Wiley and Sons, 2005); and Thomas Chermack, Scenario Planning in Organizations: How to Create, Use, and Assess Scenarios (San Francisco, CA: Berrett-Kohler Publishers, 2011).

13.James March and Herbert Simon, Organizations (New York: John Wiley and Sons, 1958), p. 185. 葛萊欣定律（Gresham's Law）也就是劣幣驅逐良幣定律：如果新貨幣與舊貨幣面值相同但舊貨幣含有較多貴金屬，舊貨幣將從市場上消失，因為人們將把價值較高的舊貨幣藏起來。

14.William Tolbert, The Power of Balance: Transforming Self, Society, and Scientific Inquiry (London, UK: Sage, 1991).

15.Paul Carroll and Chunka Mui, Billion Dollar Lessons: What You Can Learn from the Most Inexcusable Business Failures of the Last 25 Years (New York: Penguin Putnam, 2009), p. 234.

16. 米希克受訪，2014 年 6 月 9 日。

17. 這種做法假設員工有思考和辨明問題的空間。2014 年一項訪問 11 個國家共 7,000 名雇員的調查發現，僅 56% 的美國勞工表示他們經常有時間作創意思考，而僅 52% 表示他們身處的環境使他們能作創意思考。見 Jack Morton Worldwide, "Creativity: How Business Gets to Eureka!" June 2014.

18. 伯里斯受訪，2014 年 6 月 20 日。

19.Darcy Steeg Morris, Cornell National Social Survey 2009 (Ithaca, NY: Cornell University Survey Research Institute, 2009).

20.Ethan Burris, "The Risks and Rewards of Speaking Up: Managerial Reponses to Employee Voice," Academy of Management Journal, 55(4), 2012, pp. 851–875；令這問題更嚴重的是，認為自己能力較差的管理層為了保護自己脆弱的自尊，更可能迴避員工提出的改善建議，或盡可能防止員工提意見。見 Nathanael Fast, Ethan Burris, and Caroline Bartel, "Managing to Stay in the Dark: Managerial Self-efficacy, Ego Defensiveness, and the Aversion to Employee Voice," Academy of Management Journal, 57(4), August 2014, pp. 1013–1034.

21. James Detert, Ethan Burris, David Harrison, and Sean Martin, "Voice Flows to and Around Leaders: Understanding When Units Are Helped or Hurt by Employee Voice," Administrative Science Quarterly, 58(4), 2013, pp. 624–668.

22. 伯里斯受訪，2014 年 6 月 20 日。

23. James Detert and Amy Edmondson, "Everyday Failures in Organizational Learning: Explaining the High Threshold for Speaking Up at Work," Working Paper, Harvard Business School, October 2006.

24. 同上，第 3 頁。

25. Paul Carroll and Chunka Mui, Billion Dollar Lessons, pp. 277–291.

26. 同上，第 3 頁。

27. Renee Dye, Olivier Sibony, and Vincent Truong, "Flaws in Strategic Decision Making," McKinsey and Company, January 2009.

28. 雖然「商戰模擬」是普遍使用的名稱，有些顧問會因為客戶不喜歡含軍事意味的名詞而使用其他說法，例如「策略評估」（strategy review）。有些企業經理人會混淆商戰模擬和競爭情報作業。後者蒐集和分析競爭對手的資訊，前者則是利用既有的資訊協助企業做出最好的策略決定。見 John McDonald, Strategy in Poker, Business, and War (New York: W.W. Norton, 1950).

29. 索卡受訪，2014 年 5 月 9 日。

30. 例如在 2013 年，全球最大的 2,500 家公司，76% 的新執行長是從公司內部升上去的。見 Strategy & and PricewaterhouseCoopers, The 2013 Chief Executive Study: Women CEOs of the Last 10 Years, April 2014, p. 3.

31. Sydney Finkelstein, Why Smart Executives Fail: And What You Can Learn from Their Mistakes (New York: Portfolio, 2003).

32. 一名金融業資深副總裁受訪，2014 年 6 月 28 日。

33. 楚思爾受訪，2014 年 6–7 月。

34. 同上。

35. 同上。

36. Benjamin Gilad, Business War Games: How Large, Small, and New Companies Can Vastly Improve Their Strategies and Outmaneuver the Competition (Pompton Plains, NJ: Career Press, 2008).

37. Ben Gilad, war-gaming class, Fuld, Gilad, & Herring Academy of Competitive Intelligence, Cambridge, MA, June 16, 2014.

38. 吉拉德受訪，2013 年 12 月 20 日。

39. Michael Porter, Competitive Strategy: Techniques for Analyzing Industries and Competitors (New York: Free Press, 1980)；2012 年 11 月，波特自己的策略顧問公司摩立特集團（Monitor Group）申請破產保護，後來為德勤（Deloitte）收購。此事似乎證明一件事：要藉由設計較佳的策略打敗多數同業，本質上是很困難的。見 "Monitor' s End," The Economist, November 14, 2012 [www.economist.com/blogs/schumpeter/2012/11/consulting].

40. Ben Gilad, war-gaming class, June 16, 2014.

41. 同上。

42. 吉拉德受訪，2013 年 12 月 20 日。

43. IBM Institute for Business Value, Capitalizing on Complexity: Insights from the Global Chief Executive Officer Study, 2010.

44. Kapersky Lab, IT Security Risks Survey 2014: A Business Approach to Managing Data Security Threats, 2014, p. 18.

45. Ponemon Institute, 2014 Cost of Cyber Crime Study: United States, sponsored by HP Enterprise Security, October 2014, p. 3.

46. 同上；Verizon, 2015 Data Breach Investigations Report, April 2015, p. 4.

47. Symantec, Internet Security Threat Report, vol. 20, April 2015, pp. 7, 14. 2013 年一項針對小企業主的調查顯示，44% 的受訪者表示，他們是網路攻擊的受害者，因此承受的代價平均為 8,700 美元。見 National Small Business Association, 2013 Small Business Technology Survey, September 2013, p 10.

48. Neiman Marcus Group, statement by Karen Katz, January 22, 2014.

49. Neiman Marcus Group, "Neiman Marcus Group LTD LLC Reports Second Quarter Results," February 28, 2014, p. 9.

50. Becky Yerak, "Schnucks Calculates Potential Breach Hit," Chicago Tribune, May 24, 2013, p. C1.

51. Target, "Target Reports Fourth Quarter and Full-Year 2013 Earnings," February 26, 2014; and Rachel Abrams, "Target Puts Data Breach Costs at $148 Million, and Forecasts Profit Drop," New York Times, August 5, 2014.

52. Market Research Media, "U.S. Federal Cybersecurity Market Forecast 2015–2020," May 4, 2014 [www.marketresearchmedia.com/?p=206].

53. Gartner, "Gartner Says Worldwide Information Security Spending Will Grow Almost 8 Percent in 2014 as Organizations Become More Threat-Aware," August 22, 2014; and Gartner, "The Future of Global Information Security," 2013.

54. Dave Evans, The Internet of Things: How the Next Evolution of the Internet Is Changing Everything, Cisco, April 2011, p. 3; and "Home, Hacked Home," The Economist, July 12, 2014, p. SS14.

55. Daniel Halperin et al., "Pacemakers and Implantable Cardiac Defibrillators: Software Radio Attacks and Zero-Power Defenses," Proceedings of the 2008 IEEE Symposium on Security and Privacy, Oakland, CA, May 18–21, 2008; and Jay Radcliffe, "Fact and Fiction: Defending Medical Device," Black Hat 2013, July 31, 2013；美國食品藥物管理局（FDA）要到 2013 年 6 月才建議醫療器材廠商採取自願措施「防止它們的醫療儀器遭人擅自侵入或修改」。見 FDA, "Cybersecurity for Medical Devices and Hospital Networks: FDA Safety Communication," June 13, 2013.

56. Lillian Ablon, Martin Libicki, and Andrea Golay, Markets for Cybercrime Tools and Stolen Data, RAND Corporation, March 2014, pp. 13–14.

57. Intercrawler, "The Teenager Is the Author of BlackPOS/Kaptoxa Malware (Target), Several Other Breaches May Be Revealed Soon," January 17, 2014; Jeremy Kirk, "Two Coders Closely Tied to Target-Related Malware," computerworld.com, January 20, 2014; and Danny Yadron, Paul Ziobro, and Devlin Barrett, "Target Warned of Vulnerabilities Before Data Breach," Wall Street Journal, February 14, 2014.

58. 人們普遍假定，80% 的已知網路攻擊可藉由五項典範做法防止：清點組織使用的經核准和未經核准的設備；清點組織使用的經核准和未經核准的軟體；替所有設備維持安全的設定；執行持續（自動化）的弱點評估和補救措施；積極控管行政特權之使用。見 Center for Internet Security, "Cyber Hygiene Campaign" [www.cisecurity.org/about/CyberCampaign2014.cfm].

59. 該領域的詳情可參考《滲透測試雜誌》（Pen Test Magazine；自 2011 年 4 月創刊以來，一直是了解這領域新趨勢的好刊物）和駭客在資訊安全會議上的簡報（通常在報告之後很快便可以在 YouTube 上找到）。

60. 企業和政府的網路安全主管受訪，2012–2014 年；見 James Kupsch and Barton Miller, "Manual vs. Automated Vulnerability Assessment: A Case Study," Proceedings of the First International Workshop on Managing Insider Security Threats (MIST) West, West Lafayette, IN, June 15–19, 2009; and Matthew Finifter and David Wagner, "Exploring the Relationship Between Web Application Development Tools and Security," Proceedings of the second USENIX Conference on Web Application Development, Portland, OR, June 15–16, 2011.

61. 資訊安全專業人士約 11% 為女性。見 International Standard for Information Security (ISC) 2, Agents of Change: Women in the Information Security Profession, in partnership with Symantec, 2013；行動安全公司 Neohapsis 的 Catherine Pearce 指這個圈子「思想自由，但行為歧視女性」。她表示：「老實說，參加這圈子的會議是相當危險的。如果你是女性又想參加這種會議，你必須願意公開揍人。不是所有女性都想這麼做。」Catherine Pearce 受訪，2014 年 6 月 3 日。

62. 一名網路安全專家受訪，2014 年 7 月 7 日。

63. 國際電子商務顧問局宣稱，它為資訊安全研究者提供的培訓「是全球最先進的道德駭客課程，內容涵蓋 19 個最新的資訊安全領域，都是道德駭客增強所屬組織的資訊安全時會想了解的。……課程結束時，你將掌握市場渴求的駭客技術，並獲得國際公認的道德駭客認證！」International Council of E-Commerce Consultants, "Ethical Hacking and Countermeasures to Become a Certified Ethical Hacker" [www. eccouncil.org/Certification/certified-ethical-hacker].

64. 據稱發起這次攻擊的駭客自稱「Eugene Bedford」，那是 1995 年電影《網路駭客》（Hackers）中一名「改邪歸正」的駭客。見 Megan Geuss, "Security Certification Group EC-Council's Website Defaced with Snowden Passport," ArsTechnica, February 23, 2014.

65. "Hacking Conferences," Lanyrd [www.lanyrd.com/topics/hacking/]; and "Cybersecurity Conferences," Lanyrd [lanyrd.com/topics/cyber-security/].

66. Black Hat, "USA 2009 Prospectus," 2009; Paul Asadoorian, "Top 10 Things I Learned at Defcon 17," Security Weekly, August 4, 2009; and Richard Reilly, "Black Hat and Defcon See Record Attendance—Even Without the Government Spooks," VentureBeat, August 12, 2014.

67. Leyla Bilge and Tudor Dumitras, "Before We Knew It: An Empirical Study of Zero-Day Attacks in the Real World," Proceedings of the 2012 ACM conference on Computer and Communications Security, Raleigh, NC, October 16–18, 2012.

68. Stefan Frei, "The Known Unknowns: Empirical Analysis of Publicly Unknown Security Vulnerabilities," NSS Labs, December 2013; Barton Gellman and Ellen Nakashima, "U.S. Spy Agencies Mounted 231 Offensive Cyber-Operations in 2011, Documents Show," Washington Post, August 20, 2013; and Ablon, Libicki, and Golay, Markets for Cybercrime Tools and Stolen Data.

69. 有關 DEFCON，可上 YouTube 看這部有趣的紀錄片 "DEFCON: The Documentary (2013)" [www.youtube.com/watch?v=rVwaIe6CiHw]。

70. 莫斯受訪，2013 年 9 月 24 日。

71. US Commodity Futures Trading Commission, "CTFC Staff Advisory No. 14–21: Division of Swap Dealer and Intermediary Oversight," February 26, 2014 [www. cftc.gov/ucm/groups/public/@lrlettergeneral/documents/letter/14–21.pdf].

72.U.S. Code of Federal Regulations 45, "Public Welfare," section 164.308, "Administrative Safeguards," 2009; and Matthew Scholl et al., "An Introductory Resource Guide for Implementing the Health Insurance Portability and Accountability Act (HIPAA) Security Rule," National Institute of Standards and Technology, US Department of Commerce, October 2008.

73.PCI 標準列出的保安程序並非美國聯邦法律要求的，而截至 2014 年夏天，只有明尼蘇達、內華達和華盛頓三個州規定相關業者必須遵循這些要求。

74.Javier Panzar and Paresh Dave, "Spending on Cyberattack Insurance Soars as Hacks Become More Common," Los Angeles Times, February 10, 2015, p. C1.

75. 高盛還特地僅雇用規模較小、具有非常專門的駭侵技能的精品型白帽公司，並且會輪換以免同一家公司一再評估同樣的系統。Phil Venables 受訪，2014 年 7 月 25 日。

76. 白帽滲透測試公司受訪，2012–2014 年。

77. 例如 2013 年一項調查問紐約州 154 家金融機構，發現 85% 的機構雇用外部白帽駭客做滲透測試，但僅 13% 在一年裡委託白帽駭客超過一次（一次是法規的最低要求）。見 New York State Department of Financial Services, Report on Cyber Security in the Banking Sector, May 2014, p. 5.

78. 肯尼迪 2014 年 6 月 5 日在維吉尼亞州里奇蒙市 RVASEC 會議的主題演講。他也哀嘆：「我也蒐集了許多很酷很複雜的侵入工具，但在滲透測試中，我從不曾需要動用它們，因為過去十年來，我用同樣的簡單方法，每次都成功。」

79. 康倫受訪，2014 年 4 月 15 日。

80. 有關先進侵入技術具代表意義的例子，請參考 Rob Havelt and Wendel Guglielmetti, "Earth vs. The Giant Spider: Amazingly True Stories of Real Penetration Tests," presentation at DEF CON 19, August 4–7 2011；Deviant Ollam and Howard Payne, "Elevator Hacking: From the Pit to the Penthouse," presentation at DEF CON 22, August 7–10, 2014；以及 Black Hat 或 DEF CON 會議上許多其他駭客簡報（多數可在 YouTube 自由瀏覽）。

81.Nicholas Percoco 受訪，2014 年 7 月 28 日。

82. 目標組織管理層有時會要求白帽業者把測試報告「消毒」，例如在針對即將推出的軟體所做的測試報告中，刪去有關嚴重安全漏洞的部分。

83. 溫克勒受訪，2014 年 7 月 23 日。

84. 史達西奧發現，許多產業的公司寧願把錢花在網路安全著名業者如火眼（FireEye）和賽門鐵克（Symantec）提供的防火牆和侵入偵測系統上，也不願購買比較不知名的業者提供的、較便宜和往往更有效的產品。史達西奧受訪，2014 年 6 月 30 日。2014 年 4 月，火眼公司拒絕參與資訊安全業者 NSS Labs 的侵入偵測系統測試，儘管這是資訊安全領域最廣受信賴的測試之一。紅眼的理由是 NSS Labs 的測試方法有嚴重瑕疵。紅眼

舉上年的 NSS Labs 測試為例，指該次測試出現 147 個有問題的樣本，「令人無法認真看待這種測試方法。」見 Manish Gupta, "Real World vs Lab Testing: The FireEye Response to NSS Labs Breach Detection Systems Report," FireEye, April 2, 2014.

85. 奎多受訪，2014 年 7 月 7 日。

86. Nico Golde, Kevin Redon, and Ravishankar Borgaonkar, "Weaponizing Femtocells: The Effect of Rogue Devices on Mobile Telecommunication," Security in Telecommunications, Technische Universitat Berlin, undated.

87. 2010 至 2013 年間，Google 向通報 Chrome 瀏覽器安全漏洞的人平均每個漏洞支付 1,157 美元，Mozilla 為 Firefox 瀏覽器支付的平均金額則為 3,000 美元。見 Matthew Finifter, Devdatta Akhawe, and David Wagner, "An Empirical Study of Vulnerability Rewards Programs," paper presented at the USENIX Security Symposium, Washington, DC, August 14–16, 2013.

88. Nicholas Percoco 受訪，2014 年 7 月 28 日。Percoco 是草根運動「我是騎兵」(I am the Cavalry) 的發起人之一，該運動希望宣傳比較正面的駭客形象，包括駭客為公共安全和顧客隱私所做的工作（往往未得到充分的報導，其價值也常遭低估）。

89. Jared Allar, "Vulnerability Note VU#458007: Verizon Wireless Network Extender Multiple Vulnerabilities," CERT Vulnerability Notes Database, July 15, 2013.

90. Jim Finkle, "Researchers Hack Verizon Device, Turn It into Mobile Spy Station," Reuters, July 15, 2013. iSEC 團隊接受了一些媒體溝通訓練，練習和改善他們的示範，並避免自己傳播的訊息變得複雜。亦見 Laura Sydell, "How Hackers Tapped into my Cellphone for Less Than $300," National Public Radio, July 15, 2013; and Erica Fink and Laurie Segall, "Femtocell Hack Reveals Mobile Phones' Calls, Texts and Photos," CNN Money, July 15, 2013.

91. 這兩次報告都可以在 YouTube 上觀看，影片名稱是 "I Can Hear You Now: Traffic Interception" 和 "Remote Mobile Phone Cloning with a Compromised CDMA Femtocell"。

92. 以下是一次公開揭露的類似駭侵：Tobias Engel, "SS7: Locate, Track, Manipulate," presentation at the 31st Chaos Communication Congress of the Chaos Computer Club, Hamburg, Germany, December 28, 2014。因為愈來愈多駭客測試軟體、硬體和作業系統，我們也能看到多支團隊獨立地發現同一弱點的其他例子。

93. 我不講這家政府機關的名字，因為我和這名高官的訪談是以不具名為條件。此外，雖然這個機關的保安在我到訪那天特別差，這未必能代表它的整體保安情況，而且那些基本的保安問題很可能也會出現在類似的大樓。

94. Gavin Watson, Andrew Mason, and Richard Ackroyd, Social Engineering Penetration Testing: Executing Social Engineering Pen Tests, Assessments and Defense (Waltham, MA: Syngress Publications, 2014).

95. 作者與傅利的電子郵件往來，2014 年 5 月 19 日。傅利舉例提到的女性攻擊者和我們對攻擊者的普遍印象截然不同，但值得注意的是，相對於白帽駭客社群，實體滲透測試這領域的男性主導程度甚至更高。

96. 同　上；Tina Dupuy, "He Hunted Osama Bin Laden, He Breaks into Nuclear Power Plants," Atlantic Online, April 16, 2014.

97. Health Facilities Managements and the American Society for Healthcare Engineering, "2012 Health Security Survey," June 2012; and Lee Ann Jarousse and Suzanna Hoppszallern, "2013 Hospital Vendor & Visitor Access Control Survey," Health Facilities Management and Hospitals & Health Networks, November 2013.

98. US Office of Personnel Management, "2014 Federal Employee Viewpoint Survey Results: Employees Influencing Change," 2014, p. 41.

99. Curt Anderson, "Feds Break Up Major Florida-based Drug Theft Ring," Associated Press, May 3, 2012；禮來藥廠後來控告泰科綜合保安，指泰科未能替那次弱點評估的發現保密。泰科否認指控，指禮來沒有證據。見 Kelly Knaub, "Tyco Can't Ditch Suit over $60M Eli Lilly Warehouse Heist," Law360, March 4, 2014 [www.law360.com/articles/515169/tyco-can-t-ditch-suit-over-60m-eli-lilly-warehouse-heist].

100. Amy Pavuk, "Drug Thief Linked to Orlando Heist," Orlando Sentinel, August 9, 2013, p. A1.

101. Katie Dvorak, "33,000 Patient Records Stolen from California Radiology Facility," CBS5 KPIX, June 12, 2014.

102. Abby Sewell, "L.A. County Finds 3,500 More Patients Affected by Data Breach," Los Angeles Times, May 22, 2014 [www.latimes.com/local/lanow/la-me-ln-county-data-breach-20140522-story.html].

103. Danielle Walker, "AvMed Breach Settlement Awards Plaintiffs Regardless of Suffered Fraud," SC Magazine, March 2014 [www.scmagazine.com/avmed-breach-settlement-awards-plaintiffs-regardless-of-suffered-fraud/article/340140/].

104. Chris Boyette, "New Jersey Teen Sneaks to Top of 1 World Trade Center, Police Say," CNN, March 21, 2014.

105. Andrea Peyser, "WTC Wakeup Call for This Guy," New York Post, April 4, 2014, p. 11.

106. 此外，新要求明確指出，業者必須糾正安全弱點，並再做滲透測試以檢驗這些改善措施。

107. Pete Herzog, OSSTMM 3: The Open Source Security Testing Methodology Manual, Institute for Security and Open Methodologies, 2010, p. 1.

108. 舉一個例子，巴克萊銀行曾遭八名罪犯偷走 210 萬英鎊，當中一人是銀行內部人士，他假裝成資訊部工程師，在巴克萊一家倫敦分行的一部電腦上裝了一個 KVM 切換器（多電腦切換器），以便他們能以遙控方式把錢轉走。見 Haroon Siddique, "£1.3m Barclays Heist—Eight Held," The Guardian, September 21, 2013.

109. Verizon, 2011 Data Breach Investigations Report, April 2011, p. 40; and Verizon, 2014 Data Breach Investigations Report, April 2014, pp. 27–28.

110. 佩科可受訪，2014 年 7 月 28 日；亨德森受訪，2014 年 3 月 12 日。

111. TruTV，該集 2007 年 12 月 25 日首播。

112. 尼可森受訪，2014 年 6 月 12 日。

113. 這本書將由 Elsevier B.V. 出版，書名為 Red Team Testing: Offensive Security Techniques for Network Defense。

114. Chris Nickerson, "Hackers Are Like Curious Babies," presentation at TEDx FullertonStreet, June 10, 2014.

115. 尼可森受訪，2014 年 6 月 12 日。

116. 駭客社群最有趣的活動之一是 locksport，也就是把撬鎖當成消遣或競賽活動。這種活動不同於為犯罪而撬鎖，非常重視透明度，會徹底公開如何突破機械、電子和生物辨識鎖。親眼看到有頭腦且勤奮的對手在理應安全的設施裡輕易撬開他們遇到的每一道鎖，真是令人印象深刻的事。你可以在 YouTube 搜尋「lock picking」，尤其是迷人且非常投入的 Schuyler Towne 的影片，了解如何撬鎖。

117. 尼可森受訪，2014 年 6 月 12 日。

118. 同上。

119. 史崔特受訪，2014 年 7 月 25 日。

120. 史崔特受訪，2013 年 9 月 23 日。

121. Jayson Street, "Steal Everything, Kill Everyone, Cause Total Financial Ruin!" presentation at DEF CON 19, August 4–7 2011.

122. 史崔特受訪，2013 年 9 月 23 日。

123. 史崔特受訪，2013 年 9 月 23 日和 2014 年 7 月 25 日。

124. Steve Ragan, "Social Engineering: The Dangers of Positive Thinking," CSOonline.com, January 5, 2015.

125. 史崔特受訪，2013 年 9 月 23 日和 2014 年 7 月 25 日。

126. Jayson Street, "How to Channel Your Inner Henry Rollins," presentation at DEF CON 20, July 26–29, 2012.

127.2014 年一項調查訪問 1,600 名資訊安全專業人士，發現「逾 96% 的組織過去一年曾
　　發生重大的資訊安全事件⋯⋯僅 36% 受訪者相信他們的組織將改善那些保安措施。」
　　見 Forescout, IDG Survey: State of IT Cyber Defense Maturity, July 2014.

128. 索維受訪，2014 年 7 月 18 日。

129. 史崔特受訪，2014 年 7 月 25 日。

|第 6 章|

1.Supreme Court of Tennessee, The State of Tennessee v. John Thomas Scopes, 1925.

2.World Health Assembly, "Global Eradication of Poliomyelitis by the Year 2000,"
　　WHA41.28, May 13, 1988.

3.Global Polio Eradication Initiative, Budgetary Implications of the GPEI Strategic
　　Plan and Financial Resource Requirements 2009–2013, January 2009, p. 5; and
　　"End Polio Now," Rotary International [www.endpolio.org/about-polio].

4.World Health Organization, "Poliomyelitis: Fact Sheet N144," April 2013; Global
　　Polio Eradication Initiative, Global Polio Eradication Progress 2000 (Geneva,
　　Switzerland: World Health Organization, 2001); and Centers for Disease Control
　　and Prevention, "CDC's Work to Eradicate Polio," updated September 2014.

5.Centers for Disease Control and Prevention, "Progress Toward Interruption of
　　Wild Poliovirus Transmission–Worldwide, 2009," March 14, 2010.

6.Gregory Pirio and Judith Kaufmann, "Polio Eradication Is Just over the
　　Horizon: The Challenges of Global Resource Mobilization," Journal of Health
　　Communication: International Perspectives 15, supplement 1, 2010, pp. 66–83.

7. 皮里奧受訪，2013 年 7 月 18 日。

8. 奧登受訪，2012 年 4 月 25 日和 2013 年 7 月 10 日。

9.Global Polio Eradication Initiative, Polio Eradication and Endgame Strategic Plan
　　2013–2018, 2013, p. 97.

10.Independent Monitoring Board of the Global Polio Eradication Initiative, Eleventh
　　Report, May 2015, pp. 7, 10.

11.Barry Staw, "Is Group Creativity Really an Oxymoron? Some Thoughts on
　　Bridging the Cohesion-Creativity Divide," in Elizabeth Mannix, Margaret Neal,
　　and Jack Goncalo, eds. Creativity in Groups, Research on Managing Groups and
　　Teams, Vol. 12 (Bradford, UK: Emerald Publishing, 2009), pp. 311–323.

12. 該網站有梅特斯基寶貴的紅隊作業法則，共 52 條。第一條是「利害關係人權勢越大，

涉及的利益越大，而他們對紅隊作業的興趣越小。此法則比所有其他法則重要。」見 "The Laws of Red Teaming," Red Team Journal [www.redteamjournal.com/red-teaming-laws/]。

13. 梅特斯基受訪，2014 年 4 月 18 日。

14. 梅特斯基受訪，2014 年 4 月 18 日和 7 月 25 日。

15. 尼可森受訪，2014 年 6 月 12 日。

16. 電影《末日之戰》，導演 Marc Forster，派拉蒙電影公司 2013 年出品。

17. Babylonian Talmud, "Tractate Sanhedrin: Come and Hear," Folio 17a. 普林斯頓大學教授 Michael Walzer 這麼理解這段話：「沒有人提出異議代表法官對案情的審慎不足。」見 Michael Walzer, "Is the Right Choice a Good Bargain?" New York Review of Books, 62(4), March 5, 2015.

18. Robert Kennedy, Thirteen Days: A Memoir of the Cuban Missile Crisis (New York: W. W. Norton & Company, 1969), p. 86.

19. 實驗顯示，相對於奉命扮演魔鬼代言人的人，真正的異議者可以刺激出更有創意的解決方案。見 Charlan Nemeth, Keith Brown, and John Rogers, "Devil's Advocate Versus Authentic Dissent: Stimulating Quantity and Quality," European Journal of Social Psychology, 31, 2001, pp. 707–720.

20. Nicholas Hilling, Procedure at the Roman Curia (New York: Wagner, 1909), pp. 41–42.

21. The Pentagon Papers, Gravel Edition, vol. 4 (Boston, MA: Beacon Press, 1971), pp. 615–619.

22. George Ball, The Past Has Another Pattern (New York: W. W. Norton & Company, 1982), p. 384.

23. George Reedy, The Twilight of the Presidency (Cleveland, OH: World Publishing Company, 1970), p. 11.

24. James Thomson, "How Could ietnam Happen? An Autopsy," Atlantic Monthly, 221(4), April 1968, pp. 47–53.

25. John Schlight, The War in South Vietnam: The Years of the Offensive, 1965–1968 (Washington, DC: Department of the US Air Force, 1989).

26. Stefan Schulz-Hardt, Marc Jochims, and Dieter Frey, "Productive Conflict in Group Decision Making: Genuine and Contrived Dissent as Strategies to Counteract Biased Information Seeking," Organizational Behavior and Human Decision Processes, 88, 2002, pp. 563–586.

27.Michael Gordon, "The Iraq Red Team," Foreign Policy, September 24, 2012; Editorial Board, "The U.S. Is Not Ready for a Cyberwar," Washington Post, March 11, 2013, p. A14; Freedom of Information Act Request made by Ralph Hutchison to the US Department of Energy, Oak Ridge Environmental Peace Alliance, April 24, 2014 [www.orepa.org/wp-content/uploads/2014/04/Red-Team-FOIA.pdf]; and Bill Gertz, "Military Report: Terms 'Jihad,' 'Islamist' Needed," Washington Times, October 20, 2008, p. A1.

28.Mark Perry, "Red Team: Centcom Thinks Outside the Box on Hamas and Hezbollah," Foreign Policy, June 30, 2010.

29.Bilal Saab, "What Do Red Teams Really Do?" Foreign Policy, September 3, 2010.

30. 裴卓斯上將受訪,2014 年 2 月 19 日;一名美國陸軍上校受訪,2011 年 1 月。

31.Michael Gordon, "The Iraq Red Team." 進一步的資料請參考 Michael Gordon and Gen. Bernard Trainor, The Endgame: The Inside Story of the Struggle for Iraq, From George W. Bush to Barack Obama (New York: Pantheon Books, 2012), pp. 95–97.

32.George Casey, "About that Red Team Report," Foreign Policy, September 27, 2012.

33. 一名太平洋司令部前情報官員受訪,2014 年 5 月。

34.Lindsay Toler, "KSDK Investigation on School Safety in Kirkwood Reveals Journalists Are the Worst," St. Louis Riverfront Times, January 17, 2014 [www.blogs.riverfronttimes.com/dailyrft/2014/01/ksdk_kirkwood_lockdown.php].

35.Jessica Bock, "KSDK Reporter Working on School Safety Story Prompted Kirkwood High Lockdown," St. Louis Post-Dispatch, January 17, 2014, p. A1.

36.KSDK, "News Channel 5 Report on School Safety," January 16, 2014 [www.ksdk.com/story/news/local/2014/01/16/newschannel-5-statement-school-safety/4531859/].

37. 同上。

38.NBC, "Rossen Reports: New Device Can Open Hotel Room Locks," Today Show, December 6, 2012; and Onity United Technologies, "Information for Onity HT and ADVANCE Customers," August 2012.

39. 美國海軍陸戰隊一名上校受訪,2013 年 5 月;ISAF 一名參謀官受訪,2013 年 11 月。

40. 眾議院外交事務委員會 2009 年 12 月 2 日聽證會「美國在阿富汗的策略」。

41.Bill Roggio and Lisa Lundquist, "Green-on-Blue Attacks in Afghanistan: The

Data," The Long War Journal, August 23, 2012, data updated April 8, 2015.

42. 阿富汗國際維和部隊一名參謀官受訪，2013 年 11 月。

43. M. G. Siegler, "The VP of Devil's Advocacy," TechCrunch, July 27, 2014.

44. David Fahrenthold, "Unrequired Reading," Washington Post, May 3, 2014, p. A1. 2014 年 11 月 12 日，美國眾議院一致通過《政府報告削減法》（Government Reports Elimination Act），取消 29 家聯邦政府機構的 321 份報告。

45. US House of Representatives, National Defense Authorization Act for Fiscal Year 2003 Conference Report, November 12, 2002.

46. US Senate, Intelligence Reform and Terrorism Prevention Act of 2004 Conference Report, December 8, 2004.

47. US Senate, S. 2845, National Intelligence Reform Act of 2004, October 6, 2004.

48. P.L. 108–458, Intelligence Reform and Terrorism Prevention Act of 2004, December 17, 2004.

49. 唯一成功的是 2006 年 3 月 14 日通過的 The SAFE Port Act (H.R. 4954)。另外七條遭參院或眾院否決的法案是：the Department of Homeland Security Authorization Act for Fiscal Year 2006 (H.R. 1817), John Warner National Defense Authorization Act for Fiscal Year 2007 (S. 2766), Chemical Facility Anti-Terrorism Act of 2006 (H.R. 5695), Rail and Public Transportation Security Act of 2006 (H.R. 5714), Department of Homeland Security Authorization Act for Fiscal Year 2007 (H.R. 5814), Department of Homeland Security Authorization Act for Fiscal Year 2008 (H.R. 1684), and Chemical Facility Anti-Terrorism Act of 2008 (H.R. 5577).

50. Office of Senator Angus King, "Senate Intelligence Committee Approves King and Rubio Amendment to Provide Independent Check on Targeting Decisions," November 6, 2013.

51. P.L. 113–126, Intelligence Authorization Act for Fiscal Year 2014, July 7, 2014. 法案最終版本的文字據稱與金恩和盧比奧提出的初版相似。見 Office of Senator Marco Rubio, "Senate Intelligence Committee Approves Rubio & King Amendment to Provide Independent Check on Targeting Decisions," November 6, 2013. 另有法案要求另類分析報告十年後解密，但該條款最終未能獲通過。

52. Marco Rubio, "Senate Intelligence Committee Approves Rubio & King Amendment to Provide Independent Check Targeting Decision."

53. 參眾兩院的情報委員會職員受訪，2013 和 2014 年。此外，八名相信遭美國無人機擊殺的美國公民，有七名不是當局事先鎖定的目標，因此即使有額外的審查也不可能受惠。見 Micah Zenko, "The United States Does Not Know Who It's Killing," Foreign Policy, April 23, 2015 [www.foreignpolicy.com/2015/04/23/the-united-

states-does-not-know-who-its-killing-drone-strike-deaths-pakistan/].

54. 有關在美國國家安全會議（NSC）當中建立常設的獨立戰略顧問委員會的建議，請參考 David Gompert, Hans Binnendijk, and Bonny Lin, Blinders, Blunders, and Wars: What America and China Can Learn, RAND Corporation, 2014, pp. 203–208。這主意很有意思，但提議者也承認，常設委員會很可能在體制上遭 NSC 控制。

55. Defense Science Board Task Force on the Role and Status of DoD Red Teaming Activities, p. 1.

56. Susan Straus et al., Innovative Leader Development: Evaluation of the U.S. Asymmetric Warfare Adaptive Leader Program, RAND Corporation, 2014；一名退役軍官受訪，2015 年 5 月。2015 年，美國一些退役軍官特別為紅隊作業草擬了一份聯合準則筆記（joint doctrine note），這是對改善紅隊教育效能有利的一步。聯合準則筆記針對美軍應如何發展和運用軍事概念，提出非官方的通用基本指引。

57. William Perry and John Abizaid, Ensuring a Strong U.S. Defense for the Future: The National Defense Panel Review of the 2014 Quadrennial Defense Review, United States Institute of Peace, July 31, 2014, p. 65.

58. 該國防審議小組的所有成員均曾經是國防產業的說客或相關公司的董事；有些人在擔任小組成員時便是，有些則是在之前或之後不久擔任這種角色。

59. Perry and Abizaid, Ensuring a Strong U.S. Defense for the Future, appendix 6, pp. 69–72.

60. 這項建議源自戰略與預算評估中心（CSBA）副總裁暨研究總監 Jim Thomas，是他在美國眾議院軍事委員會監督調查小組委員會 2013 年 2 月 26 日聽證會「四年期國防總檢討：程序、政策和觀點」上提出的。

61. 龍蘭准將受訪，2014 年 11 月 25 日。

62. 貝恩顧問公司（Bain & Co.）一項針對管理工具的調查提出以下警告：「最潮的工具得到的吹噓往往導致不切實際的期望和令人失望的結果。」這項警告也適用於紅隊作業。見 Darrell Rigby, Management Tools 2013: An Executive' s Guide, Bain & Company, 2013, p. 11.

63. Chris Thornton et al., "Automated Testing of Physical Security: Red Teaming Through Machine Learning," Computational Intelligence, published online February 27, 2014; Hussein Abbass, "Computational Red Teaming: Past, Present and Future," IEEE Computational Intelligence Magazine, 6(1), February 2011, pp. 30–42; and Philip Hingston, Mike Preuss, and Daniel Spierling, "RedTNet: A Network Model for Strategy Games," Proceedings of the IEEE Congress on Evolutionary Computation, CEC 2010, Barcelona, Spain, July 2010.

64. Eric Davisson and Ruben Alejandro, "Abuse of Blind Automation in Security

Tools," presentation at DEF CON 22, August 8, 2014.

65. 韋斯納受訪，2014 年 12 月 1 日。

66.Raphael Mudge, "Cortana: Rise of the Automated Red Team," presentation at DEF CON 20, August 28, 2012 [www.youtube.com/watch?v=Eca1k-lgih4].

67.Philip Polstra, Hacking and Penetration Testing with Low Power Devices (Boston, MA: Syngress, 2012).

68.Gregg Schudel and Bardley Wood, "Adversary Work Factor as a Metric for Information Assurance," Proceedings of the 2000 New Security Paradigm Workshop, 2000, pp. 23–30.

69. 美國情報系統一名資深官員受訪，2014 年 4 月。

70.Silas Allen, "University of Oklahoma Researchers Develop Video Game to Test for Biases," Oklahoman, October 14, 2013.

71. 美國情報系統一名資深官員受訪，2014 年 4 月。

72. 佩科可受訪，2014 年 7 月 28 日。

73.Tom Head (eds.), Conversations with Carl Sagan (Jackson: University Press of Mississippi, 2006), p. 135.

紅隊 RED TEAM
測試
HOW TO SUCCEED BY THINKING LIKE THE ENEMY

米卡・岑科—著　許瑞宋—譯

戰略級團隊與低容錯組織如何
靠假想敵修正風險、改善假設？

MICAH ZENKO

大寫出版

書系 ■ 使用的書 In Action

書號 ■ HA0076

著者 ■ 米卡. 岑科（Micah Zenko）

譯者 ■ 許瑞宋

行銷企畫 ■ 郭其彬、王綬晨、邱紹溢、陳雅雯、張瓊瑜、蔡瑋玲、余一霞

大寫出版 ■ 鄭俊平、沈依靜、李明瑾

發行人 ■ 蘇拾平

出版者 ■ 大寫出版 Briefing Press

發行 ■ 大雁文化事業股份有限公司

地址 ■ 台北市復興北路 333 號 11 樓之 4

電話 ■ 02-27182001

讀者服務信箱 andbooks@andbooks.com.tw

劃撥帳號 ■ 19983379

戶名 ■ 大雁文化事業股份有限公司

初版一刷 ■ 2016 年 12 月

定價 ■ 380 元

ISBN ■ 978-986-5695-63-7

大雁出版基地官網：www.andbooks.com.tw

國家圖書館出版品預行編目（CIP）資料

紅隊測試：戰略級團隊與低容錯組織如何靠假想敵修正風險、改善假設？
／米卡・岑科（Micah Zenko）著；許瑞宋譯

初版／臺北市：大寫出版：大雁文化發行, 2016.12 ／ 288 面；16*22 公分（使用的書 !In-Action；HA0076）

譯自：Red team: how to succeed by thinking like the enemy

ISBN 978-986-5695-63-7(平裝)1. 策略管理 2. 風險管理 3. 個案研究

494.1　　　105019676